高职高专计算机专业精品教材

Flash 动画设计与制作项目教程

朱丽兰　郭　磊　主　编

刘德强　赵海霞　张贞梅　副主编

清 华 大 学 出 版 社

北 京

内容简介

本书通过 40 多个经典案例和 4 个综合项目,由浅入深、循序渐进地全面介绍了使用 Flash CS5 制作动画的方法和技巧,内容涵盖 Flash 基本知识、基本操作、图形绘制、文本编辑、元件、实例和库、传统补间动画、形状补间动画、逐帧动画、引导动画、遮罩动画、动画测试、滤镜和混合模式、声音和视频、ActionScript 脚本、多米诺骨牌式动画的设置方法和技巧等知识点。本书案例覆盖了国内 Flash 动画技术的各种典型应用类型,包括图形绘制、文字特效、网站 Banner、产品的多媒体演示动画、电子贺卡、片头动画和 Flash MTV 等。本书由高校教师与企业动漫设计师合作编写,是一本校企合作完成的具有"工学结合"特色的教材。

本书适合作为大学本科、高职高专院校计算机相关专业的教材,也可作为各类 Flash 动画培训班及广大 Flash 爱好者的学习参考书。

图书在版编目(CIP)数据

Flash 动画设计与制作项目教程/朱丽兰,郭磊主编.—北京:清华大学出版社,2012.8
(高职高专计算机专业精品教材)
ISBN 978-7-302-29372-9

Ⅰ.①F…　Ⅱ.①朱…②郭…　Ⅲ.①动画制作软件—高等职业教育—教材　Ⅳ.①TP391.41

中国版本图书馆 CIP 数据核字(2012)第 158556 号

责任编辑:张龙卿
封面设计:徐日强
责任校对:袁　芳
责任印制:张雪娇

出版发行:清华大学出版社
　　　网　　　址:http://www.tup.com.cn,http://www.wqbook.com
　　　地　　　址:北京清华大学学研大厦 A 座　　　邮　　编:100084
　　　社 总 机:010-62770175　　　邮　　购:010-62786544
　　　投稿与读者服务:010-62776969,c-service@tup.tsinghua.edu.cn
　　　质 量 反 馈:010-62772015,zhiliang@tup.tsinghua.edu.cn
　　　课 件 下 载:http://www.tup.com.cn,010-62795764
印 刷 者:北京世知印务有限公司
装 订 者:三河市兴旺装订有限公司
经　　　销:全国新华书店
开　　　本:185mm×260mm　　　印　　张:19.5　　　字　　数:473 千字
版　　　次:2012 年 8 月第 1 版　　　印　　次:2012 年 8 月第 1 次印刷
印　　　数:1～3000
定　　　价:36.00 元

产品编号:042574-01

前　言

　　Flash 是一款应用非常广泛的、非常流行的二维动画制作软件,广泛应用于网站制作、游戏制作、广告制作、课件制作、电子贺卡、Flash MV 等领域。本书根据行业专家对 Flash 动画所涵盖的岗位群进行的任务和职业能力分析,同时遵循高等职业院校学生的认知规律,充分考虑其实用性、典型性、趣味性、可操作性以及可拓展性等因素,紧密结合专业能力和职业资格证书中相关考核要求,构建基于典型的工作任务为载体的教学内容。本书通过 40 多个经典案例和 4 个综合项目由浅入深、循序渐进地全面介绍了使用 Flash CS5 制作动画的方法和技巧。

　　本书以项目为主线,由易到难,将学习领域分为四大项目——房间场景设计与绘制、中国联塑集团控股有限公司网站 Banner 设计与制作、手机多媒体演示动画设计与制作和 Flash MTV 生日贺卡设计与制作。每个项目分为多个任务,大部分任务又分为任务描述、技术视角和任务实现三部分,在每个任务中通过案例介绍相关知识点,并完成该任务在项目作品中的对应部分。最终,每个项目通过多个任务来完成。本书具有以下鲜明的特色。

　　(1) 内容的选取符合市场需求。本书精选的经典案例和综合项目对应于国内 Flash 动画技术最新的主流应用方向。

　　(2) 完全按照任务驱动、案例教学和项目教学的思路进行编写。每个项目分为多个任务,在每个任务中,通过案例介绍相关知识点,并完成该任务在项目作品中的对应部分。

　　(3) 本书是校企合作共同完成的“工学结合”教材。本书由常年从事动画制作一线教学的教师和企业中具有丰富动画设计经验的动漫设计人员共同编写完成。

　　(4) 资源丰富。本书提供了课件、素材、案例和源文件等资源。另外,本书是山东省省级精品课程配套教材,相关教学资源和学习资源均可以从山东省省级精品课程网站(http://www2. sdwfvc. cn/jpkc/wlmtyy/index. asp)上下载。

　　本书由朱丽兰、郭磊主编,刘德强、赵海霞和山东经济学院的张贞梅为副主编。项目一由刘德强、郭磊、赵海霞编写,项目二由张贞梅、郑伟、娄建玮和山东信息职业技术学院的董文华编写,项目三由张长海、王廷轩、徐希炜、刘萍和山东中动文化传媒有限公司的动画讲师齐莎莎编写,项目四由朱丽兰编写,最后由朱丽兰统一审稿。

在本书的编写过程中,得到了许多领导和课程团队的大力支持,在此致以衷心的感谢! 由于编者水平有限,书中难免存在缺点和错误,恳请各位专家、读者能给予批评和指正。对 于教材的任何问题可通过 E-mail 发送给编者,邮箱为 zhulilan2008@126.com。

编　者
2012 年 4 月

目 录

项目一　房间场景设计与绘制

项目描述

在动画中,画面场景的好坏是完成一部好的动画片的基础,是动画过程中最重要的环节。它是构思动画画面视觉要素的关键。动画画面场景工作是思考过程也是组织过程,是艺术家如何明确表达自己的想法,如何对视觉产生刺激和起到美感作用的过程;如果我们把动画画面的前景与背景、明与暗、平面与立体、动态与静态等方面安排得和谐统一,就是理想的动画效果。本项目的任务是设计并绘制简单房间场景,包括以下两个任务。

(1) 策划房间场景。

(2) 利用 Flash 绘图工具和各种面板绘制房间场景。

项目目标

1. 技能目标

(1) 能熟练使用 Flash 中的各种绘图工具和面板。

(2) 能正确使用 Flash 的两种绘图模式。

(3) 能利用各种绘图工具绘制、编辑和修改场景中的图形。

(4) 能在 Flash 中编辑文本。

(5) 能正确使用图层。

(6) 能利用 Flash 绘制出符合客户要求的动画场景。

2. 知识目标

(1) 了解动画场景的作用。

(2) 掌握 Flash CS5 的基本操作。

(3) 掌握帧的概念。

(4) 掌握【颜色】面板和【变形】面板的使用方法。

(5) 掌握两种绘图模式的使用方法。

(6) 掌握基本图形的绘制、编辑和修改方法。

(7) 掌握图层的基本操作。

本项目通过设计并绘制房间场景,使读者掌握动画场景的作用,Flash CS5 基本操作,图形的绘制、编辑和修改,图层的使用等,能利用 Flash CS5 中的各种绘图工具绘制简单的动画场景,为后面的学习打下坚实的基础。

1.1 任务一 策划房间场景

1.1.1 任务描述

　　动画场景通常是为动画角色的表现提供服务的,动画场景的设计要符合要求,展现故事发生的背景、文化风貌、地理环境和时代特征。要明确地表达故事发生的时间、地点,结合动画的总体风格进行设计,给动画角色的表演提供合适的场合。所以,本任务是通过案例掌握Flash CS5 软件的基本操作方法和技巧,了解动画场景的作用,最终策划一个简单的房间场景。

1.1.2 技术视角

1. Flash CS5 基础知识

（1）认识 Flash

　　现在 Flash 动画可以说是无孔不入,网络上丰富的动画、MTV、贺卡、游戏让我们的眼睛应接不暇,在公交车上,移动电视也在放着 Flash 动画或者歌曲,就连手机现在都被植入了 Flash 播放器。Flash 动画的制作者被赋予了一个时尚的名字——闪客,闪客在用他们的画笔和思想编织着新奇绚丽的故事。

　　Flash 是一种创作工具,设计人员和开发人员可使用它来创建演示文稿、应用程序和其他允许用户交互的内容。Flash 可以包含简单的动画、视频内容、复杂演示文稿和应用程序以及介于它们之间的任何内容。通常,使用 Flash 创作的各个内容单元称为应用程序,即使它们可能只是很简单的动画。可以通过添加图片、声音、视频和特殊效果,构建包含丰富媒体的 Flash 应用程序。

　　Flash 特别适用于创建通过 Internet 提供的内容,因为它的文件非常小。Flash 是通过广泛使用矢量图形做到这一点的。与位图图形相比,矢量图形需要的内存和存储空间小很多,因为它们是以数学公式而不是大型数据集来表示的。位图图形之所以更大,是因为图像中的每个像素都需要由一组单独的数据来表示。

　　另外,用 Flash 制作的动画文件适于网络传输,Flash 文件在线播放运用了流技术,即当文件下载到一定进程时就开始播放,剩下的部分将在播放的同时下载。

　　Flash 动画文件扩展名为 swf,它既可以单独成为网页,也可以插入 HTML 文档中,具有良好的交互性。Flash 是目前最优秀的网络动画编辑软件之一,从简单的动画效果到动态的网页设计、短篇音乐剧、广告、电子贺卡、电子相册、网络游戏、MV、教学课件、产品宣传、无线应用、网络应用程序开发等,Flash 的应用领域日趋广泛。

（2）Flash CS5 软件的安装

　　下载 Flash CS5 解压程序包、安装压缩包,并将其放到同一个目录下,如图 1-1 所示。

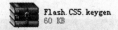  

图 1-1　Flash CS5 安装文件

双击解压安装压缩包文件,得到 Flash CS5 的安装包,如图 1-2 所示。

打开 Adobe Flash Professional CS5 文件夹,可以看到安装文件,如图 1-3 所示。

图 1-2　Flash CS5 的安装包　　　　图 1-3　Flash CS5 的安装文件

安装前,为避免软件使用过程中提示注册验证,须用记事本打开 C:\WINDOWS\ system32\drivers\etc\hosts 文件,复制以下的网址添加在 hosts 文件末尾。

127.0.0.1 activate.adobe.com

127.0.0.1 practivate.adobe.com

127.0.0.1 ereg.adobe.com

127.0.0.1 activate.wip3.adobe.com

127.0.0.1 wip3.adobe.com

127.0.0.1 3dns－3.adobe.com

127.0.0.1 3dns－2.adobe.com

127.0.0.1 adobe－dns.adobe.com

127.0.0.1 adobe－dns－2.adobe.com

127.0.0.1 adobe－dns－3.adobe.com

127.0.0.1 ereg.wip3.adobe.com

127.0.0.1 activate－sea.adobe.com

127.0.0.1 wwis－dubc1－vip60.adobe.com

127.0.0.1 activate－sjc0.adobe.com

编辑好 hosts 文件后,就可以正式安装 Flash CS5 软件了。

注意:hosts 是个隐藏文件,如果找不到,则需要先修改【文件夹选项】中的相关设定。打开【文件夹选项】对话框,切换到【查看】选项卡,选中【隐藏文件和文件夹】下面的【显示所有文件和文件夹】,如图 1-4 所示,然后单击【确定】按钮。

如果是 vista 系统,hosts 文件不能被修改,可以按下面的做法操作:把 hosts 文件复制到其他某个无关紧要的地方,然后把 hosts 修改了,再复制回去覆盖就可以了。

安装时最好关闭计算机上的应用程序,关闭网络连接。双击安装文件后,根据提示安装。在安装选项中应选择简体中文,选择安装位置和安装的文件夹(最好选择计算机中可用空间多的磁盘),选择完毕后单击【下一步】按钮,软件开始安装。

软件安装成功后,打开的选择文档界面如图 1-5 所示。

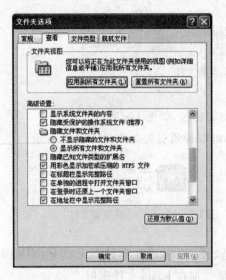

图 1-4　【文件夹选项】对话框　　　　　　　　图 1-5　Flash 文档界面

（3）Flash CS5（部分）新增功能简介

① 文本引擎（TLF）。通过新的文本布局框架，借助印刷质量的排版全面控制文本。

② 代码片段面板。通过将预建代码注入项目，降低 AS 学习曲线并实现更高创意。

③ ActionScript 编辑器。借助经过改进的 ActionScript 编辑器加快开发流程，其中包括自定义类代码提示和代码完成。

④ Creative Suite 集成。使用 Photoshop、Illustrator、InDesign 和 Flash Builder 等组件可提高工作效率。

⑤ 视频改进。借助舞台视频擦洗和新提示点属性检查器，简化视频流程。

⑥ 基于 XML 的 FLA 源文件。使用源控制系统管理和修改项目，更轻松地实现文件协作。

⑦ 广泛的内容分发。实现跨任何尺寸屏幕的一致交付。

⑧ 设计令人痴迷的交互式体验。添加交互性和动画，使作品更吸引人。

⑨ 骨骼工具大幅改进。借助为骨骼工具新增的动画属性创建更逼真的反向运动效果，如图 1-6 所示。

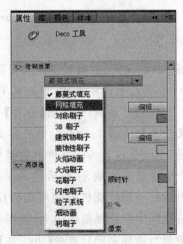

图 1-6　骨骼工具　　　　　　　　　　　　图 1-7　Deco 工具属性

⑩ Deco 工具。借助为 Deco 工具新增的一整套刷子,可以添加高级动画效果,如图 1-7 所示。

2. Flash CS5 基本操作

下面以 Flash CS5 为平台,介绍 Flash 的基本操作。

(1) 认识开始页

初次打开 Flash 软件时会出现开始页面,如图 1-5 所示。分别是"从模板创建"、"打开最近的项目"、"新建"、"扩展"和"学习",如果不希望每次打开软件时都出现这个开始页,可以选中左下角的"不再显示"复选框,下次就直接打开一个空白的 Flash 文档。

① 从模板创建。打开"从模板新建"中的"动画"一项,弹出【从模板新建】对话框,如图 1-8所示。

图 1-8 【从模板新建】对话框

可以看到很多的文件模板,如经常用到的"补间动画的动画遮罩层"、"补间形状的动画遮罩层"、"关键帧之间的缓动",甚至还有"雪景脚本"和"雨景脚本",这些在 Flash 动画制作中都会经常使用的,这些常用的制作被集合到了 Flash 的动画模板中,非常适合初学者学习和研究,为更快地掌握 Flash 技巧提供了帮助。

在"模板"的"范例文件"中,提供了更适合初学者学习的"IK 范例"、"菜单范例"、"按钮范例"、"日期倒计时范例"、"手写范例"、"嘴形同步"等。这些源文件为 Flash 初学者提供了更实用的参考使用平台,可以自由创作属于自己的作品。

除了"动画"和"范例文件"外,在"模板"下还有"广告"、"横幅"、"媒体播放"、"演示文稿"。

另外,"媒体播放"中的"高级相册"、"简单相册","演示文稿"中的"简单演示文稿"、"高级演示文稿"的模板还为 Flash 门外汉提供了快速上手制作专业 Flash 作品的可能。

② 打开最近的项目。在这里,可以通过单击快速打开曾经操作过的 Flash 文档。

③ 新建。如同【文件】/【新建】命令一样,可以创建 Flash 文档。

(2) Flash CS5 的操作界面

新建一个 Flash 文档后,进入 Flash CS5 的操作界面,如图 1-9 所示。界面由以下几部分组成:菜单栏、主工具栏、工具箱、时间轴、帧、图层、场景和舞台、【属性】面板以及浮动面板。

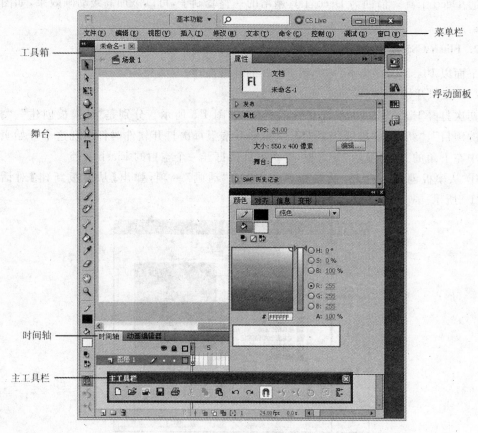

图 1-9 Flash CS5 操作界面

① 菜单栏。Flash CS5 的菜单栏依次为"文件"菜单、"编辑"菜单、"视图"菜单、"插入"菜单、"修改"菜单、"文本"菜单、"命令"菜单、"控制"菜单、"调试"菜单、"窗口"菜单和"帮助"菜单。

② 主工具栏。为方便使用,Flash CS5 将一些常用命令以按钮的形式组织在一起,置于操作界面的上方。主工具栏依次为"新建"按钮、"打开"按钮、"转到 Bridge"按钮、"保存"按钮、"打印"按钮、"剪切"按钮、"复制"按钮、"粘贴"按钮、"撤销"按钮、"重做"按钮、"对齐对象"按钮、"平滑"按钮、"伸直"按钮、"旋转与倾斜"按钮、"缩放"按钮以及"对齐"按钮。

③ 工具箱。工具箱提供了图形绘制和编辑的各种工具,分为"工具"、"查看"、"颜色"、"选项"4 个功能区。

- "工具"区:提供选择、创建、编辑图形的工具。
- "查看"区:改变舞台画面以便更好地观察。
- "颜色"区:选择绘制、编辑图形的笔触颜色和填充颜色。
- "选项"区:不同的工具有不同的选项,通过"选项"区为当前选择的工具进行属性设置。

④ 时间轴。时间轴用于组织和控制文本内容在一定时间内播放。按照功能的不同,时间轴窗口分为左右两部分,分别为层控制区和时间线控制区,如图 1-10 所示。

⑤ 帧。每一个静止画面就称为一帧(在时间轴上显示)。在 Flash 中是指时间轴窗

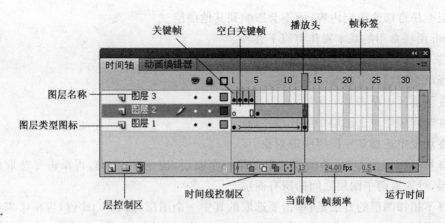

图 1-10 时间轴

口内一个个的小格子,从左到右编号。每帧内容会随时间轴逐个地放映,最后形成连续的动画效果。

- 关键帧:定义动画变化的帧,也可以是包含帧动作的帧,是动画中的关键画面,每个关键帧可以是相同的画面,也可以是不同的画面。不同动作的关键帧分布在"时间轴"上,播放起来就会呈现出"动"的效果。默认情况下,每一层的第 1 帧是关键帧。在时间轴上关键帧以黑点表示。

- 空白关键帧:空白关键帧是关键帧的一种,它没有任何内容。时间轴上空白关键帧以空心小圆圈表示。

- 帧标签:有时候,我们需要为动画做一些标记,就可以利用帧标签。选择帧,然后在【属性】面板的帧标签位置输入标记数字或字母,相应的帧就会出现一个小红旗,红旗后就是输入的作为标记的数字或字母。

- 帧序列:某一层中的一个关键帧和下一个关键帧之间的静态帧,不包括下一个关键帧。

- 当前帧:红色的帧标签停止的帧位置,从"当前帧"的数字中我们直接可以看到现在停止在哪个帧上。

- 帧频率:动画的帧频率是 24 帧/秒。因为在制作动画中可以自由设置一拍一、一拍二,国内电视播放速率是 25 帧/秒,国外还有 30 帧/秒的帧频率。可以根据需要设置帧频率,帧频率最好在文件设置时设置为固定数值,不应经常更改。

- 运行时间:从运行时间的数值中可以读出现在红色帧标签所停止位置的时间。

Flash CS5 软件时间轴上"当前帧、帧频率、运行时间"三个数值显示区的最大区别就是可以直接通过双击的形式对数值进行设置。

从图 1-10 中可以读出现在的帧标签是停在 13 帧的位置上,现在的帧频率是 24 帧/秒,而现在帧标签停止在 0.5 秒上。

⑥ 图层。在 Flash 动画中,图层就像多层透明纸叠在一起一样,每一张纸上面都有不同的画面,将这些纸叠在一起就组成一幅比较复杂的画面。在上面一层添加内容,会遮住下面一层中相同位置的内容,但如果上面一层的某个区域没有内容,透过这个区域就可以看到下面一层相同位置的内容。

在 Flash 中每个图层都是相互独立的,拥有自己的时间轴,包含独立的帧,用户可以在一个图层上任意修改图层内容,而不会影响到其他图层。

Flash 图层常用的基本操作有以下几种。

- 选择图层

选择单个图层的方法有以下几种。

➢ 在图层区中单击某个图层;

➢ 在时间轴中单击图层中的任意一帧;

➢ 在场景中选择某一图层中的对象。

选择相邻图层的方法:单击要选取的第一个图层,按住 Shift 键,再单击要选取的最后一个图层,可选取两个图层之间的所有图层。

选择不相邻图层的方法是:单击要选取的其中一个图层,按住 Ctrl 键,再单击需要选取的其他图层即可。

- Flash 图层的创建、删除与重命名

一个新建的 Flash 文件在默认情况下只有一个图层,用户可根据自己的需要添加或删除图层。系统默认的图层为"图层 1",如果需要创建新的图层,有以下几种方法。

➢ 单击【时间轴】面板中的【新建图层】按钮￼;

➢ 选择【插入】/【时间轴】/【图层】命令;

➢ 在【时间轴】面板中的图层上右击,从弹出的快捷菜单中选择【插入图层】命令。

删除 Flash 图层的方法有以下两种。

➢ 选择要删除的图层,在【时间轴】面板中单击【删除图层】按钮￼;

➢ 在要删除的图层上方右击,从弹出的快捷菜单中选择【删除图层】命令。

对于新建的普通图层,Flash 默认的图层名为"图层 1"、"图层 2"、……这种名称很不直观,为了便于识别每个图层放置的内容,可以为图层取一个直观好记的名称,这就是图层的重命名。

重命名图层的方法是:双击要重命名的图层,进入文本编辑状态,在文本框中输入新名称后,再按 Enter 键或单击其他图层,即可确认该名称。

- 图层的复制和移动

在制作动画时,常常需要在新建的图层中创建与原有图层的所有帧内容完全相同或类似的内容,这时可通过复制图层的功能将原图层中的所有内容复制到新图层中,再进行一些修改,从而避免重复工作。复制图层就是把某一图层中所有帧的内容复制到另一图层中。

复制图层的方法是:单击图层区中的图层名称,即可选中该图层中的所有帧,然后在时间轴右边选中的帧上右击,从弹出的快捷菜单中选择【复制帧】命令;再用右击目标层的第 1 帧,从弹出的快捷菜单中选择【粘贴帧】命令即可。

有时候在编辑动画后发现不能达到预想中的动画效果,可能是因为图层顺序不正确,这时就需要通过移动图层来调整图层顺序,以达到所需的效果。

移动图层的方法是:选中要移动的图层,按住左键拖动图层,此时图层以一条粗横线显示,当图层达到需要放置的位置时释放左键即可。

- 图层文件夹的创建与删除

动画在 Flash 软件中是存在于时间轴上的,而时间轴上是由一层层的图层组成了动画,随着动画时间的延长,图层会越来越多,常常看到有的动画会用到一两百个图层。图层越来

越多,查找起来非常困难,怎样能快速找到这个图层呢?除了养成命名的好习惯外,还应该使用 Flash 软件中的图层文件夹功能,下面看一看图层文件夹的使用方法。

创建图层文件夹的方法有以下几种。

➤ 单击【时间轴】面板中的【新建文件夹】按钮📁;
➤ 选择菜单【插入】/【时间轴】/【图层文件夹】命令;
➤ 在【时间轴】面板中的图层上右击,从弹出的快捷菜单中选择【插入文件夹】命令。

删除图层文件夹的方法有以下几种。

➤ 按住左键拖动"图层文件夹"到【时间轴】面板左下方的【删除】按钮并松开鼠标;
➤ 选择需要删除的"图层文件夹",并单击【时间轴】面板左下方的【删除】按钮;
➤ 在【时间轴】面板中的图层上右击,从弹出的快捷菜单中选择【删除文件夹】命令。

• 将图层移动到图层文件夹

当时间轴上有很多图层时,要将图层移动到"图层文件夹"里,只需要拖动图层向右上方移动,图层就被移动到"图层文件夹"里了。相反,将图层向左下方移动,图层就脱离文件夹了。

单个的图层可以一层一层移动。如果移动很多图层,只需要选择最上方的图层,按下 Shift 键,并单击最下方图层,两个图层之间的所有图层都被选中,然后拖动它们到"图层文件夹"里就可以。

• 显示/隐藏所有图层

单击【显示或隐藏所有图层】按钮👁,可以在显示所有图层和隐藏所有图层之间进行切换。👁按钮下方的●图标表示该图层中的内容已经显示出来;✕图标表示该图层中的内容被隐藏。

• 锁定/解除锁定所有图层

单击【锁定/解除锁定所有图层】按钮🔒,可以在锁定图层和解除锁定图层之间进行切换。🔒按钮下方的●图标表示该图层没有被锁定,可以对其中的内容和帧进行编辑;🔒图标表示该图层被锁定,不能对其进行编辑。

• 显示所有图层的轮廓

单击【将所有图层显示为轮廓】按钮▢,可以显示所有图层中内容的线条轮廓;再次单击可以取消轮廓的显示,而显示所有内容。▢按钮下方的实心图标■表示该图层中的内容完全显示,空心图标▢表示该图层中的内容以轮廓方式显示。如图 1-11 所示为完全显示的效果,如图 1-12 所示为以轮廓方式显示的效果。

图 1-11　完全显示

图 1-12　以轮廓方式显示

在 Flash 动画制作过程中,图层起着极其重要的作用,图层的作用主要表现在以下几个方面:有了图层后,用户可以方便地对某个图层中的对象或动画进行编辑修改,而不会影响到其他图层中的内容;用户可以将一个大动画分解为几个小动画,将不同的动画放置在不同的图层上,各个小动画之间相互独立,从而组成一个大的动画。

　　• 设置图层属性

　　在 Flash 中还可以对图层的属性进行设置,如设置图层名称、图层类型、对象轮廓的颜色、图层的高度等。右击任意一个图层,从弹出的快捷菜单(见图 1-13)中选择【属性】命令,打开【图层属性】对话框,如图 1-14 所示。

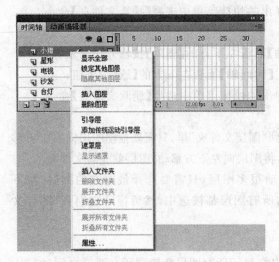

图 1-13　右击弹出的快捷菜单

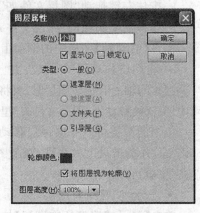

图 1-14　【图层属性】对话框

在该对话框中可进行以下操作:

在"名称"文本框中修改图层名称。

取消☑显示(S)复选框的选择,可以隐藏图层;选中该复选框可显示该图层。

取消☑锁定(L)复选框的选择,可以解锁图层;选中该复选框可锁定该图层。

在【类型】栏中选择相应的单选项,可以设置图层的相应属性。

⑦ 场景和舞台。场景是所有动画元素的最大活动空间。像多幕剧一样,场景可以不止一个。要查看特定场景,可以选择【视图】/【转到】命令,再从其子菜单中选择场景的名称。场景也就是常说的舞台,是编辑和播放动画的矩形区域。在舞台上可以放置、编辑向量插图、文本框、按钮、导入的位图图形、视频剪辑等对象。舞台包括大小、颜色等设置,如图 1-15 所示。

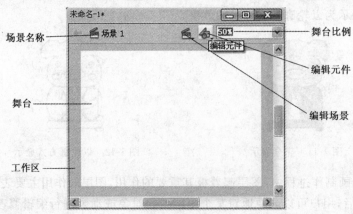

图 1-15　场景和舞台

⑧【属性】面板。对于正在使用的工具或资源,使用【属性】面板可以很容易地查看和更改它们的属性,从而简化文档的创建过程。当选定单个对象时,如文本、组件、形状、位图、视频、组、帧等,【属性】面板可以显示相应的信息和设置。当选择了两个或多个不同类型的对象时,【属性】面板会显示选定对象的总数,如图 1-16 所示。

图 1-16　【属性】面板

⑨ 浮动面板。

使用面板可以查看、组合和更改资源。但屏幕的大小有限,为了尽量使工作区最大化,Flash CS5 提供了许多使用自定义工作区的方式,如可以通过【窗口】菜单显示、隐藏面板,还可以通过拖动鼠标来调整面板的大小以及重新组合面板。

· 【纯色】编辑面板

在工具箱的下方单击【填充色】按钮，弹出【纯色】面板,如图 1-17 所示。在面板中可以选择系统设置好的颜色。如想自行设定颜色,单击面板右上方的颜色选择按钮，弹出【颜色】面板,如图 1-18 所示。在面板右侧的颜色选择区中选择要自定义的颜色。拖动面板右侧的滑动条可以设定颜色的亮度。

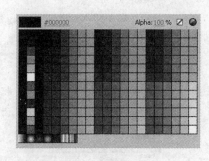

图 1-17　【纯色】面板

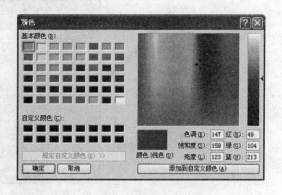

图 1-18　【颜色】面板

• 【颜色】面板

选择【窗口】/【颜色】命令,弹出【颜色】面板,如图 1-19 所示。

在【颜色】面板的【颜色类型】选项中,选择"纯色"选项。在面板下方的颜色选择区域内,可以根据需要选择相应的颜色。

在【颜色】面板的【颜色类型】选项中选择"线性渐变"选项。将鼠标指针放置在滑动色带上,在色带上单击可以增加颜色控制点,并在面板下方为新增加的控制点设定颜色及透明度,如图 1-20 所示。

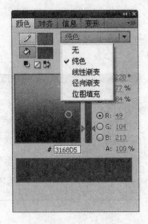

图 1-19 【颜色】面板的"纯色"选项   图 1-20 【颜色】面板的"线性渐变"选项

在【颜色】面板的【颜色类型】选项中选择"径向渐变"选项。用与定义线性渐变色相同的方法在色带上单击增加颜色控制点,并在面板的左下方显示出定义的渐变色。

在【颜色】面板的【颜色类型】选项中选择"位图填充"选项,弹出【导入到库】对话框,在对话框中选择要导入的图片,单击【打开】按钮,图片被导入【颜色】面板中。选择工具箱中的【矩形工具】,在场景中绘制出一个矩形,矩形被刚才导入的位图所填充,如图 1-21 所示。

• 【样本】面板

在【样本】面板中可以选择系统提供的纯色或渐变色。选择【窗口】/【样本】命令,弹出【样本】面板。在控制面板中部的纯色样本区,系统提供了 216 种纯色,如图 1-22 所示。

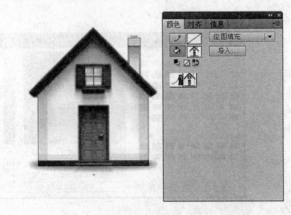
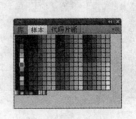

图 1-21 【颜色】面板的"位图填充"   图 1-22 【样本】面板

（3）Flash CS5 的文件操作

① 新建文件。新建文件是使用 Flash CS5 进行设计的第一步。选择【文件】/【新建】命令，弹出【新建文档】对话框，如图 1-23 所示。选择完成后（本教材中的案例如果没有特殊说明，则选择 ActionScript 3.0），单击【确定】按钮，即可完成新建文件的任务。

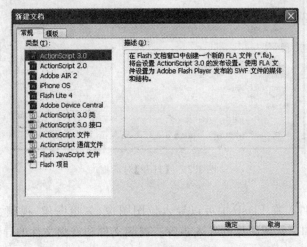

图 1-23　【新建文档】对话框

② 保存文件。编辑和制作完动画后，就需要将动画文件进行保存。选择【文件】/【保存】命令，弹出【另存为】对话框，如图 1-24 所示。输入文件名，选择保存类型，单击【保存】按钮，即可将动画保存到硬盘中。

图 1-24　【另存为】对话框

③ 打开文件。如果要修改已完成的动画文件，必须先将其打开。选择【文件】/【打开】命令，弹出【打开】对话框，如图 1-25 所示。在对话框中搜索路径和文件，确认文件类型和名称，单击【打开】按钮，或直接双击文件，即可打开所指定的动画文件。

图 1-25 【打开】对话框

④ 导入外部文件。在 Flash 中可以导入位图图像、矢量图像、视频文件、音频文件等。下面介绍位图图像和矢量图图像的导入步骤。视频文件和音频文件的导入将在后面介绍。

导入文件不是打开文件，导入图像文件是导入在同一个 Flash 文档中，而打开文件就是打开一个独立的文档，并不是在同一个文档中。

导入位图文件会增大 Flash 文件的大小，不过在图像属性面板中进行设置后，可以对图像进行压缩。

导入位图文件的步骤是：

- 选择【文件】/【导入】/【导入到舞台】命令，然后选择一幅位图图像，如素材中的 index1_02.jpg。
- 导入位图使影片文件过大需要进行压缩，选择【库】面板中的位图并右击，从弹出的快捷菜单中选择【属性】命令，打开【位图属性】对话框，如图 1-26 所示。

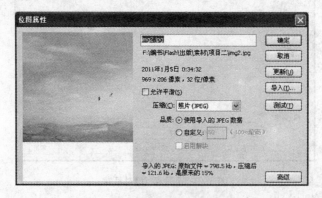

图 1-26 【位图属性】对话框

- 在弹出的【位图属性】对话框中选中"允许平滑"复选框，选择压缩格式为"照片"，取消选中【使用导入的 JPEG 数据】，将"品质"值自定义为"0～100"之间。
- 单击【测试】按钮，对压缩后的文件进行测试，在预览窗口和【品质】文本框下方查看图像的容量和品质,单击【确定】按钮。

- 确定导入图像前若要替换当前位图图像,可重新导入文件,单击【导入】按钮,在弹出的【导入位图】对话框中选择要导入的位图文件并将其打开即可。

注意:如果导入的图像的名称为连续的,那么 Flash 会提示"此文件看起来是图像序列的组成部分。是否导入序列中的所有图像?",如图 1-27 所示,根据需要进行选择即可。

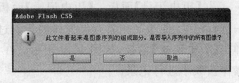

图 1-27 提示框

在 Flash CS5 中可以导入 Fireworks、PSD 和 AutoCAD 等矢量图形。步骤如下:

- 选择【文件】/【导入】/【导入到舞台】命令,再选择一个矢量图文件,如素材中的 blog. psd。
- 弹出【将"blog. psd"导入到舞台】对话框,如图 1-28 所示。在对话框中可以单独对每个图层设置导入的图像格式。

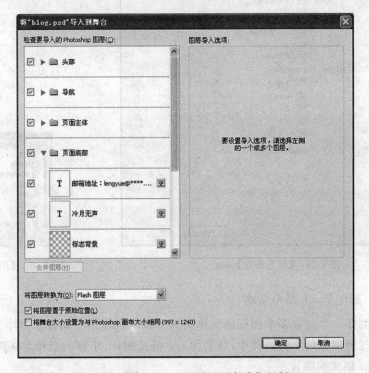

图 1-28 【将"blog. psd"导入到舞台】对话框

- 设置完成后,单击【确定】按钮。注意观察导入矢量图像的 Flash 文档的图层和库。

(4) Flash CS5 系统的配置

① 首选参数面板。应用【首选参数】面板可以自定义一些常规操作的参数选项。参数面板依次分为【常规】选项卡、【ActionScript】选项卡、【自动套用格式】选项卡、【剪贴板】选项卡、【绘画】选项卡、【文本】选项卡、"警告"选项卡、"PSD 文件导入器"选项卡以及【AI 文件导入器】选项卡。选择【编辑】/【首选参数】命令,可以调出【首选参数】面板,如图 1-29 所示。

② 设置浮动面板。Flash 中的浮动面板用于快速地设置文档中对象的属性。可以根据需要随意地显示或隐藏面板，调整面板的大小。还可以将最方便使用的面板布局形式保存到系统中。

③【历史记录】面板。【历史记录】面板用于将文档新建或打开以后进行操作的步骤——进行记录，便于制作者查看操作的步骤过程。选择【窗口】/【其他面板】/【历史记录】命令，弹出【历史记录】面板，如图 1-30 所示。在文档中进行一些操作后，【历史记录】面板将这些操作按顺序进行记录。

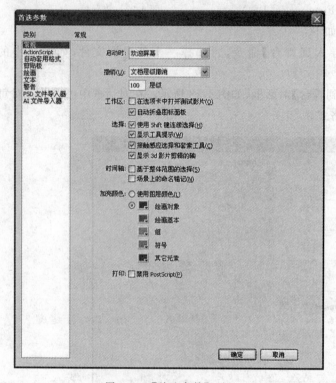

图 1-29 【首选参数】面板

图 1-30 【历史记录】面板

案例 1-1 制作 Flash 简单动画

本案例将制作一个包含多个图层的简单动画。该动画包括一幅背景图片、小狗的家、水杯和一只将要过河回家的小狗。其中，背景为 jpg 格式图片，小狗的家和水杯为 png 格式的图片，小狗为 gif 格式的图片。

在案例制作过程中大家应该仔细考虑怎样导入这些图片，哪些图层该放在上面，哪些图层该放在下面，做到心中有数。本案例涉及的知识点有设置文档属性、导入各种格式的图片、创建图层、重命名图层、锁定/解除锁定图层、移动帧中的对象、设置对象属性等。

案例制作步骤如下：

① 新建一个 Flash 文档，选择【修改】/【文档】命令，打开【文档设置】对话框，设置文档的"宽"为 554 像素，"高"为 402 像素，"帧频"为 12fps，如图 1-31 所示，单击【确定】按钮。

② 双击【时间轴】面板上的图层"图层 1"，进入文本编辑状态，在文本框中输入新名称"bg"，再按 Enter 键，即可将"图层 1"重命名为"bg"，如图 1-32 所示。

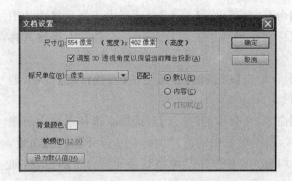

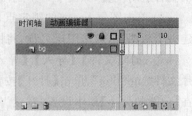

图 1-31　【文档设置】对话框　　　　　　　　　　　　图 1-32　重命名图层

③ 选择【文件】/【导入】/【导入到舞台】命令,在弹出的【导入】对话框中选择素材中的图片文件"bg.jpg",如图 1-33 所示,单击【打开】按钮。

④ 此时,背景图片被导入场景中并处于选中状态,选择【窗口】/【属性】命令,打开【属性】面板,在【位置和大小】选项区中设置 X、Y 的值均为 0,如图 1-34 所示。

图 1-33　【导入】对话框　　　　　　　　　　　　图 1-34　【属性】面板

注意:场景的坐标原点(0,0)在左上角,这样设置的目的是让图片跟舞台重合。

⑤ 单击图层 bg 的锁定点,将其锁定。单击【时间轴】面板上的【新建图层】按钮,创建一个新图层,双击图层名称,将图层名称改为 home,如图 1-35 所示。

图 1-35　新建图层　　　　　　　　　　　　图 1-36　房子的位置

⑥ 选择【文件】/【导入】/【导入到舞台】命令,在弹出的【导入】对话框中选择素材中的图片文件 home. png,单击【打开】按钮。将鼠标放在场景中的图片 home 上,按住左键将其移动到合适的位置,如图 1-36 所示。

⑦ 单击图层 home 的锁定点,将其锁定。单击【时间轴】面板上的【新建图层】按钮,创建一个新图层,双击图层名称,将图层名称改为"cup"。

⑧ 选择【文件】/【导入】/【导入到舞台】命令,在弹出的【导入】对话框中选择素材中的图片文件"cup. png",单击【打开】按钮。将鼠标放在场景中的图片"cup"上,打开【属性】面板,在【位置和大小】栏中设置"宽度"和"高度"均为 40,并按住左键将其移动到合适的位置,如图 1-37 所示。

图 1-37　杯子的大小和位置

⑨ 用同样的方法,锁定图层"cup",创建新图层"dog"。选择【文件】/【导入】/【导入到库】命令,在弹出的【导入】对话框中选择素材中的图片文件"dog. gif",单击【打开】按钮。

⑩ 选择【窗口】/【库】命令,打开【库】面板,将【库】中的"dog. gif"拖动到舞台的合适位置,如图 1-38 所示。

图 1-38　将"dog. gif"拖动到舞台中

⑪ 选择【文件】/【保存】命令，将动画保存为"制作 Flash 简单动画.fla"。按 Enter 键测试。

1.1.3　超越提高——怎样下载网上的 Flash 动画

1. 怎样下载网上的 Flash 动画——网站篇

（1）寻找可以直接下载的网站

① 这种方法是最简单的，如 QQ 原创 Flash 集中营 http://www.enet.com.cn/eschool/zhuanti/qqflash/，如图 1-39 所示。在该网站上打开一个动画后，在 Flash 动画下面都有一个【下载该视频】按钮，如图 1-40 所示。当单击【下载该视频】按钮后会出现一个提示，如图 1-41 所示。在"下载地址"上右击并从弹出的快捷菜单中选择【另存为】命令，选择好存储的地方，单击【确定】按钮后，动画就开始下载了。

图 1-39　动画网站

图 1-40　【下载该视频】按钮

图 1-41　下载提示

② 如果知道动画文件的名字，可以登录"百度"或"谷歌"网站，它们都有一个下载"mp3"或"视频"的栏目。输入要下载的 Flash 动画名称，然后单击"搜索"，一般就可以找到要下载的文件，如图 1-42 所示。

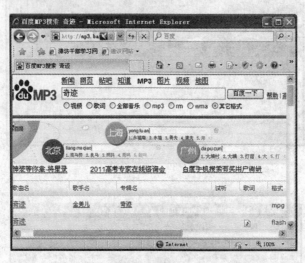

图 1-42　在百度 mp3 中搜索 Flash 动画

（2）使用网页"查看源文件"

这种方法一般是在网站上没有下载按钮的情况下使用的，也是网上流传最广的方法，在 2003 年前一般都可以通过【另存为】命令直接下载动画，2003 年以后，就只能依靠寻找源文件的方法下载动画，这种方法适用于 10MB 以内的动画文件。首先打开带有 Flash 动画的网页，如"闪吧"网站 http://www.flash8.net/fla/。单击一个动画超链接，打开带有 Flash 动画的网页，执行以下操作。

① 在网页上空白区域右击并从弹出的快捷菜单中选择【查看源文件】命令，或选择【查看】/【源文件】命令，都可以打开"源文件"。

② 这时打开了一个"文本"文件,按下 Ctrl＋F 组合键,打开【查找】对话框。

③ 在查找内容后输入"swf",然后单击【下一个】按钮,如第一次单击【下一个】按钮,找到了源文件中带有 swf 的位置,例 div class＝"flash-content-swf",这个肯定不是动画地址,然后继续单击【下一个】按钮,查到了"…/images/swfplayer/mark. swf? id＝49029",这些也不是正确的地址,还需要耐心地查找,再次单击【下一个】按钮,单击了几次,最后得到了比较完整的一个路径,例 http://www. flash8. net/uploadflash/50/flash8net_49029. swf。那么这个肯定就是动画的地址了,因为它有一个完整的路径,指明了是在"闪吧"下面的哪个文件夹下的 swf 文件,将这个地址复制下来,然后打开计算机里的下载工具,"快车"、"迅雷"、"旋涡"都可以,新建一个下载任务,将这个地址粘贴到下载工具的地址里,然后单击"下载"按钮就可以了。

2. 怎样下载网上的 Flash 动画——软件篇

很多的软件都可以直接下载网上的 Flash 动画,有的是专门的下载 Flash 的利器,有的是传统的下载工具集合了下载 Flash 动画一类新媒体的功能,有的则是在浏览器中增加了下载新媒体的功能。

（1）Flash 专用利器

网上这类 Flash 下载工具比较多,比如 FlashSaver 6.5,除了比较大的受保护的作品不能下载外,一般小的动画都可以下载。

打开 FlashSaver,单击左上角的 URL 按钮,打开 Detect from Webpage 对话框,在 URL 栏中输入 Flash 动画的网址,单击 Detect 按钮,选择要下载的动画,单击 Save 按钮,Flash 动画将会保存到默认的位置(C:\my flashes),如图 1-43 所示。

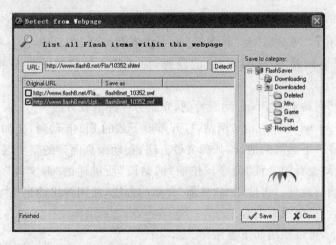

图 1-43　下载 Flash 动画

遨游浏览器自带了下载 Flash 动画的功能,也可以方便地下载一些比较小的 Flash 动画。

（2）迅雷、FlashGet 等软件

现在很多网络下载软件都提供了专门下载网上流媒体的功能,比如迅雷软件。在传统 IE 浏览器下,鼠标放在 Flash 动画上或在 Flash 动画上单击一下,会出现一个蓝色的【下载】

按钮,如图 1-44 所示。这时只需要单击这个【下载】按钮,就会出现"下载任务"了,里面会自动添加 Flash 动画的网址和大小,单击【确定】按钮,Flash 动画文件就下载下来了。

图 1-44 【下载】按钮

FlashGet 提供了下载网上 FLV 的功能,将鼠标移动到带有 FLV 格式的网页后,在网页上右击,在弹出的快捷菜单中选择"使用快车(FlashGet)下载该网页 FLV"的选项,就可以下载 FLV 文件。

另外,迅雷和 FlashGet 都提供了下载全部链接的功能,只是这种功能不是特别实用,很多时候找不到需要的 Flash 动画。

3. 怎样下载网上的 Flash 动画——终极篇

前面已经介绍了"网站篇"和"软件篇"的一些下载方法,但还会有一些动画文件无法下载,比如业界著名网站——"闪吧"上的动画,简单的方法已经无法分析出动画的准确地址。

下面以"闪吧"网站上的 Flash 动画为例,介绍另一种下载方法。

打开"闪吧"(www.flash8.net)网站,打开需要下载的 Flash 动画,比如"钉子户"。可以按照传统方法找寻一下动画的地址,如源文件方法,在动画页面旁的空白区域右击并从弹出的快捷菜单中选择"查看源文件"命令。按照"网站篇"所讲述的"源文件"方法查找"swf",结果没有找到准确的地址。再使用"软件篇"介绍的方法,使用弹出的迅雷"下载"按钮,结果打开下载的文件后,里面没有内容。

在这种情况下,可以使用如下方法。

(1) 选择浏览器的【工具】菜单中的【Internet 选项】命令,弹出【Internet 选项】对话框,单击【常规】选项卡【Internet 临时文件】下的【设置】按钮。

(2) 打开【设置】对话框,单击【查看文件】按钮,会出现一个窗口,这个窗口中都是 Internet 临时文件,可以在这里寻找要下载的动画。

注意:如果动画显示有"Loading",一定要等"Loading"条进行完毕后再操作。

(3) 在打开的 Temporary Internet Files 窗口中,按"类型"排序,找到 swf 类型的文件,如图 1-45 所示。

（4）根据各个 swf 文件的大小判断是否是要下载的 Flash 动画，打开观看，最终找到需要的动画。选择这个文件，将它复制到其他地方进行粘贴，这个动画就下载下来了。

图 1-45　下载动画

通过这种方法下载 Flash 动画文件，同样适用于下载 FLV 文件。

1.2　任务二　绘制房间场景

1.2.1　任务描述

　　组成 Flash 动画的基本要素是图形和文字，制作一个高品质的动画离不开创作者高超的绘图能力和审美水平。Flash 提供了强大的绘图功能，可以使创作者轻松地绘制出所需要的任何图形。

　　本任务将介绍 Flash CS5 绘制图形的功能和编辑图形的技巧，以及多种选择图形的方法和设置图形色彩的技巧。通过学习，在掌握绘制图形、编辑图形的方法和技巧的基础上，绘制和编辑房间场景，为进一步学习 Flash 打下坚实的基础。

1.2.2　技术视角

1. Flash 绘图工具介绍

Flash 提供的主要绘图工具分为以下 4 大类。

（1）基本绘图工具

Flash 提供的基本绘图工具可分为两组：几何形状绘图工具（线条工具、椭圆工具、矩形工具和多角星形工具)和徒手绘制工具(铅笔工具、钢笔工具、刷子工具和橡皮擦工具)。基本绘图工具可以直观地根据名称知道其作用。但是,这些工具有很多选项和设置,实际使用起来要更复杂一些。

(2) 选择工具

Flash 提供的选择工具包括部分选取工具、套索工具和选择工具。利用这些工具可以在 Flash 的绘图空间选择元素,捕捉和调整形状或者线条的局部形状。

(3) 修改图形工具

Flash 提供的修改图形工具也可以分为两组:填充工具(滴管工具、颜料桶工具、墨水瓶工具、颜色面板)和变形工具(渐变变形工具和任意变形工具等)。前者用于给图形填充颜色,后者用于更改线条和填充效果,如扭曲、拉伸、旋转和移动图形等。

(4) 文本工具

Flash 还专门提供了文本工具,用于在图形中输入和编辑文字,并可随时随处在动画中按用户的需要显示精美的文字,达到图文并茂的效果。

2. Flash 的绘图模式

Flash 提供了"合并绘制"和"对象绘制"两种绘图模式,它们的作用如下。

(1) 合并绘制模式

使用"合并绘制"模式绘图时,重叠的图形会自动进行合并,位于下方的图形将被上方的图形覆盖。

用 Flash 工具箱中的绘图工具直接绘制的图形叫做"形状",选择【修改】/【组合】命令,可以将选中的对象组合成"组"。形状和组是 Flash 中的两个基本对象类型。

注意:选中多个图形,选择【修改】/【组合】命令,或按 Ctrl+G 组合键,将选中的图形进行组合。

使用绘图工具绘制"合并绘制"模式时,需要在工具箱下方的选项中取消【对象绘制】按钮的选中。

① 认识形状

* 新建一个 Flash 文档,设置舞台背景颜色为黄色。选择工具箱中的【多角星形工具】,在【属性】面板设置【边框】为"无",【填充色】为"红色",【样式】为"星形",在舞台上绘制一个五角星,如图 1-46 所示。

* 切换到【选择工具】,单击舞台上的五角星。这时五角星处在选中状态:五角星上布满网格点。这是形状这种类型的对象具有的一个重要特征——选中时图形上出现网格点,如图 1-47 所示。

* 保持圆形处在选中状态,打开【属性】面板,如图 1-48 所示,可以清楚看到这个圆形被称为"形状"。它的属性有"宽"、"高"和"坐标值"。

② 绘图技巧——形状的切割和融合

* 继续上面的操作。再次选择【多角星形工具】,设置【边框色】为"无色"、【填充色】为"蓝色",然后在大五角星上面再绘制一个小一些的五角星,如图 1-49 所示。

* 切换到【选择工具】,单击选中蓝色的五角星,然后把它拖动到旁边,效果如图 1-50所示。这时可以看到,蓝色的五角星将红色的五角星切割了。

如果用红色的小五角星去切割红色大五角星,是否会切割成功呢?

- 单击主工具栏中的【撤销】按钮若干次，恢复到原来舞台上只有一个圆的状态。使用【多角星形工具】，在大五角星上再绘制无边框、红色填充的小五角星，如图 1-51 所示。
- 切换到【选择工具】，单击红色小五角星，会发现整个图形全部被选中，如图 1-52 所示。此时，拖动鼠标将会移动全部图形。这说明两个五角星融合在了一起。

图 1-46　绘制五角星

图 1-47　选中五角星

图 1-48　【属性】面板

图 1-49　绘制蓝色
　　　　　五角星

图 1-50　切割五角星

图 1-51　绘制红色
　　　　　小五角星

图 1-52　图形融合

③ 将形状转换为组

两个形状的接触，必然产生两个结果，图形的切割或融合。如果把其中的图形变成"组"，是否也会出现这两种情形呢？

- 同样按照上面的方法，绘制好一个大五角星。接着使用【选择工具】拖动鼠标选择对象，然后选择【修改】/【组合】命令，这时，处在选中状态的五角星上面的网格点消失了，它的周围出现一个蓝色的矩形框，如图 1-53 所示。
- 在【属性】面板中，可以看到组合后的对象变成了"组"。它的属性包括"宽"、"高"和"坐标值"，如图 1-54 所示。
- 在舞台的五角星上绘制一个没有边框的蓝色五角星，效果如图 1-55 所示。

此时会发现，蓝色的五角星部分消失了，小五角星的下面被遮盖在下层了，两个图形并没有出现切割或融合的现象，仍然保持独立特性。

因此，可以得出结论："形状"和"组"是不会切割或者融合的，而且，"组"对象要比"形状"对象的层次高。

25

图 1-53　将图形转换为组　　　　图 1-54　【属性】面板　　　　图 1-55　绘制一个小五角星

如果现在想让小五角星出现在大五角星的上面,如何操作呢?

- 选择小五角星,接着选择【修改】/【排列】命令,打开子菜单项,命令却全是灰色显示的。所以说,"形状"对象是不能排列层次的。

- 选择大五角星,接着选择【修改】/【排列】/【下移一层】命令,舞台上的小五角星并没有显示出来。因此,这种方法也是不可行的。

这时也可以把小五角星转换为"组"类型,然后利用菜单命令就可以任意调整它们的层次关系了。

注意:制作复杂图形时,多个图形的叠放次序不同,会产生不同的效果,可以通过【修改】/【排列】中的命令实现不同的叠放效果。

如果要将图形移动到所有图形的顶层。选中要移动的图形,选择【修改】/【排列】/【移至顶层】命令,将选中的图形移动到所有图形的顶层。

(2) 对象绘制模式

在"合并绘制"模式中,将同一图层绘制出来的形状或线条叠加在一起时,会互相切割或者融合。这个绘图技巧相当有效。但是如果运用不当,也会给制作者,特别是初学者带来不少问题,最常见的就是移动对象时分不清对象,移走了填充图形,轮廓线仍在原处,给动画制作带来不必要的麻烦。

这时,就可以采用绘图方法——对象绘制模式,有效地解决这个问题,这种模式出现在矩形、椭圆、钢笔、刷子等工具的选项中,如图 1-56 所示。

使用"对象绘制"模式绘图时,产生的图形是一个独立的对象,它们互不影响,即两个图形在叠加时不会自动合并,而且在图形分离或重排重叠图形时,也不会改变它们的外形。

接下来,使用"对象绘制模式"绘制一个对象。

① 选择【椭圆工具】,在工具箱的选项中单击【对象绘制】按钮 ,在舞台上绘制一个圆形。

② 在【属性】面板中,可以看到绘制的椭圆不再是形状,而是一个绘制对象,如图 1-57 所示。

③ 任意改变一下笔触和填充颜色,再绘制一个椭圆,如图 1-58 所示。

④ 将椭圆移走,可以看到,使用了"对象绘制"选项以后,在同一图层绘制出的形状和线条自动成组,在移动时不会互相切割、互相影响。

在这种模式下,如何完成对象的组合和切割呢? Flash CS5 提供了更完善和便捷的方法。选择【修改】/【合并对象】命令,打开子菜单,可以看到一组菜单命令,如图 1-59 所示。

图 1-56 对象绘制　　　　　图 1-57 【属性】面板　　　　图 1-58 绘制对象　　图 1-59 菜单命令
　　　　模式

下面通过绘制图形认识这一组命令的功能。在使用一个命令后,通过按下 Ctrl+Z 组合键快速撤销已做操作,恢复到原始状态后,继续下一个命令的操作。

① 同时选中两个对象,选择【修改】/【合并对象】/【联合】命令,发现这两个图形对象合成一个整体,如图 1-60(a)所示。

② 选择【修改】/【合并对象】/【交集】命令,发现只保留了两图形之间重叠的地方,如图 1-60(b)所示。

③ 同时选中这两个对象,选择【修改】/【合并对象】/【打孔】命令,发现用上层的对象切割下层对象,如图 1-60(c)所示。

④ 保持选中两个对象,选择【修改】/【合并对象】/【裁切】命令,发现把上层遮盖下层对象的部分裁切出来,如图 1-60(d)所示。

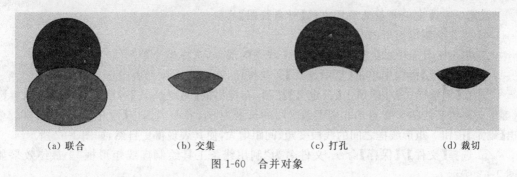

　(a) 联合　　　　　　(b) 交集　　　　　　(c) 打孔　　　　　　(d) 裁切
图 1-60 合并对象

利用"对象绘制"模式,再加上【联合】、【交集】、【打孔】、【裁切】等命令,可以绘制出丰富多彩的图形对象。

3. 基本线条与图形的绘制

(1) 绘制直线

选取工具箱中的【线条工具】,在【属性】面板中设置笔触颜色,在舞台上按住左键不放并拖动鼠标,然后释放,一条直线就绘制出来了。

技巧:拖动的同时按住 Shift 键,则可绘制水平、竖直、或 45°方向的直线。

【线条工具】不但能够绘制出直线,还可以改变构成对象的所有线条的粗细、笔触样式以及颜色等。但设置为虚线等特殊样式的线会比一般的线所占的容量更大。

如果对绘出的直线不满意,可以通过【属性】面板进行修改。【线条工具】的【属性】面板

27

如图 1-61 所示。

选中直线后,【属性】面板各选项作用如下。

① 笔触颜色:设置线条颜色。

② 笔触高度:设置线条宽度,范围是 0.10~200px。

③ 笔触样式:设置线条的样式。

④ 笔触提示:可以将笔触锚记点保持为像素,防止出现模糊的线条。

⑤ 缩放:可以限制动画播放器中的笔触缩放效果。它包括"一般"、"水平"、"垂直"和"无"4 个选项,分别说明如下。

图 1-61 【属性】面板

- "一般"表示笔触随播放器动画的缩放而缩放。
- "水平"表示限制笔触在播放器的水平方向上进行缩放。
- "垂直"表示限制笔触在播放器的垂直方向上进行缩放。
- "无"表示限制笔触在播放器中的缩放。

⑥ 端点:圆角或方形。

⑦ 接合:尖角、圆角或斜角,控制线条交接处端点的形态。

当然,也可以先设置属性,再绘制直线。

案例 1-2 利用线条工具绘制虚线矩形框

① 单击工具箱中的【线条工具】,在【属性】面板中设置【笔触颜色】为"红色",在舞台上绘制一条直线。

注意:不选中工具箱选项区中的【对象绘制】按钮。

② 接着绘制出矩形的其他三条线。

③ 单击工具箱中的【选择工具】,双击线条的部分,选择整个矩形线框。

④ 在【属性】面板中单击【笔触样式】旁的按钮,在样式下拉列表中选择虚线。

⑤ 在【笔触样式】右侧单击【自定义】按钮,在弹出的【笔触样式】对话框中设置各项参数(虚线中每段实线的长度为 6,相邻实线之间的长度为 6),并取消选中【锐化转角】复选框。单击【确定】按钮。矩形线框之间的线段变短、间距增大,使其表现得更自然,如图 1-62 所示。

⑥ 选择【文件】/【保存】命令,文件名为"利用线条工具绘制虚线矩形框"。最终效果如图 1-63 所示。

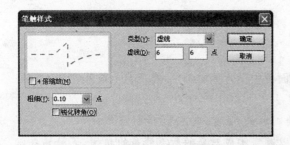

图 1-62 【笔触样式】对话框

图 1-63 【利用线条工具绘制虚线矩形框】对话框

案例 1-3　绘制 30°角

① 选择工具箱中的【线条工具】,在舞台上绘制一条直线(笔触样式为实线)。选取【选择工具】,选中直线。

② 选择【窗口】/【变形】命令,在弹出的【变形】面板中单击【旋转】选项并输入旋转角度为 30°。单击右下角的【重制选区和变形】按钮,第二条直线就产生了。

③ 打开紧贴对象(工具箱选项区中的磁铁图标),拖动第二条直线的一端到第一条直线的一端,此时圆圈由小变大,表示已经被吸附到第一条直线上,如图 1-64 所示。

图 1-64　拖动第二条直线

④ 选择【文件】/【保存】命令,文件名为"绘制 30°角"。

将线条的旋转点调至左端的方法如下:用【任意变形工具】单击线条,这时中心点出现在中间,按住左键将中心点拖动到线条左端即可。

(2) 绘制椭圆、矩形和多角星形

选择工具箱中的【矩形工具】或【椭圆工具】,在舞台上按住左键不放并拖动鼠标,然后释放左键,一个矩形或椭圆就绘制出来了。

【矩形工具】的【属性】面板如图 1-65 所示。

矩形边角半径设置值分别为 50、0、−50 的效果如图 1-66 所示。

图 1-65　【属性】面板

矩形边角半径为 50

矩形边角半径为 0

矩形边角半径为 −50

图 1-66　边角矩形

【椭圆工具】的【属性】面板如图 1-67 所示。

【开始角度】和【结束角度】选项用于调整开始角度和结束角度值,能够绘制出半圆形的填充图形和轮廓弧线。

【内径】用于设置椭圆内圆半径的大小。

【闭合路径】用于设置角度值后,再取消选中【闭合路径】复选框,只能绘制出图形的轮廓线。

【重置】按钮用于让角度值恢复为最初状态。

选择工具箱中的【多角星形工具】,在舞台上按住左键不放并拖动,然后释放左键,一个多角形就绘制出来了。

选中【多角星形工具】,【属性】面板如图 1-68 所示,可以设置样式、边数、星形顶点大小等。

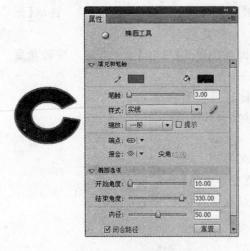

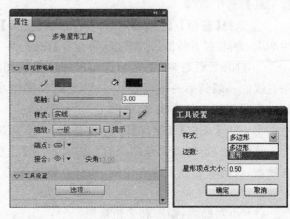

图 1-67 【属性】面板　　　　　　　　　　　　　　　　图 1-68 【属性】面板

技巧:拖动的同时按住 Shift 键,就可以分别画出圆形和正方形来。

注意:绘制出的椭圆或矩形是由填充区域和轮廓线构成,它们是相互独立的两部分。使用【墨水瓶工具】和【颜料桶工具】,可以分别改变它们的形状和颜色。

下面介绍基本矩形工具和基本椭圆工具的其他用法。

① 在工具箱中选择【基本矩形工具】,在舞台中绘制一个矩形。

② 选择【选择工具】,移动鼠标到矩形的左上角,当光标变成三角形时单击。

③ 向内移动鼠标,在矩形框内会出现一个绿色的圆角线框。

④ 释放左键,矩形变成一个圆角矩形,如图 1-69 所示。

图 1-69 绘制圆角矩形

⑤ 选择【基本椭圆工具】,在舞台上绘制一个圆形。

⑥ 单击【属性】面板中的开始角度后的滑块,在滑竿中进行拖动,图形会随"开始角度"值大小的变化而变化,如图1-70所示。

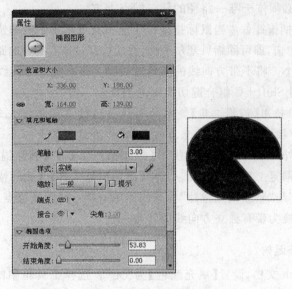

图1-70 绘制椭圆图形

(3)绘制曲线

利用【钢笔工具】可以绘制精确的路径和复杂的曲线。

选择工具箱中的【钢笔工具】,将鼠标放置在舞台上想要绘制曲线的起始位置,然后按住左键不放,此时出现第一个锚点,并且钢笔尖光标变为箭头形状。松开鼠标,将鼠标放置在想要绘制的第二个锚点的位置,单击并按住不放,绘制出一条直线段。将鼠标向其他方向拖曳,直线转变为曲线。松开鼠标,一条曲线绘制完成。

【钢笔工具】显示的不同指针反映出其当前的绘制状态。

① 初始锚点指针♠×。选中钢笔工具后看到的第一个指针。指示下一次在舞台上单击时将创建初始锚点,它是新路径的开始。

② 连续锚点指针♠。指示下一次单击时将创建一个锚点,并用一条直线与前一个锚点相连接。在创建所有定义的锚点时显示此指针。

③ 添加锚点指针♠+。指示下一次单击时将向现有路径添加一个锚点。若要添加锚点,必须选择路径,并且钢笔工具不能位于现有锚点的上方。Flash会根据添加的锚点,重绘现有的路径。

④ 删除锚点指针♠-。指示下一次在现有路径上单击时将删除一个锚点。若要删除锚点,必须用选择工具选择路径,并且指针必须位于现有锚点的上方。Flash会根据删除的锚点,重绘现有的路径。

⑤ 连续路径指针♠。从现有锚点扩展新路径。若要激活此指针,鼠标必须位于路径上现有锚点的上方,并且仅当当前未绘制路径时,此指针才可用。

注意:锚点未必是路径的终端锚点,任何锚点都可以是连续路径的位置。

⑥ 闭合路径指针 🖋。在正绘制的路径的起始点处闭合路径。只能闭合当前正在绘制的路径，并且现有锚点必须是同一个路径的起始锚点。

⑦ 连续路径指针 🖋。除了鼠标不能位于同一个路径的初始锚点上方外，与闭合路径工具基本相同。该指针必须位于唯一路径的任一端点上方。

⑧ 回缩贝塞尔手柄指针 🖋。当鼠标指针位于显示其贝塞尔手柄的锚点上方时显示。在贝塞尔手柄的锚点上单击，即可回缩贝塞尔手柄，并使得穿过锚点的弯曲路径恢复为直线段。

⑨ 转换锚点指针 卜。将不带方向线的转角点转换为带有独立方向线的转角点。若要启用转换锚点指针，使用 Shift＋C 组合键切换钢笔工具。

提示：在 Flash 中使用【钢笔工具】绘制的曲线是通过贝塞尔方式创建的，所以又称为贝塞尔曲线，该曲线中控制曲线弧度的点上的手柄，称为贝塞尔手柄。

除了【钢笔工具】外，Flash CS5 还提供了【添加锚点工具】、【删除锚点工具】和【转换锚点工具】，它们同样是钢笔工具类的工具。其中【添加锚点工具】、【删除锚点工具】和【钢笔工具】的"添加锚点指针"与"删除锚点指针"状态的作用一样，而【转换锚点工具】的作用是将不带方向线的转角点转换为带有独立方向线的转角点。

案例 1-4 绘制圣诞树

① 新建一个 Flash 文档，设置【填充颜色】为"无"。选择工具箱中的【钢笔工具】，单击工具箱选项区中的【对象绘制】按钮，在舞台中绘制一条斜线。继续使用【钢笔工具】绘制出一个三角形。

② 选择工具箱中的【部分选取工具】，选中三角形的轮廓线，拖曳调整图形，使三角形成为一个等腰三角形，如图 1-71 所示。

图 1-71 绘制三角形

③ 选择工具箱中的【选择工具】，设置【填充颜色】为 #009900，如图 1-72 所示。双击三角形，进入"绘制对象"的编辑区域，选择工具箱中的【颜料桶工具】，单击三角形，填充颜色。

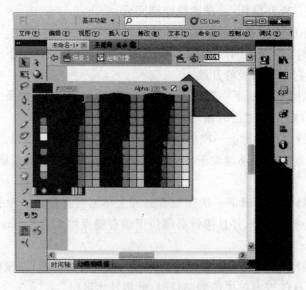

图 1-72 设置填充颜色

④ 单击【场景 1】按钮,回到场景中。选择工具箱中的【选择工具】,按住 Alt 键的同时,在舞台中选中三角形并向下拖曳,复制出一个同样的三角形,如图 1-73 所示。

⑤ 设置填充颜色为♯4BB14B,双击下面的三角形,进入"绘制对象"的编辑区域,选择【颜料桶工具】,单击三角形,填充颜色。单击【场景 1】按钮,回到场景中,如图 1-74 所示。

图 1-73　拖曳三角形　　　　　图 1-74　填充颜色

⑥ 将鼠标放在复制出的三角形上,右击,从弹出的快捷菜单中选择【排列】下的【下移一层】命令,如图 1-75 所示。

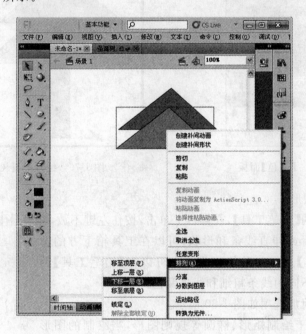

图 1-75　排列图形

⑦ 选择工具箱中的【任意变形工具】,按住 Shift＋Alt 组合键由外向内拖曳,缩小原三角形。用同样的方法再复制出一个三角形并放大,将复制后的三角形填充颜色设置为♯18A549,如图 1-76 所示。

⑧ 将鼠标放在最下面的三角形上,右击,从弹出的快捷菜单中选择【排列】/【移至底层】命令,如图 1-77 所示。

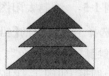

图 1-76　复制三角形并改变填充颜色　　　　　图 1-77　排列图形

⑨ 单击场景中的空白区域,选择工具箱中的【矩形工具】,选择【窗口】/【颜色】命令,在【颜色】面板中设置【颜色类型】为"线性渐变",从左至右设置颜色为♯A87B38、♯8A632A。如图1-78所示。

⑩ 在图形的下方绘制矩形作为树干。同样的方法在树上绘制出各种颜色的气泡。一个气泡采用一种色系,由深入浅,如图1-79所示。选择【文件】/【保存】命令,保存文件名为"绘制圣诞树"。

图1-78 【颜色】面板

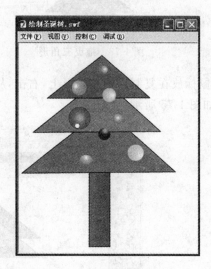

图1-79 绘制圣诞树

(4)绘制任意图形

选择工具箱中的【铅笔工具】,在舞台上单击,按住左键不放,在舞台上随意绘制出线条。如果想要绘制出平滑或伸直线条和形状,可以在工具箱下方的选项区中为【铅笔工具】选择一种绘画模式。可以在【铅笔工具】的【属性】面板中设置不同的线条粗细和线条颜色。

【铅笔工具】的附加选项如图1-80所示。

图1-80 【铅笔工具】的附加选项

①"伸直"适用于绘制矩形、椭圆等规则图形,当绘制的图形接近矩形时,将自动转换为一个矩形。

②"平滑"适用于绘制平滑图形。选择该项,绘制的图形会自动去掉棱角,使图形尽量趋向于平滑。

③"墨水"适用于手绘效果,即绘制的图形轨迹就是最终的效果。在该模式下绘制的图像容量较大,所以在绘制完成后最好删除线条。

技巧:按住Shift键拖动鼠标,可将线条限制为垂直或水平方向。

案例1-5 绘制太阳图形

① 选择工具箱中的【铅笔工具】,不单击选项区中的【对象绘制】按钮,在【属性】面板中设置【笔触颜色】为"黑色",在【铅笔模式】中选择"伸直",然后在舞台中绘制一段曲线。封闭后自动为圆形,如图1-81所示。

② 选择工具箱中的【颜料桶工具】,设置【填充颜色】为"黄色",在圆形内单击进行图形

填充,如图 1-82 所示。

③ 选择工具箱中的【铅笔工具】,在圆形外的区域中绘制大致线条,完成后绘制的线条自动成为尖角的直线线条,如图 1-83 所示。

图 1-81　绘制圆形

图 1-82　填充圆形

图 1-83　绘制太阳光芒

④ 在工具箱下面设置填充颜色为♯FADA02,使用【颜料桶工具】在曲线轮廓线中进行填充,如图 1-84 所示。

⑤ 选择【铅笔工具】,在【铅笔模式】中选择"平滑",在圆形内绘制眉毛、眼睛和嘴,如图 1-85 所示。

⑥ 同样,设置填充颜色为白色并使用【颜料桶工具】填充眼睛,如图 1-86 所示。

⑦ 选择【文件】/【保存】命令,设置文件名为"绘制太阳图形"。

图 1-84　填充颜色

图 1-85　绘制眉毛、眼睛和嘴

图 1-86　填充眼睛为白色

4. 基本图形的编辑和修改

(1) 图形的选取

① 使用【选择工具】选取

使用【选择工具】选取对象有以下几种情况。

- 选择边线:单击对象的边线部位,只能选择一条边线;双击可以选择与其相连的所有的边线。
- 选择填充:单击对象的填充色,只有填充区域被选中;双击可以将边线和填充区域同时选中。
- 多重对象:按住 Shift 键依次单击时,可以实现多重选择。取消多重选择的方法是按住 Shift 键再次单击,取消选择状态。
- 鼠标区域选择:鼠标区域选择是在要选定的对象的左上角单击并拖动鼠标拉出一个矩形框,甚至要选定的对象全部被框选,然后释放鼠标。

可以利用【选择工具】变形对象,操作如下:绘制线条或图形,选择工具箱中的【选择工具】后,在工作区中鼠标有 3 种不同的箭头状态用来改变图形的位置和形状。

- 经过任意图形的箭头状态 ▸:当指针变为 ▸ 时,可以选择工作区中的对象。
- 经过线条边界的箭头状态 ▸:将【选择工具】移到线条的中央时指针变为 ▸,拖动线条可以改变线条的形状。
- 经过角或线条端点的箭头状态 ▸:将【选择工具】移到线条边角的位置时指针变为 ▸,拖动线条可以改变边角的形状。

技巧:按住 Ctrl+Alt 组合键单击线条并拖动鼠标,建立一个新交点。

注意:当用【选择工具】改变线条的轮廓形状时,在试图改变形状之前先确定该线条没有被选中,否则只能移动对象而不能改变形状。

还可以利用【选择工具】复制对象,方法为:将对象选中后,按住 Alt 键进行移动,就复制出对象了。

② 使用【套索工具】选取

选择工具箱中的【套索工具】(或按 L 键)在舞台上按下左键并进行拖动,所显示的轨迹就是鼠标移动的轨迹,轨迹的闭合区域即为所选取的区域。

选择【套索工具】后,工具箱的选项区显示【魔术棒】按钮 ▸、【魔术棒设置】按钮 ▸ 和【多边形模式】按钮 ▸。

- 【魔术棒】按钮:选中【魔术棒】按钮,将光标放在位图上,在要选择的位图上单击,与单击点颜色相近的图像区域被选中。
- 【多边形模式】按钮:在图像上单击,确定第一个定位点,松开鼠标并将鼠标移至下一个定位点,再单击,用相同的方法直到勾画出想要的图像,并使选取区域形成一个封闭的状态,双击鼠标,选区中的图像被选中。

案例 1-6 利用套索工具编辑位图

- 新建一个 Flash 文档,选择【文件】/【导入】/【导入到舞台】命令,从弹出的【导入】对话框中选择素材中的图像文件"01.jpg",如图 1-87 所示。

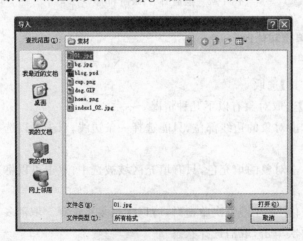

图 1-87 【导入】对话框

- 选中图像,按 Ctrl+B 组合键将图像分离,位图转换为矢量图,如图 1-88 所示。

图 1-88　分离图像

　　注意：在修改多个图形的组合、图像、文字或组件的一部分时，可以先使用【修改】/【分离】命令或 Ctrl＋B 组合键将对象分离，再进行编辑。另外，制作变形动画时，也需要用分离命令将图形的组合、图像、文字或组件转变为图形。

- 选择工具箱中的【套索工具】，再单击工具箱下方的【魔术棒】按钮，在人物图形的空白区域单击，以选择白色区域，如图 1-89 所示。

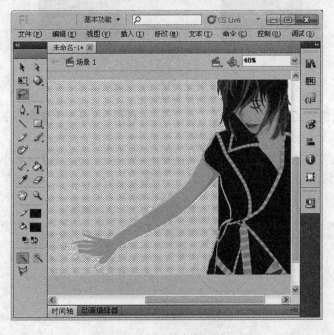

图 1-89　选择白色区域

- 按 Delete 键删除白色区域,保留人物图形效果。
- 选择【文件】/【保存】命令,文件名为"利用套索工具编辑位图"。

(2) 图形的移动

图形的移动有以下两种方法。

① 选择对象并用鼠标拖动到目的地。

② 选择对象后,使用方向键可一次移动一个像素,按住 Shift 键的同时用方向键可移动 8 个像素。

图形对象的移动有如下特征。

① 边线和填充可以分离。利用选择工具双击边线并进行移动,如图 1-90 所示。

② 图形的边线可以分割填充。如图 1-91 所示,利用选择工具选中左侧的图形并移动。

(a) 边线和填充分离前　(b) 边线和填充分离后　　　(a) 填充被边线分割前　(b) 填充被边线分割后

图 1-90　分离边线和填充　　　　　　　　　图 1-91　边线分割填充

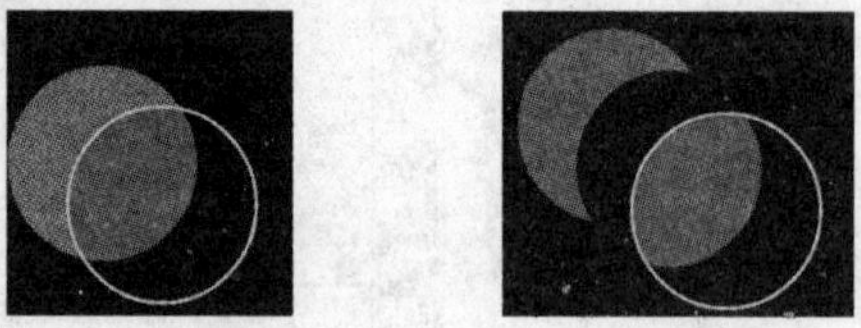

③ 交叉绘制对象被遮盖的部分将被删除。如图 1-92 所示,利用选择工具双击填充区域并移动,图形被遮盖的部分被删除。

(a) 三角形移动之前　　　　　　　(b) 三角形被移动之后

图 1-92　交叉绘制对象被遮盖的部分将被删除

④ 相同颜色边线的分离。如图 1-93(a) 所示,利用【选择工具】单击下侧的边线并移动得到图 1-93(b) 所示的效果。

⑤ 不同颜色边线的分离。如图 1-94(a) 所示,利用【选择工具】双击小圆位于大圆内的线条并删除得到如图 1-94(b) 所示的效果。

(a) 移动下侧边线之前　(b) 移动下侧边线之后　　　(a) 删除线条之前　　(b) 删除线条之后

图 1-93　相同颜色边线的分离　　　　　　　图 1-94　不同颜色边线的分离

案例 1-7 绘制玩偶头像

① 新建一个 Flash 文档,打开【属性】面板或选择【修改】/【文档】命令,设置文档大小为 130 像素×130 像素,【背景颜色】为"白色",如图 1-95 所示。

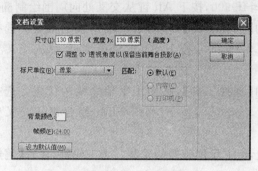

图 1-95 【文档设置】对话框

② 设置舞台显示比例为 300%,选择【视图】/【标尺】命令,拖动到工作区水平和垂直两条辅助线(65cm)处,如图 1-96 所示。

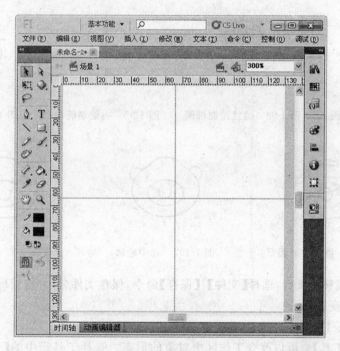

图 1-96 设置舞台

下面将一系列的空心椭圆或圆来组成玩偶的头像。

③ 选择工具箱中的【椭圆工具】,设置【填充颜色】为"无"、【笔触颜色】为♯00CC00,在水平辅助线和垂直辅助线交叉处,按下 Alt 键拖动鼠标,从中心向周围绘制椭圆,如图 1-97 所示。

提示:选择工具箱中的【椭圆工具】,按住 Alt 键,从中心向周围绘制椭圆;按住 Alt+Shift 组合键,从中心向周围绘制圆形。

④ 选择工具箱中的【选择工具】，移动水平辅助线的位置。选择工具箱中的【椭圆工具】，设置【笔触颜色】为#ff0000，按下 Alt 键从交叉处向周围绘制椭圆，如图 1-98 所示。

⑤ 选择工具箱中的【选择工具】，移动水平辅助线的位置。选择工具箱中的【椭圆工具】，设置【笔触颜色】为#ff9900，按下 Alt 键从交叉处向周围绘制椭圆，如图 1-99 所示。

⑥ 选择工具箱中的【选择工具】，移动水平辅助线的位置。选择工具箱中的【椭圆工具】，设置【笔触颜色】为#330000，按下 Alt＋Shift 组合键从交叉处向周围绘制正圆，如图 1-100 所示。

⑦ 选择工具箱中的【选择工具】，移动水平辅助线的位置。选择工具箱中的【椭圆工具】，设置【笔触颜色】为#669900，按下 Alt＋Shift 组合键从交叉处向周围绘制圆形，如图 1-101 所示。

⑧ 删除多余的边线，留下玩偶头像的轮廓。选中轮廓，设置【笔触颜色】为#330000，如图 1-102 所示。

⑨ 选择工具箱中的【渐变填充工具】来绘制眼睛。选择工具箱中的【椭圆工具】，设置【笔触颜色】为"无"、【填充颜色】为"白色到灰色"的放射性渐变。按住 Alt 键复制另一只眼睛，如图 1-103 所示。

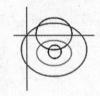

图 1-97　绘制椭圆　　　图 1-98　继续绘制椭圆　　　图 1-99　再绘制椭圆　　　图 1-100　绘制圆形

图 1-101　继续绘制圆形　　　图 1-102　选中轮廓　　　图 1-103　绘制眼睛

⑩ 将辅助线移出舞台，选择【文件】/【保存】命令，保存文件名为"绘制玩偶头像"。

（3）图形的变形

① 任意变形工具

【任意变形工具】可以改变工作区中对象的形态。选择工具箱中的【任意变形工具】，工具箱选项区会显示该工具的 4 个选项，分别是旋转、倾斜、缩放、扭曲、封套。

* 旋转功能：旋转就是对选中的对象按一定的角度旋转变形。

首先选中要变形的对象，单击工具箱中的【任意变形工具】，再单击选项区中的【旋转和倾斜】按钮，此时对象的周围会出现 8 个控制点，并且在对象的中心有一个小圆圈。然后将鼠标指针移到边角的位置，在鼠标指针变为旋转箭头形状时拖动鼠标。拖动到适当位置释放鼠标，即可实现图形的旋转。

技巧：按住 Alt 键旋转，以对称的顶点为中心进行缩放。

- 倾斜功能:倾斜就是对选中的对象进行倾斜变形。
- 缩放功能:缩放就是改变选中对象的大小。

技巧:按住 Alt 键,同时使用【任意变形工具】的缩放选项,以中心点为基准缩小或放大。

按住 Shift 键,同时使用【任意变形工具】的缩放选项、按照原比例缩小或放大对象。

按住 Alt＋Shift 组合键,同时使用【任意变形工具】的缩放选项,以中心点为基准缩小或放大对象。

- 扭曲功能:扭曲功能可以单独移动编辑点,改变对象原本规则的形状。选择工具箱中的【任意变形工具】,然后单击选项区中的【扭曲】按钮,或者在工具箱被选中的状态下按住 Ctrl 键,可以应用扭曲功能,如图 1-104 所示。
- 封套功能:封套可以通过改变对象周围的切线手柄变形对象。

选择工具箱中的【任意变形工具】,然后单击选项区中的封套按钮 ,对象周围出现切线手柄,如图 1-105 所示。

按住 Alt 键配合中央编辑点手柄,只能够调整一个方向,如图 1-105(b)所示。

（a）拖动边角的编辑点　　　（b）按住 Shift 键编辑角点　　　（a）被选中状态　　　（b）按住 Alt 键拖动

图 1-104　扭曲对象　　　　　　　　　　　　图 1-105　封套功能

移动中央编辑点手柄,两侧对称移动,如图 1-106 所示。

边角编辑点手柄,在单方向上进行调整,如图 1-107 所示。

（a）移动过程中　　　（b）移动后　　　　　　（a）移动之前　　　（b）移动之后

图 1-106　移动中央编辑点手柄　　　　　　图 1-107　调整边角编辑点手柄

提示:可以应用扭曲和封套选项的对象包括图形,利用钢笔、铅笔、线条、刷子工具绘制的对象、分解组件后的文字。

不可以应用扭曲和封套选项的对象包括群组、元件、位图,影片对象、文本、声音。

除了利用该工具选项变换图形外,还可以利用【修改】/【变形】菜单中提供的各种变形命令。

② 部分选取工具

除了使用前面讲的【选择工具】和【任意变形工具】来修改图形外,还可以使用【部分选取工具】来修改线条和图形,例如改变直线段的长度或角度、改变曲线段的斜率、改变图形轮廓的形状等。

　　【部分选取工具】是一种通过修改路径来改变线条和图形形状的工具,在工具箱中选用【部分选取工具】后,只需单击线条或图形的边缘,即可显示它们的路径。此时只需调整路径的位置,或通过路径上的手柄调整路径形状,即可改变线条和图形形状。

　　提示:使用【部分选取工具】修改填充图形时,需要单击图形的边缘,才可以显示该图形的路径,否则【部分选取工具】不会产生作用。

　　(4) 图形的填充

　　① 使用【刷子工具】为图形填色

　　使用【刷子工具】可以为图形某一区域填充单一颜色或渐变颜色。

　　选中【刷子工具】后,可以在工具箱中设置该工具的选项,如图 1-108 所示。

　　这些工具选项的说明如下。

- 锁定填充:该功能可以使填充看起来好像扩展到整个舞台,并且用该填充涂色的对象好像是用于显示下面的填充色的遮罩。

- 刷子模式:刷子模式有 5 种,以适应不同图形的填充需要,如图 1-109 所示。

　　　　　　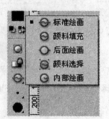

　　　图 1-108　【刷子工具】选项　　　　　　图 1-109　　刷子模式

➢ 标准绘画:选择该模式,用【刷子工具】绘制的图形会将其所经过图形(包括边线和填充区域)全部覆盖,如图 1-110(a)所示。

➢ 颜料填充:选择该模式,用【刷子工具】绘制的图形只将经过图形的填充区域和空白区域覆盖掉,不会对边线产生影响,如图 1-110(b)所示。

➢ 后面绘画:选择该模式,用【刷子工具】绘制的图形出现在经过图形的背后,不会影响现有图形的显示,如图 1-110(c)所示。

➢ 颜料选择:选择该模式,先要选取一个范围,范围的区域才能被笔刷的颜色覆盖,如图 1-110(d)所示。

➢ 内部绘画:选择该模式,笔刷刷过的地方只有第一个填充区域中的填充色被覆盖,对经过的其他区域不起作用,如图 1-110(e)所示。

(a)标准绘画模式　　(b)颜料填充模式　　(c)后面绘画模式　　(d)颜料选择模式　　(e)内部绘画模式

图 1-110　刷子模式效果

- 刷子大小:从该选项中选择刷子的大小,如图 1-111 所示。

- 刷子形状：从该选项中选择刷子的形状，如图 1-112 所示。

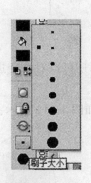

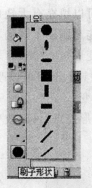

图 1-111　刷子大小　　　　　　　　　　图 1-112　刷子形状

② 墨水瓶工具

使用【墨水瓶工具】可以修改向量图形的边线。选择工具箱中的【墨水瓶工具】，在【属性】面板中设置笔触颜色、笔触高度以及笔触样式。这时，在图形上单击，为图形增加设置好的边线，如图 1-113 所示。

③ 颜料桶工具

【颜料桶工具】可以用颜色填充封闭区域。此工具既可以填充空的区域，也可以更改已涂色区域的颜色。可用纯色、渐变填充以及位图填充进行涂色。可以使用【颜料桶工具】填充未完全封闭的区域，并且可以让 Flash 在使用【颜料桶工具】时闭合形状轮廓中的空隙。

它常常和滴管工具一起使用。当滴管工具在填充物上单击时，它所获取的颜色就是颜料桶要使用的填充颜色。

注意：如果空隙太大，必须手动封闭它们。

【颜料桶工具】的空隙大小包括以下几种，如图 1-114 所示。

图 1-113　使用【墨水瓶工具】修改图形的边线　　　图 1-114　【颜料桶工具】的空隙大小

- 不封闭空隙：只填充封闭的区域，即没有空隙时才能填充。
- 封闭小空隙：填充有小缺口的区域。

- 封闭中等空隙：可以填充有一半缺口的区域。
- 封闭大空隙：可以填充有大缺口的区域。
- 锁定填充：功能与刷子工具的功能相同。

（5）图形的填充变形

使用【渐变变形工具】，不但可以改变渐变的范围，还可以对渐变进行旋转。

① 编辑放射状渐变

- 拖动右侧的方形控点，可以改变渐变的宽度，如图 1-115 所示。

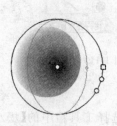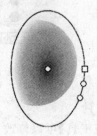

（a）拖动右侧的方形控点时　　　　　　　（b）拖动右侧的方形控点之后

图 1-115　改变渐变的宽度

- 拖动右侧第一个圆形控点，可以改变渐变的区域范围，如图 1-116 所示。

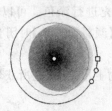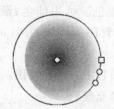

（a）拖动右侧第一个圆形控点时　　　　　（b）拖动右侧第一个圆形控点之后

图 1-116　改变渐变的区域范围

- 拖动右下角的圆角控点，可以改变渐变的角度，如图 1-117 所示。

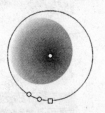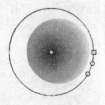

（a）拖动右下角的圆角控点时　　　　　　（b）拖动右下角的圆角控点之后

图 1-117　改变渐变的角度

- 拖动中心的控点，可以改变图形渐变的中心，如图 1-118 所示。

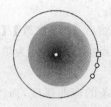 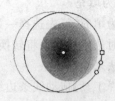

（a）拖动中心的控点时　　　　　　　　　（b）拖动中心的控点之后

图 1-118　改变图形渐变的中心

② 编辑线性渐变

• 拖动右侧的方形控点，可以改变渐变填充区域的大小，如图 1-119 所示。

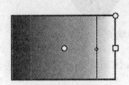 

（a）拖动右侧的方形控点时　　　　　　（b）拖动右侧的方形控点之后

图 1-119　改变渐变填充区域的大小

• 拖动右上角的控点，当鼠标变为环形箭头时，拖动鼠标改变渐变的填充方向，如图 1-120所示。

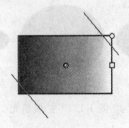 

（a）拖动右上角的控点时　　　　　　　（b）拖动右上角的控点之后

图 1-120　改变渐变的填充方向

• 拖动中心位置的圆形控点，可以改变渐变中心，如图 1-121 所示。

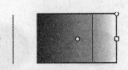 

（a）拖动中心位置的圆形控点时　　　　（b）拖动中心位置的圆形控点之后

图 1-121　改变渐变中心

（6）修改形状的其他方法

除了上述修改线条和图形形状的方法外，还可以通过【将线条转换为填充】、【扩展填充】和【柔化填充边缘】3 个命令来修改图形对象的形状。

45

① 将线条转换为填充

要将线条转换为填充,可先选择一条或多条线条,然后选择【修改】/【形状】/【将线条转换为填充】命令,此时选定的线条将转换为填充形状。当将线条转换为填充后,便可以使用编辑填充图形的方法来编辑线条。

例如,使用【选择工具】拖动线条边缘,只会改变线条的弯曲弧度,而当线条转换为填充后,使用【选择工具】拖动线条边缘时会改变线条边缘的形状,如图 1-122 所示。

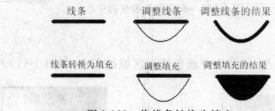

图 1-122 将线条转换为填充

提示:将线条转换为填充虽然可能会使文件增大,但同时可以加快一些动画的绘制。

② 扩展填充

若要扩展填充对象的形状,可先选择一个填充形状,然后选择【修改】/【形状】/【扩展填充】命令,打开如图 1-123 所示的【扩展填充】对话框,输入距离的像素值并设置扩展方向即可。其中,当扩展方向为【扩展】选项时,则放大形状;当扩展方向为【插入】选项时,则缩小形状,如图 1-124 所示。

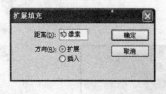

图 1-123 【扩展填充】对话框

图 1-124 扩展填充

③ 柔化填充边缘

若要柔化图形对象的边缘,可先选择一个填充图形,然后选择【修改】/【形状】/【柔化填充边缘】命令,打开如图 1-125 所示的【柔化填充边缘】对话框,设置【距离】、【步骤数】、【方向】等选项,最后单击【确定】按钮即可。柔化填充边缘的结果如图 1-126 所示。

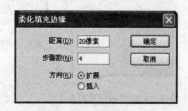

图 1-125 【柔化填充边缘】对话框

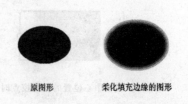

图 1-126 柔化填充边缘

【柔化填充边缘】对话框的设置项目说明如下。

· 距离:柔边的宽度(用像素表示)。

· 步骤数:控制用于柔边效果的曲线数。使用的步骤数越多,效果就越平滑。增加步骤数还会使文件变大并降低绘画速度。

- 方向：控制柔化边缘时是放大还是缩小形状。

案例 1-8 绘制树枝

① 绘制树叶图形

- 选择工具箱中的【线条工具】，设置【笔触颜色】为"深绿色"，在场景中绘制一条直线，如图 1-127 所示。
- 利用【选择工具】将它拉成曲线，如图 1-128 所示。

图 1-127 画一条深绿色直线　　　图 1-128 直线拉成曲线

- 再利用【线条工具】绘制一条直线，用这条直线连接曲线的两端点，如图 1-129 所示。
- 利用【选择工具】将这条直线也拉成曲线，如图 1-130 所示。

图 1-129 连接两端　　　图 1-130 树叶基本形状

- 一片树叶的基本形状已经绘制出来了，现在来绘制叶脉。先在两端点间绘制直线，然后拉成曲线，再画旁边的细小叶脉，可以用直线，也可以将直线略弯曲，这样，一片简单的树叶就画好了，如图 1-131 所示。
- 给树叶上色，接下来给这片树叶填上颜色。单击工具箱中的【填充颜色】按钮，弹出一个调色板，同时光标变成吸管状，选择绿色，单击工具箱中的【颜料桶工具】，在画好的叶子上单击一下，效果如图 1-132 所示。

图 1-131 简单的树叶效果　　　图 1-132 画好的树叶

② 绘制树枝

现在要把这孤零零的一片树叶组合成树枝。

- 旋转树叶

选择【任意变形工具】后，框选舞台上的树叶，这时树叶被一个方框包围着，中间有一个小圆圈，这是变形点，当我们进行缩放旋转时，以它为中心，如图 1-133 所示。

变形点是可以移动的。将鼠标移近它，鼠标右下角会出现一个圆圈，按住鼠标拖动，将它拖到叶柄处，便于树叶绕叶柄进行旋转，如图 1-134 所示。

图 1-133　变形点在中央　　　　　　　　图 1-134　变形点在下面

再将鼠标移动到方框的右上角，鼠标变成旋转圆弧状，表示这时就可以进行旋转了。向下拖动鼠标，叶子绕变形点旋转，到合适位置时松开鼠标，效果如图 1-135 所示。

- 复制树叶

用选择工具选中树叶图形，选择【编辑】/【复制】命令，再选择【编辑】/【粘贴到中心位置】命令，这样就复制出了树叶图片，如图 1-136 所示。

- 变形树叶

将粘贴好的树叶拖到旁边，再用任意变形工具进行旋转。拖动任一角上的缩放手柄进行放大，效果如图 1-137 所示。

图 1-135　选中后的效果　　　图 1-136　复制树叶　　　图 1-137　变形树叶　　　图 1-138　三片树叶

- 创建"三片树叶"图形元件

再复制一片树叶，用【任意变形工具】将三片树叶调整成如图 1-138 所示的形状和位置。

三片树叶图形创建好以后，将它们全部选中，然后选择【修改】/【转换为元件】命令（快捷键为 F8），将它们转换为以"三片树叶"命名的图形元件。使用同样的方法，多组合出几个"树叶"元件来，如图 1-139 所示。

图 1-139　其他"树叶"元件

提示：在调整过程中，当调整效果不满意时，也许树叶已经不再处于被选中状态，有时要重新选取整片树叶很困难，可以多使用撤销命令，以恢复选取状态。当然也可以先新建图层，然后把每片树叶存放到相应的图层中，这样能大大方便树叶的选取。

把场景 1 中的树叶删除。

- 绘制树枝

选择【刷子工具】，选择一种填充色，在工具箱下边的选项中，选择【刷子形状】为"圆形"，刷子大小自定，选择【刷子模式】为"后面绘画模式"，移动鼠标到场景中，画出树枝形状，如图 1-140 所示。

· 组合树叶和树枝

选择【窗口】/【库】命令(快捷键为 Ctrl+L),打开【库】面板,可以看到,【库】面板中有几个刚制作完的图形元件——"三片树叶",如图 1-141 所示。

单击"树叶"图形元件,将其拖动到场景的树枝图形上,用【任意变形工具】进行调整。元件【库】中的元件可以重复使用,只要改变它的大小和方向,就能制作出纷繁复杂的效果来,如图 1-142 所示。

图 1-140　树枝　　　　图 1-141　【库】面板　　　　图 1-142　完成后的树枝效果

(7)【对齐】面板与【变形】面板的使用

①【对齐】面板

当选择多个图形、图像、图形的组合、组件时,可以通过【修改】/【对齐】中的命令或者【对齐】面板来调整它们的相对位置。

如果要将多个图形的底部对齐,可以选中多个图形,选择【修改】/【对齐】/【底对齐】命令,将所有图形的底部对齐;或者选择【窗口】/【对齐】命令,弹出【对齐】面板,单击【底对齐】按钮,如图 1-143 所示。

②【变形】面板

选择【窗口】/【变形】命令,弹出【变形】面板,如图 1-144 所示。

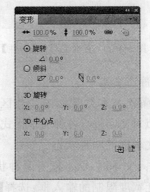

图 1-143　【对齐】面板　　　　　　图 1-144　【变形】面板

· 【宽度】和【高度】选项:用于设置图形的宽度和高度。

· 【约束】选项:用于约束【宽度】和【高度】选项,使图形能够成比例地变形。

· 【旋转】选项:用于设置图形的角度。

- 【倾斜】选项:用于设置图形的水平倾斜或垂直倾斜。
- 【复制并应用变形】按钮:用于复制图形并将变形设置应用于图形。
- 【重置】按钮:用于将图形属性恢复到初始状态。

5. 编辑文本

文字是 Flash 影片中很重要的组成部分,一个完整而精彩的动画或多或少地需要一定的文字来修饰,而文字的表现形式又非常丰富,因此熟练使用文本工具也是掌握 Flash 的一个关键。Flash CS5 的文本工具可以创作静止而漂亮的文字,也可以制作出激活和交互的文字,合理地使用文本工具,可以增加 Flash 动画的整体完美效果,使动画显得更加丰富多彩。

选择工具箱中的【文本工具】,【属性】面板将显示文本的属性,在【属性】面板中集合了多种文字调整选项,如图 1-145 所示。

不难看出,Flash CS5 中提供了两种文本引擎:TLF 文本和传统文本。在这里,先介绍传统文本的使用。

选择工具箱中的【文本工具】,在【属性】面板中选择文本引擎为传统文本,其属性如图 1-146 所示。

单击【属性】面板中【文字类型】的下拉按钮 静态文本 ,可以选择列表中的 3 种文本类型:静态文本、动态文本和输入文本。选择不同的文本类型,【属性】面板的参数设置也会相应变化。

图 1-145　文本工具的【属性】面板

图 1-146　传统文本属性

(1) 静态文本

选择静态文本类型后,在工作区单击,可以直接输入文字,文字是静态的。使用静态文本类型,可以对文字进行各种文本格式的操作。在通常情况下,运用静态文本的情况比较多。

① 文本框的两种状态

在输入文本时,文本框有两种状态:无宽度限制和有宽度限制。

- 无宽度限制的输入框:选择【文本工具】,在工作区中单击,此时输入框的右上角有一个小圆圈,输入框随文字输入的增加而加长,如图 1-147 所示。
- 有宽度限制的输入框:选择【文本工具】,在工作区中拖动鼠标,工作区中出现一个输入框,右上角有一个方形,在该输入框中输入的文字会根据输入框的宽度自动换行。使用鼠标拖动方形可以调整输入框的宽度,如图 1-148 所示。

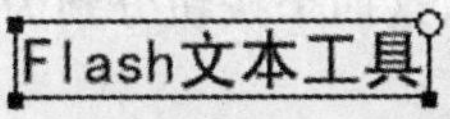

Flash文本工具

图 1-147　无宽度限制的输入框

Flash文本工具

图 1-148　有宽度限制的输入框

选择工具箱中的【文本工具】,在工作区单击,就可以在光标闪动的位置直接输入文本,输入完文本,在输入框外的任意位置单击,结束文字的输入。

对于已经输入好的文字再进行编辑的方法是:选择工具箱中的【文本工具】,单击文本框中要修改的文字,或者选择【选择工具】并双击文本框,此时输入框变为输入状态,就可以编辑文字了。

② 文本属性设置

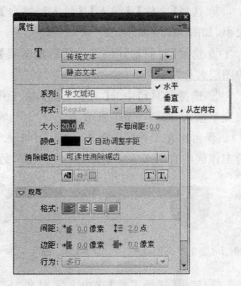

图 1-149　改变文字方向

- 设置文字的方向:单击【改变文本方向】按钮,在弹出的列表中可以选择文本方向,可以选择水平、垂直(从右向左)、垂直(从左向右),如图 1-149 所示。
- 设置字体:单击【属性】面板中【系列】的下拉按钮 黑体 ,选择下拉列表中的字体,每一种字体的右侧都会显示该字体的样式。
- 设置文本样式:单击【属性】面板中【样式】的下拉按钮 样式: Regular ,选择文本样式。
- 设置字号:单击【属性】面板中的【大小】值 大小: 20.0 点 ,直接输入文本的大小值;或者把鼠标放到大小值上,鼠标上方出现双向箭头时,按住鼠标左键左右拖动,也能改变文本大小。向左拖动鼠标为变小,向右拖动鼠标为变大。
- 设置字母间距:单击字母间距后面的值 字母间距: 0.0 ,直接输入数值即可调节字母之间的距离,或者把鼠标放到数值上,鼠标上方出现双向箭头时,按住鼠标左键左右拖动,也能改变字母间距。向左拖动鼠标为变小,向右拖动鼠标为变大。
- 设置文字的颜色:单击【颜色】的下拉按钮 颜色: ■ ,在弹出的颜色面板中选择字体的颜色。
- 自动调整字距:自动控制文本间不需要的间距。
- 消除锯齿:在字体边缘不工整状态时,选中锯齿方式来显示,再小的字体也能清晰地显示出来。
- 设置字符位置:单击【切换上标】按钮 T ,可以设置字符的相对位置为上标,单击【切换下标】按钮 T ,可以设置字符的相对位置为下标。
- 设置文本段落格式:对齐方式决定了段落中每行文本相对于文本块边缘的位置。横排文本相对于文本的左右边缘对齐,竖排文本相对于文本块的上下边缘对齐。

【属性】面板中【格式】后面有四个按钮,如果文本为横排文本,这四个按钮分别为左对齐、居中对齐、右对齐和两端对齐；如果文本为竖排文本，这四个按钮分别为顶对齐、居中、底对齐和两端对齐。

缩进决定文本块的边框和文本段落之间的空间大小。

间距决定段落中相邻行(列)之间的距离。

左、右边距决定文本块的左、右边框和文本段落之间的空间大小。

- 链接：对某些文字设置超链接，单击设置超链接的地方，就会跳转到链接的网页上。目标为链接的打开方式。

案例 1-9　设置文字的属性

① 选择【文件】/【导入】/【导入到舞台】命令，导入一幅图片(素材中的 0.png)，调整其大小，如图 1-150 所示。

② 选择【时间轴】面板上的【新建图层】按钮，新建一个图层。双击图层的名称，输入新的图层名称"文字"。

③ 选择工具箱中的【文本工具】，在工作区中单击后，输入"S"，然后在输入框外单击，结束文字输入，如图 1-151 所示。

④ 再次在工作区中单击，输入"dwfvc.cn"，然后在输入框外单击，结束文字输入。现在的工作区中有两个文字对象，一个是"S"，另一个是"dwfvc.cn"，如图 1-152 所示。

图 1-150　导入图片　　　　图 1-151　输入文本"S"　　　　图 1-152　两个文字对象

⑤ 使用【选择工具】选中文字对象"S"。在【属性】面板中将文字设置为 37 号、黑色、_serif字体，选择【文本】/【样式】/【仿粗体】命令，如图 1-153 所示，其他属性设置自定；使用【选择工具】，选中文字对象"dwfvc.cn"，在【属性】面板中将选中的对象设置为 24 号、黑色、_serif 字体，如图 1-154 所示。

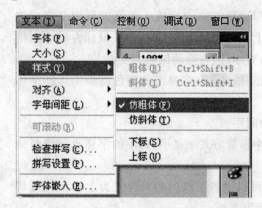 

图 1-153　选择【仿粗体】命令　　　　图 1-154　设置字体属性后

⑥ 使用【文本工具】，在文字对象"dwfvc.cn"上单击选中"d"，选择【属性】面板中的【颜色】按钮，在弹出的颜色面板中选择红色，将"d"的颜色设置为红色，如图 1-155 所示。

⑦ 使用【文本工具】，在文字对象"dwfvc.cn"上单击，然后用鼠标选中"cn"。在【属性】面板中选择字体下拉按钮，将文字的字体设置为_typewriter，将字号设置为8，按下【切换下标】按钮。调整两个位置对象在工作区的相对位置，直至满意为止，如图1-156所示。

图 1-155 将"d"的颜色设置为红色 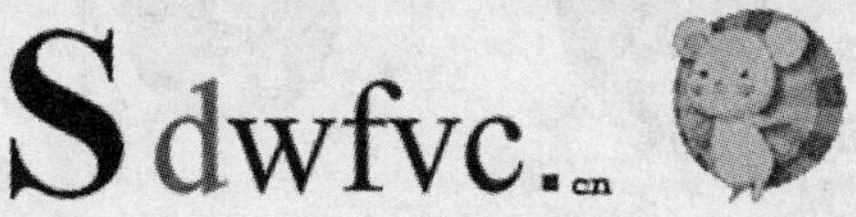 　　　　　　图 1-156 最终效果

（2）动态文本

选择动态文本类型，输入的文字相当于变量，可以随时调用或修改，例如网站上的天气预报的发布、股票信息等。其内容从服务器支持的数据库读出，或者从其他的影片中载入。

动态文本的格式设置和静态文本的设置相同，下面介绍动态文本【属性】面板与静态文本【属性】面板中不同的设置。动态文本的【属性】面板如图1-157所示。

① 行为：在导入文字时的显示方式。下拉列表中有3个选项：单行、多行和多行不换行。

② 可选：选中该按钮，文字可以被选中。

③ 将文字转换成 HTML ：选择该按钮，Flash 文本显示动态文本时保持超文本类型，保留文本类型、超链接和其他 HTML 相关格式。

图 1-157 动态文本属性

④ 在文本周围显示边框：选择该按钮，可以为文字域设定边框。

⑤ 变量：在文本框中显示的可变数据，即可变的文字内容，往往在导入文字或更新内容时，就需要在这里指定变量名，然后再结合脚本的使用来改变文本内容。

⑥ 嵌入：单击此按钮，将弹出"字符嵌入"对话框，可以指定字符的种类，并向文件中导入字体的外观信息。在动态文本中如果没有指定的字体，就会使用随机字体来显示。由于字体的变化可能使外观也发生变化，字号大并且曲线多的文字边缘就会变得不整齐。为此在对话框中可以导入符合条件的字符来避免这些不足，同时不符合条件的文字将会采用随机字体来显示。

案例 1-10 利用动态文本显示文本框内容

① 新建一个 Flash CS5 文档，导入一幅图像，如图1-158所示。

② 选择【时间轴】面板上的【新建图层】按钮，新建一个图层"图层2"。单击工具箱中的【文本工具】，在【属性】面板中的【文本类型】中选择"动态文本"。单击图层"图层2"的第1帧，在工作区中拖动鼠标，创建文本框，如图1-159所示。

53

图 1-158　导入图像　　　　图 1-159　创建文本框　　　　图 1-160　输入文本名称

③ 在灰色区域单击,取消文本框选择。

④ 再次选中文本框,在【属性】面板中输入文本的"实例名称"为 test,如图 1-160 所示。

⑤ 选中"图层 2"中的第 1 帧,选择【窗口】/【动作】命令,打开【动作】面板,输入动作脚本"test.text＝"小老鼠"",如图 1-161 所示。

⑥ 按下 Ctrl＋Enter 组合键,测试影片。如果看不到全部文本,则可以拖动显示。

⑦ 返回到工作界面,在【属性】面板中,设置"字体"为"方正隶书简体","字体大小"为35,"文本颜色"为♯66FF00。

⑧ 选择【文件】/【保存】命令,文件名为"利用动态文本显示文本框内容"。按下 Ctrl＋Enter 组合键,测试动画效果。

（3）输入文本

输入文本是指播放动画时可以显示输入文字的文本框。

选择输入文本类型,使用文本工具可以在工作区中绘制表单。用户可以在表单中直接输入用户信息,同样也可以以动作制作特效文字。

输入文本的【属性】面板如图 1-162 所示。部分选项作用如下。

 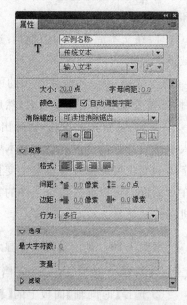

图 1-161　输入代码　　　　　　　　　　图 1-162　输入文本的【属性】

① 最大字符数:指在文本框中输入字符的最大限度,通常情况下是没有限制的。

② 变量:可以直接输入文字或者更改文字内容。

案例 1-11 输入文本

① 新建一个 Flash CS5 文档,导入一幅图像(素材中的 girl.jpg),如图 1-163 所示。

② 单击【时间轴】面板上的【新建图层】按钮,新建"图层 2"。选择工具箱中的【文本工具】,在【属性】面板【文本类型】中选择"输入文本"选项,再在位图图像右边输入文本,如图 1-164 所示。

图 1-163 导入图像   图 1-164 输入文本

③ 选中文本,在【属性】面板中设置"字体"、"字体大小"、"文本颜色"。

④ 选中"图层 2"中的第 5 帧,按下 F6 键,插入关键帧。再按下 Ctrl+B 组合键两次,将文字分离;在【属性】面板上更改【填充颜色】为♯FFFF00,如图 1-165 所示。

⑤ 选中"图层 2"上的第 10 帧,按下 F6 键,插入关键帧,设置文字的【填充颜色】为♯FF0000。

⑥ 选中"图层 2"上的第 1 帧,右击,从弹出的快捷菜单中选择【复制帧】命令。再选中第 11 帧,右击,从弹出的快捷菜单中选择【粘贴帧】命令,将复制的第 1 帧内容粘贴到第 11 帧上。选择【文本工具】,在【属性】面板中设置文本颜色为♯FF99FF。

⑦ 选中第 11 帧,按下 F9 键,弹出【动作】面板,为文字添加动作脚本"stop();"。

⑧ 选中"图层 1",在第 11 帧处按下 F5 键添加帧,如图 1-166 所示。

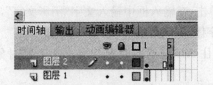

图 1-165 编辑文本   图 1-166 最终效果

⑨ 选择【文件】/【保存】命令,设置文件名为"输入文本",按 Ctrl+Enter 组合键预览动画。

在 Flash 中,可以输入文本,可以从外部导入文本文件,也可以利用输入的文本制作动画或者链接,还可以将输入的文本分离成图形或者制作特效文字等。

(1) 创建文字链接

在 Flash 中可以通过两种方式来给文本添加超链接。

① 为选定的文字设置超链接。选中要添加链接的文字,在文字【属性】面板的链接中输入需要的链接。

② 给整个文本框设置超链接。选中需要设置链接的文本框,在文字【属性】面板的链接中输入需要的链接。

案例 1-12 给文本创建链接

① 新建一个 Flash CS5 文档,选择工具箱中的【文本工具】,在工作区中输入两个文本块"校园"和"动漫",选中文字"校园",如图 1-167 所示。

② 在文字【属性】面板中的【链接】内输入"http://campus.sohu.com/"。在后面的【目标】下拉菜单中选择"_blank"。

③在文本块外单击,结束上面的编辑操作,此时的文字"校园"下面会增加一条虚线(在影片中不会出现),如图 1-168 所示。

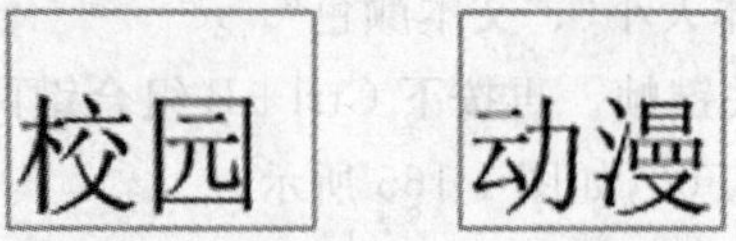

图 1-167　输入的文本　　　　　　　　图 1-168　给文本"校园"添加链接

④ 按下 Ctrl+Enter 组合键测试动画,当鼠标指针指向设有链接的文字时,会变成手指的形状,单击即可打开链接的页面。

⑤ 使用工具箱中的【选择工具】,选中工作区中的文字块"动漫",在【属性】面板的【链接】中输入链接地址"http://comic.chinaren.com/",此时文字块"动漫"的下面会出现一条虚线,表示链接创建完成。

(2) 创建特效文字

① 创建阴影文字并制作扭曲字

案例 1-13 创建阴影文字

• 新建一个影片文档,设置这个文档的舞台尺寸为 300 像素×200 像素,其他均为默认值。

• 在【时间轴】面板上双击图层的名称,输入新的图层名称为"阴影文字"。

• 选择工具箱中的【文本工具】,在工作区的右侧单击,在输入框中输入文字"阴影文字",将文字的属性设置为方正姚体、60 号、黑色、加粗字体,方向是水平,如图 1-169 所示。

• 使用【选择工具】,选中文本块"阴影文字",按住 Alt 键的同时拖动鼠标来复制对象,如图 1-170 所示。

• 选中原文字对象,在文字【属性】面板中将文字的颜色设置为♯999999,其他属性不变。调整工作区中两个文本块的相对位置,使其产生立体的阴影效果,最终效果如图 1-171 所示。

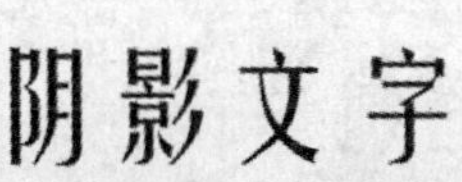

阴影文字　　　　阴影文字　　　　阴影文字

图 1-169　输入的文本 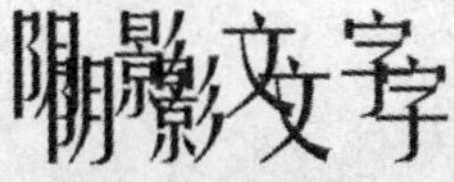　　　　　　图 1-170　复制文字后 　　　　　　图 1-171　阴影文字

- 选择【文件】/【保存】命令保存文件，文件名为"创建阴影文字"。

案例 1-14　制作扭曲文字

- 新建一个 Flash CS5 文档，单击【属性】面板上的【编辑】按钮，设置文档的【宽度】为 200 像素，【高度】为 50 像素，如图 1-172 所示。

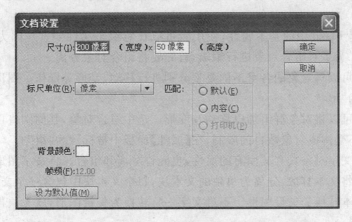

图 1-172　设置文档大小

- 选择工具箱中的【文本工具】，在【属性】面板中设置【文本类型】为"静态文本"，【字体】为"方正姚体"，【大小】为 30，【文本颜色】为♯FF6699。选中文字图层，在工作区中单击，输入文本"陪你去看流星雨"，如图 1-173 所示。
- 单击【选择工具】，选中文字。选择【修改】/【分离】命令或按下 Ctrl＋B 组合键，将选定的文字分离为单一文字，但仍保持文字属性，如图 1-174 所示。

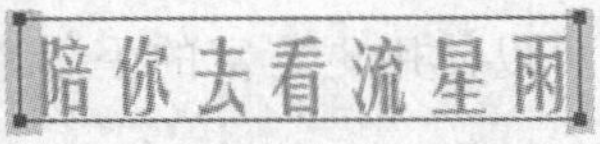

陪你去看流星雨　　　　　　陪你去看流星雨

图 1-173　输入文本 　　　　　　　　图 1-174　第一次打散文字

- 再次选择【修改】/【分离】命令，或按下 Ctrl＋B 组合键，将文字转换为矢量图形，此时文字不再具有文本属性，如图 1-175 所示。
- 单击工具箱中的【任意变形工具】，在选中的文字上右击，从弹出的快捷菜单中选择【封套】命令。
- 将鼠标拖到控制柄上，当光标显示为三角状态时，拖动鼠标使文字扭曲变形。
- 将鼠标指针移动到工作区外的灰色部分，单击退出编辑状态，查看文字效果，如图 1-176所示。

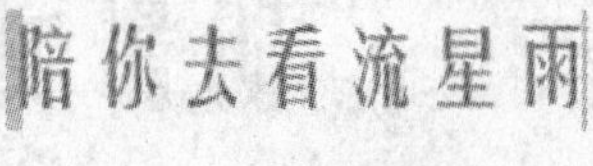

陪你去看流星雨　　　　　　　　陪你去看流星雨

图1-175　第二次打散文字 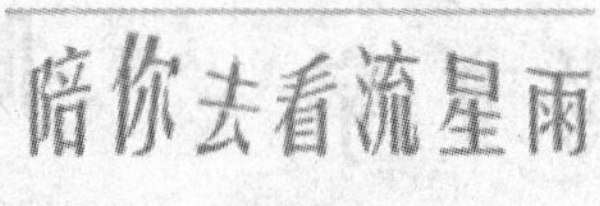　　　　　　　图1-176　最终效果

- 选择【文件】/【保存】命令保存文件,文件名为"制作扭曲文字"。

② 利用分离命令设计文字

在介绍分离命令之前,先来介绍一个知识点:对象的组合和分离。

- 对象的组合和分离

对象的属性包括图形属性和组合属性。图形属性不仅适用于图形对象,还适用于文字和位图图片。

图形属性是 Flash 中的基本属性,使用者可以任意编辑属性要素。因为组合属性无法对其进行编辑。为了对组合对象进行编辑,首先要将组合对象分离。

图形对象:可以对对象的各个不同要素分别进行移动、变形等操作。图形对象在【属性】面板中被标示为"形状"。

组合对象:可以将对象群组加以移动及变形。选中组合对象,其周围将用蓝色边框线标示。组合对象不受构成对象数目的限制,在【属性】面板中被标示为"组"。

文字对象:文字对象具有其固有的属性,也允许分离和组合。将文字图形化的操作要经过两个阶段:先将文本打散,分离为单独的文本块,每个文本块中包含一个文字;进而进行打散的操作,将文本转换为矢量图形。不过文字一旦转换为矢量图形,就无法再像对文字一样对它们进行编辑。

位图对象:位图具有组合属性,在 Flash 中可以将位图分解转换为矢量图。位图一旦矢量化,就无法再恢复成为原来的位图图片。

分离对象的操作:选中对象后,选择【修改】/【分离】命令,或使用 Ctrl＋B 组合键即可。如果该对象是一个组合对象,执行该命令可以分离为原来的单独对象。

组合对象的操作:选中要组合成一个整体的多个对象,选择【修改】/【组合】命令,或使用 Ctrl＋G 组合键即可。

- 分离文字对象

文字对象可以进行分离和组合,根据这种特性,可以使用更丰富的手法来表现文字魅力。文字的分离操作过程如下:

选择工具箱中的【选择工具】,选中要转换为矢量图形的文本块,如图1-177和图1-178所示。

选择【修改】/【分离】命令,或使用 Ctrl＋B 组合键,将选定的文本块中的每一个字符分离出来,但依旧保持着文字的属性,允许对其进行文字编辑。

再次选择【修改】/【分离】命令,或使用 Ctrl＋B 组合键,将选定的文本转换为矢量图形,则文本属性消失,如图1-179所示。

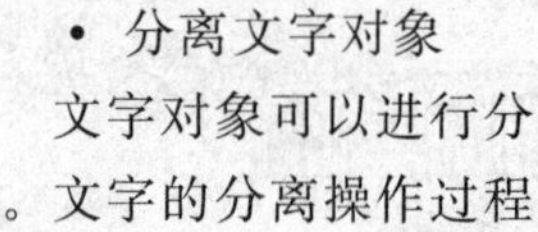

　　　　巧夺天工

图1-177　矢量图形的文本块 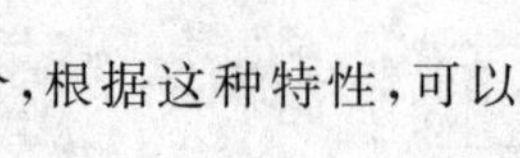　　图1-178　第一次打散后的文本块 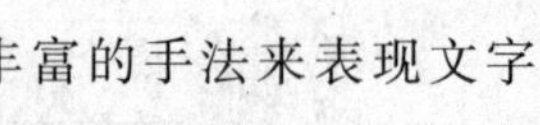　　图1-179　打散后的文字

案例 1-15　利用分离命令制作图形文字

新建一个 Flash CS5 文档。选择【修改】/【文档】命令,打开【文档设置】对话框,将文件的大小设置为 340 像素×300 像素,背景设置为白色。

选择工具箱中的【矩形工具】,将工具箱中的【笔触颜色】设置为♯009900,【填充颜色】设置为♯CC0000,接着按住 Shift 键的同时拖动鼠标,绘制一个正方形。

单击【时间轴】面板下方的【新建图层】按钮,在时间轴上新建一个图层"图层 2",如图 1-180 所示。

下面制作"图层 2"的内容。选择工具箱中的【文本工具】,在工作区中单击并输入文字"r"。使用【选择工具】选中文字,在文字【属性】面板中将文字设置为 400 号、加粗(选择【文本】/【样式】/【仿粗体】命令)、Time New Roman 字体、颜色为♯999999,如图 1-181 所示。

使用【任意变形工具】,将文字"r"旋转一定的角度,如图 1-182 所示。

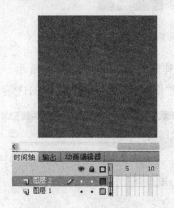

图 1-180　创建"图层 2"　　图 1-181　输入文本"r"并设置属性　图 1-182　旋转后的"r"文字

选中文字"r",按下 Ctrl＋B 组合键将文字打散。

使用【选择工具】,双击正方形的绿色边线将其选中,按下 Ctrl＋X 组合键将其剪切。

单击"图层 2"的名称,将其确认为当前图层,在工作区中右击,选择【编辑】菜单中的【粘贴到当前位置】命令。

此时的绿色边框线在"图层 1"中被剪切后,粘贴到"图层 2"中。

单击"图层 2"的名称,确认其为当前操作图层。使用【选择工具】,按住 Shift 键的同时配合鼠标将被打散的"r"全部选中,然后按下 Ctrl＋X 组合键将其剪切。

单击"图层 1"的名称,确认其为当前操作图层。在工作区中右击,选择快捷菜单中的【粘贴到当前位置】命令,将"图层 2"中的"r"粘贴到"图层 1",如图 1-183 所示。

单击"图层 2"的名称,确认其为当前操作图层,此时的绿色边线被选中,然后按下 Ctrl＋X组合键将其剪切。单击"图层 1"的名称,确认其为当前操作图层。在工作区中右击,选择快捷菜单中的【粘贴到当前位置】命令,将"图层 2"中的绿色边线粘贴到"图层 1"。

单击"图层 2"的名称,然后单击时间轴左下方的【删除】按钮,将"图层 2"删除。

此时"图层 1"中的 3 个对象的位置分别为:红色正方形位于最底层,"r"居中,绿色边线位于最顶层。选中【选择工具】,单击如图 1-184 所示的位置,则只有绿色边线内的"r"被选中。

按下 Delete 键,将被选中的图形删除,如图 1-185 所示。

图 1-183　在"图层 1"中粘贴"r"

图 1-184　选中绿色边线内的"r"

图 1-185　删除选中图形后的效果

图 1-186　删除绿色边线后的效果

选择【选择工具】,双击绿色边线,然后按下 Delete 键将其删除,效果如图1-186所示。

选择【时间轴】面板上的【新建图层】按钮,新建一个图层"图层 3"。"图层 1"中的内容编辑完成,为了使其在以后的操作中不受影响,将"图层 1"锁定,单击【时间轴】面板上"图层 1"右边的第 2 个黑点即可,效果如图 1-187 所示。

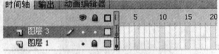

图 1-187　锁定"图层 1"

选择工具箱中的【文本工具】,在工作区中单击并输入文字"UN"。选中文字,在【属性】面板中将文字设置为 40 号、加粗、Time New Roman 字体,颜色设置为♯999999,如图 1-188 所示。

选中文字"UN",按下 Ctrl+B 组合键两次,将文字打散。在工具箱中将【笔触颜色】设置为"白色",选择【墨水瓶工具】,在被打散的文字"UN"上单击,给图形描边,最终效果如图 1-189所示。

图 1-188　输入"UN"后的效果

图 1-189　最终效果

选择【文件】/【保存】命令保存文件,文件名为"利用分离命令,制作图形文字"。

案例 1-16　将文字打散后变形

选择工具箱中的【文本工具】,在工作区中单击并在输入框中输入文字"olive studios",将文字设置为 70 号、加粗、_sans 字体,将字符间距设置为"6"。文字 olive 的颜色为♯009900,文字 studios 的颜色为♯999999,如图 1-190 所示。

olive studios

图 1-190　文本效果

将文字选中，按下两次 Ctrl＋B 组合键将文字打散。

下面对被打散的文字图形进行变形。首先变形 olive 中的"l"。将鼠标移动到"l"的左上角，当鼠标指针右下角出现直角形状时，按下左键并向正上方拖动鼠标；用同样的方法，将鼠标移动到"l"的右上角，当鼠标指针右下角出现直角形状时，按下左键并向正上方拖动鼠标，得到如图 1-191 所示的效果。

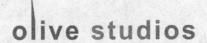

变形 1

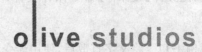

变形 2

图 1-191　字母的变形

用同样的方法将文字变形，得到如图 1-192 所示效果。

单击【时间轴】面板的【新建图层】按钮，新建一个图层"图层 2"。选择工具箱中的【矩形工具】，将工具箱中的【笔触颜色】设置为"无"，【填充颜色】设置为#FFCC00。在工作区中绘制一个高为 2 像素的矩形。

选中绘制的矩形，按住 Alt 键的同时拖动鼠标复制该矩形，得到如图 1-193 所示效果。

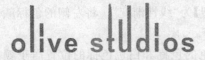

图 1-192　字母的变形效果

图 1-193　复制出多个矩形

为了使矩形之间的间距相等，使用选择工具拖动鼠标选择，将矩形全部选中。然后选择【窗口】/【对齐】命令，或按下 Ctrl＋K 组合键打开【对齐】面板，如图 1-194 所示。单击面板中的【垂直居中分布】按钮，使矩形的间距相等。

图 1-194　【对齐】面板

图 1-195　删除矩形后的效果

单击"图层 2"的名称，将"图层 2"中的所有元素全部选中，然后按下 Ctrl＋X 组合键，将元素剪切。

单击"图层1"的名称,将"图层1"确认为当前工作层,然后在工作区中右击,选择快捷菜单中的【粘贴到当前位置】命令,将"图层2"中的对象按照原来的位置粘贴到"图层1"中。

使用【选择工具】,将黄色填充的矩形全部删除,此时的影片效果如图1-195所示。

使用【选择工具】单击某些被打散的色块,将一些灰色块使用绿色填充,将一些绿色块使用灰色填充,得到的最终效果如图1-196所示。

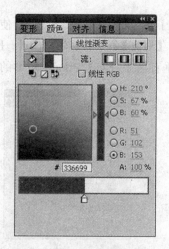

图1-196 最终效果

选择【文件】/【保存】命令保存文件,文件名为"将文字打散后变形"。

案例1-17 将文字打散后,使用渐变填充的效果

① 新建一个Flash CS5文件。选择【修改】/【文档】命令,打开【文档设置】对话框,将文件的大小设置为450像素×200像素,在工作区的下半区域绘制矩形,填充为蓝色(颜色值为♯336699)。

② 选择【时间轴】面板上的【新建图层】按钮,新建一个图层"图层2"。

③ 选择工具箱中的【文本工具】,在工作区中单击并输入文字"同一个屋檐下"。将文字的颜色设置为♯336699,也可以使用工具箱中的【滴管工具】吸取"图层1"中色块的颜色。选择一种粗体效果的字体,调整文字大小和在工作区中的位置,如图1-197所示。

④ 选中舞台上的文字,两次按下Ctrl+B组合键将文字打散,使其转换为矢量图形。

⑤ 在【颜色】面板中(如果Flash界面中没有该面板,选择【窗口】/【颜色】命令,或按下Alt+Shift+F9组合键将面板打开),选择【颜色类型】为"线性渐变"。将左侧的色标颜色设置为♯336699,将右侧的色标颜色设置为♯FFFFFF。

⑥ 在【颜色】面板中,调整色标的位置,将深蓝色的色标和白色色标的位置居于颜色条中央,将白色色标置于深蓝色色标的正上方,如图1-198所示。

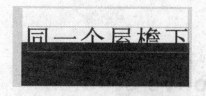

图1-197 输入文本并设置属性

图1-198 【颜色】面板

⑦ 使用工具箱中的【选择工具】，用框选的方法将所有文字选中，此时 5 个文字被视为一个填充的整体，然后选择工具箱中的【颜料桶工具】，在文字上单击，对文字整体填充渐变效果，如图 1-199 所示。

⑧ 选择工具箱中的【渐变变形工具】，在文字色块上单击，此时对象周围出现 3 个控点。拖动右上角的控点，当鼠标变成环形箭头形状时，拖动鼠标改变渐变的填充方向，并做顺时针旋转，让白色的渐变填充在下方。

⑨ 使用鼠标向上拖动方形控点，缩小渐变填充区域的大小，最终效果如图 1-200 所示。

图 1-199　填充渐变后的效果

图 1-200　最终效果

注意：如果不进行步骤⑦的操作，则在步骤⑧操作中，使用【渐变变形工具】所选取的填充变形对象是单个的文字色块而不是 5 个文字整体的填充变形。

⑩ 选择【文件】/【保存】命令保存文件，文件名为"将文字打散后，使用渐变填充的效果"。

（3）利用位图制作文字

在 Flash 中打开的位图具有组合属性，对于位图图像进行编辑，要使用分离命令将其分离，使其具有图形属性。分离后的位图是以像素为单位的，利用【滴管工具】提取位图中的颜色，可以利用【任意变形工具】的魔术棒功能选取图像区域。

案例 1-18　利用位图制作文字

① 选择工具箱中的【文本工具】，输入文字"美丽的花朵"，设置【字体】为"华文彩云"，字号、颜色自定，如图 1-201 所示。

② 选择【文件】/【导入】/【导入到舞台】命令，导入一幅图片。使用工具箱中的【任意变形工具】调整图片的大小，使其与文字的大小相近，以刚好覆盖文字为宜，如图 1-202 所示。

③ 选中位图图片，按下 Ctrl＋B 组合键将其打散，如图 1-203 所示。

④ 利用【滴管工具】单击已被打散的图形，此时就会自动将它登录到颜色表中。按下 Delete 键，将工作区中的图形删除。

⑤ 使用【选择工具】将文字选中，两次按下 Ctrl＋B 组合键将文字打散，然后使用【颜料桶工具】在被打散的文字上单击，则位图填充就完成了，最终效果如图 1-204 所示。

图 1-201　输入的文本

图 1-202　导入一幅图片

图 1-203　将图片打散

图 1-204　用位图填充文字的最终效果

⑥ 选择【文件】/【保存】命令保存文件，文件名为"利用位图制作文字"。

6. 辅助工具的巧妙运用

（1）缩放工具的使用

利用【缩放工具】🔍放大图形以便观察细节，缩小图形以便观看整体效果。选择工具箱中的【缩放工具】，在舞台中单击，可以放大图形。要想放大图像中的局部区域，可以在图像上拖曳出一个矩形选取框，松开鼠标后，所选取的局部图像被放大。选中工具箱下方的【缩小】按钮🔍，在舞台上单击，或按 Alt 键，都可缩小图像。

（2）手形工具的运用

如果图形很大或放大得很大，那么需要利用【手形工具】🖐️调整观察区域。选择【手形工具】，光标变为手形，按住左键不放，再拖动图像到需要的位置。

（3）滴管工具

【滴管工具】🖋️在获得线条颜色的信息时，右下角会出现铅笔的形状，在对象上单击时，【滴管工具】自动转变为【墨水瓶工具】。

【滴管工具】在获得填充颜色的信息时，右下角会出现笔刷的形状，在对象上单击时，【滴管工具】自动转变为【颜料桶工具】。

【滴管工具】还有一个特殊的功能，它可以将整幅图形吸入，作为绘制工具的填充色。使用【滴管工具】吸取的图形不能是位图图像，必须先将位图打散为矢量图形才可以。

案例 1-19 用【滴管工具】吸取整幅图形

① 选中工作区中的位图，按下 Ctrl＋B 组合键，将位图打散，如图 1-205 所示。

② 选择工具箱中的【滴管工具】，在被打散的图形上单击，然后观察工具箱中的填充色，发现其自动变为用图形进行的填充。

③ 观察【颜色】面板，发现【颜色】面板也发生了变化。

④ 选中工具箱中的【椭圆工具】，在工作区中画一个圆，出现如图 1-206 所示的效果。

图 1-205　打散后的位图

图 1-206　最终效果

【滴管工具】还可以吸取文字的属性，如颜色、字体、字形、大小等。选择要修改的目标文字，再选择【滴管工具】，将鼠标放在源文字上，在源文字上单击，源文字的属性被应用到了目标文字上。

（4）橡皮擦工具

对于工作区中的图形，除了使用套索工具将不需要的部分删除以外，还可以使用【橡皮擦工具】🧽擦除。【橡皮擦工具】用来擦除线条或填充区域。

如果想要将工作区中的对象全部擦除，直接在工具箱中双击【橡皮擦工具】即可。

选择工具箱中的【橡皮擦工具】,在工具箱【选项】区显示橡皮擦的如下选项:擦除形状、水龙头和擦除模式,如图 1-207 所示。

- 擦除形状:用来设定橡皮擦的形状。
- 水龙头:一次性擦除边线和填充。只要选择工具箱中的橡皮擦工具,单击选项区中的水龙头选项,然后在要删除的部位单击,就可以同时擦除边线或填充。
- 擦除模式:用来设定擦除的区域。橡皮擦的擦除模式有五种,如图 1-208 所示。

图 1-207 【橡皮擦工具】的选项区   图 1-208 【橡皮擦工具】的擦除模式

- ➤ 标准擦除:擦除不需要的线条和填充。
- ➤ 擦除填色:只擦除填充区域,不会影响线条。
- ➤ 擦除线条:只擦除线条,不会影响填充区域。
- ➤ 擦除所选填充:只擦除当前选中的填充区域,不会影响未被选中的线条和填充。
- ➤ 内部擦除:只擦除开始时的填充区域。

(5) 标尺、辅助线和网格

① 使用标尺

标尺显示时将出现在文档的左沿和上沿。可以更改标尺的度量单位,将其默认单位(像素)更改为其他单位。在显示标尺的情况下移动舞台上的元素时,将在标尺上显示几条线,指出该元素的尺寸。

要显示或隐藏标尺,选择【视图】/【标尺】命令。

要指定文档的标尺度量单位,选择【修改】/【文档】命令,然后从【标尺单位】菜单中选择一个单位,如图 1-209 所示。

② 使用辅助线

显示标尺时,可以从标尺上将水平辅助线和垂直辅助线拖动到舞台上。

如果创建嵌套时间轴,则仅当在其中创建

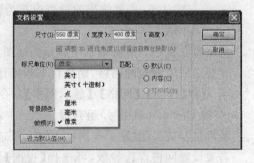

图 1-209 设置标尺单位

辅助线的时间轴处于活动状态时,舞台上才会显示可拖动的辅助线。

要创建自定义辅助线或不规则辅助线,则使用引导层(引导层的内容将在后面讲解)。

要显示或隐藏辅助线,则选择【视图】/【辅助线】/【显示辅助线】命令。

要打开或关闭贴紧至辅助线,则选择【视图】/【贴紧】/【贴紧至辅助线】命令。

注意:如果在创建辅助线时网格是可见的,并且打开了"贴紧至网格"选项,则辅助线将贴紧至网格。

当辅助线处于网格线之间时,"贴紧至辅助线"优先于"贴紧至网格"。

要移动辅助线,则选择【选择工具】,再单击标尺上的任意一处,并将辅助线拖到舞台上需要的位置。

要删除辅助线,则在辅助线处于解除锁定状态时,使用【选择工具】将辅助线拖到水平或垂直标尺。

要锁定辅助线,则选择【视图】/【辅助线】/【锁定辅助线】命令,或者使用【辅助线】对话框中的"锁定辅助线"选项,如图 1-210 所示。

要清除辅助线,则选择【视图】/【辅助线】/【清除辅助线】命令。如果在文档编辑模式下,则会清除文档中的所有辅助线;如果在元件编辑模式下,则只会清除元件中使用的辅助线。

③ 设置辅助线首选参数

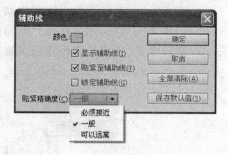

图 1-210 【辅助线】对话框

选择【视图】/【辅助线】/【编辑辅助线】命令,弹出【辅助线】对话框,如图 1-210 所示。进行相应设置后,单击【确定】按钮。

- 颜色:单击颜色框中的三角形,然后从调色板中选择辅助线的颜色。默认的辅助线颜色为绿色。
- 显示辅助线:要显示或隐藏辅助线,则选择或取消选择【显示辅助线】复选框。
- 贴紧至辅助线:若要打开或关闭贴紧至辅助线,则选择或取消选择【贴紧至辅助线】复选框。
- 锁定辅助线:若要锁定或解除锁定辅助线,则选择或取消选择【锁定辅助线】复选框。
- 贴紧精确度:要设置"贴紧精确度",则可从弹出菜单中选择一个选项。
- 全部清除:要删除所有辅助线,可单击【全部清除】按钮。【全部清除】命令将从当前场景中删除所有的辅助线。
- 保存默认值:若要将当前设置保存为默认值,则单击【保存默认值】按钮。

④ 使用网格

网格将在文档的所有场景中显示为插图之后的一系列直线。

要显示或隐藏绘画网格,则执行下列操作之一:

- 选择【视图】/【网格】/【显示网格】命令。
- 按 Ctrl+'(单引号)组合键。

若要打开或关闭"贴紧至网格"功能,可选择【视图】/【贴紧】/【贴紧至网格】命令。

若要设置网格首选参数,可选择【视图】/【网格】/【编辑网格】命令,然后从选项中进行选择。

若要将当前设置保存为默认值,可单击"保存默认值"。

1.2.3　任务实现——制作动画场景和卡通小猪

本项目包括两部分内容,一是动画场景;二是卡通小猪。动画场景包括背景、电视、沙发、台灯和星形,以及它们的阴影效果;卡通小猪包括小猪头部轮廓和面部图形、小猪身体的各个部分及其细节修改处理、底座图形,以及泛红面腮的效果。卡通小猪绘制好后放到电视中。

整个项目包括六个图层,分别为背景、台灯、沙发、电视、星形和小猪。其中的内容全部是绘制完成,没有现成的素材。

1. 编辑"背景"图层

(1) 新建一个 Flash CS5 文档,双击【时间轴】面板中"图层 1"图层,重命名为"背景"。在工具箱中设置【笔触颜色】为"无",【填充颜色】为♯FFEA9F。选择工具箱中的【矩形工具】,按下【选项】区中的【对象绘制】按钮,在舞台中绘制一个矩形,如图 1-211 所示。

(2) 设置填充颜色为♯FDAD35,继续使用【矩形工具】绘制一个小矩形。

(3) 继续绘制一些宽度不一的矩形,并使每个矩形之间有一定的距离,如图 1-212 所示。

图 1-211　绘制背景矩形　　　　　　　　图 1-212　绘制宽度不一的矩形

2. 编辑"电视"和"电视阴影"图层

(1) 选择【时间轴】面板上的【新建图层】按钮,新建一个图层并重命名为"电视阴影"。接下来使用【矩形工具】绘制电视,设置填充颜色为♯A51616。

(2) 使用【矩形工具】绘制矩形,设置填充颜色为♯DE833D。

(3) 继续使用【矩形工具】在刚绘制的矩形下方绘制一个小矩形,如图 1-213 所示。

(4) 选择【任意变形工具】,选中小矩形。

(5) 在按住 Ctrl 键的同时,使用鼠标拖曳小矩形的右下角并向左移动,使其成为一个三角形。

(6) 移动鼠标光标到小矩形的右上角,当其变为旋转光标时向左旋转图形。

(7) 按住 Alt 键,单击三角形图形进行拖曳,复制出一个图形。选择【修改】/【变形】/【水平翻转】命令,然后调整好图形位置,如图 1-214 所示。

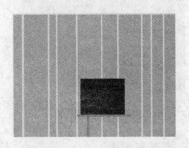
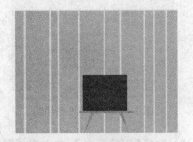

图 1-213　绘制三个矩形　　　　　　　　图 1-214　调整电视支架

(8) 选择【椭圆工具】,在【属性】面板中设置起始角度为 180,然后在红色矩形的上面绘制一个半圆。

67

（9）选择【线条工具】，设置笔触高度为 2.5，颜色为＃EA9242，然后在半圆图形上绘制一条斜线。

（10）选择【椭圆工具】，在【属性】面板中单击【重置】按钮，在斜线上绘制一个小椭圆图形，如图 1-215 所示。

（11）用同样的方法，绘制另一个线条和椭圆形，如图 1-216 所示。

图 1-215　绘制天线　　　　　　　　　　　　图 1-216　绘制另一根天线

（12）按住 Shift 键，选中线条和椭圆图形，右击，在弹出的快捷菜单中选择【排列】/【下移一层】命令，将线条图形移动到半圆形的下面。

（13）完成电视机图形绘制后，再复制一个电视机图形。选择【时间轴】面板上的【新建图层】按钮，新建一个图层并重命名为"电视"，在工作区中右击，从弹出的快捷菜单中选择【粘贴到当前位置】命令。

（14）设置【填充颜色】和【笔触颜色】都为＃EDCC6B，将"电视阴影"图层上的电视图进行填充，并将该阴影图形移动到电视图形的下方，使其有错位感，如图 1-217 所示。

（15）设置【填充颜色】为＃C2E4E5，选择【矩形工具】并在电视机的中心绘制一个矩形。

（16）选择【任意变形工具】，单击【选项】区中的【封套】按钮，为图形添加锚点。

注意：如果在工具箱中看不到"封套"按钮，则将工具箱设为双栏即可。

（17）选中矩形左侧中间的锚点，按住鼠标左键向外拖曳，使其呈弧形。

（18）继续调节其他锚点，使其形成向外凸的电视屏幕效果，如图 1-218 所示。

图 1-217　制作电视阴影　　　　　　　　　　图 1-218　制作电视屏幕

（19）选择【钢笔工具】，在电视屏幕的右上角绘制一个弧形图形。

（20）设置填充颜色为＃6FC5C6，选择【颜料桶工具】进行填充。

（21）在电视屏幕的左下角绘制另一个弧形图形，如图 1-219 所示。

（22）设置填充颜色为＃EA9242，使用前面讲到的方法，在矩形上方的半圆图形中绘制高光,如图 1-220 所示。

图中的高光是利用渐变(线性、白色到♯EA9242)进行填充,再用【渐变变形工具】填充颜色。

 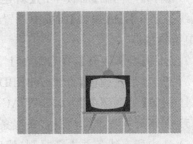

图 1-219 继续绘制电视屏幕　　　　　　　　图 1-220 绘制高光

3. 编辑"沙发"图层

(1) 选择【时间轴】面板中的【新建图层】按钮,新建一个图层并重命名为"沙发"。选择【钢笔工具】,在电视机的左侧绘制一个沙发轮廓。

(2) 设置【填充颜色】为♯ED008C,选择【颜料桶工具】对轮廓进行填充,如图 1-221 所示。

(3) 继续使用【钢笔工具】在沙发上绘制扶手轮廓线。

(4) 设置【填充颜色】为♯F9C0CF,选择【颜料桶工具】填充刚绘制的轮廓区域,如图 1-222所示。

图 1-221 绘制沙发轮廓　　　　　　　　图 1-222 填充沙发扶手

(5) 继续使用【钢笔工具】在沙发上绘制后背轮廓线。

(6) 设置【填充颜色】为♯D37C97,选择【颜料桶工具】对沙发后背轮廓进行填充,如图 1-223所示。

(7) 继续绘制沙发的其他部分,然后设置相应的颜色并进行填充,如图 1-224 所示。

 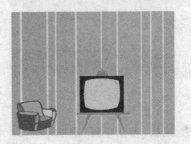

图 1-223 填充沙发后背的颜色　　　　　　图 1-224 继续填充沙发的颜色

4. 编辑"台灯"图层

(1) 选择【时间轴】面板中的【新建图层】按钮,新建一个图层并重命名为"台灯阴影"。选择【线条工具】,在【属性】面板中设置线条的【笔触高度】为8,【颜色】为♯B5AB73,然后在图形中绘制台灯。

(2) 选择【椭圆工具】,在台灯的上下两端分别绘制顶和底座,如图1-225所示。

(3) 设置【填充颜色】为♯5ABEBD,选择【矩形工具】并绘制一个图形。

(4) 设置【笔触颜色】为♯00A7AC,选择【线条工具】,在矩形上方绘制倾斜线条。

(5) 在矩形上方继续绘制多条线条。

(6) 选中所有线条并进行复制,然后调整位置,如图1-226所示。

图 1-225　绘制台灯顶和底座

图 1-226　绘制台灯

(7) 设置【填充颜色】为♯B5AB73,选择【椭圆工具】,在【属性】面板中设置【内径】为98,然后在图形中绘制3个同心圆。

(8) 选择【椭圆工具】,在【属性】面板中单击【重置】按钮,然后在台灯下方绘制多个小圆形。

(9) 选择【矩形工具】,设置填充颜色为♯00A7AC,在小圆形的下方绘制一个小矩形。

(10) 使用【任意变形工具】调整小矩形,在台灯底座上制作高光效果,如图1-227所示。

(11) 复制一个台灯,新建一个图层"台灯",在工作区的空白区域右击,从弹出的快捷菜单中选择【粘贴到当前位置】命令,并设置【填充颜色】为♯EDCC68,将"台灯阴影"图层上的图形进行填充,并调整好它们的位置,如图1-228所示。

图 1-227　绘制高光

图 1-228　制作台灯阴影

5. 编辑"多角星形"图层

(1) 选择【时间轴】面板中的【新建图层】按钮,新建一个图层并重命名为"多角星形"。选择【多角星形工具】,设置【填充颜色】为♯6FC5C6。在【属性】面板中单击【选项】按钮,在弹出的对话框中设置【样式】为"星形"，【边数】为8，星形顶点大小为0.15，在图形的左上方绘制图形。

（2）再绘制一个略小的多角星形图形，并设置相应的颜色。

（3）设置【填充颜色】为#B5AB73，用前面绘制线条和圆形的方法，在多角星形图形中绘制线条和圆形。

（4）将线条和图形移动到多角星形图形的周围，如图1-229所示。

图1-229　绘制多角星形

6. 绘制场景中的卡通小猪

在工作区的灰色区域绘制卡通小猪。

（1）选择工具箱中的【钢笔工具】，设置【笔触颜色】为"黑色"、【笔触高度】为5、【笔触样式】为"实线"，接着在舞台的空白区域上单击确定第1个锚点，再次单击确定第2个锚点，然后拖动鼠标，创建一条弧线，如图1-230所示。

（2）再次单击舞台确定第3个锚点，创建出第2个弧线段，如图1-231所示。

（3）使用步骤（1）和步骤（2）的方法，创建多个线段，构成如图1-232所示的轮廓。

图1-230　绘制弧线　　　　图1-231　绘制第2个弧线段　　　　图1-232　绘制小猪头轮廓

（4）在工具箱中选择【部分选取工具】，然后单击线条轮廓，并调整路径锚点的位置，再通过拖动锚点手柄调整路径形状，以及通过拖动锚点手柄调整路径形状。

（5）调整路径后，选择工具箱的【颜料桶工具】，然后单击【填充颜色】按钮，在颜色列表中设置【填充颜色】为#FCBDDC，并设置空隙大小为封闭大空隙，接着填充线条闭合的区域，如图1-233所示。

（6）选择工具箱中的【椭圆工具】，然后设置【笔触颜色】为"无"，【填充颜色】为黑色。按住Shift键，分别在填充区域两边绘制两个圆形，如图1-234所示。

（7）更改【填充颜色】为"白色"，然后按下工具箱下方的【对象绘制】按钮，接着在两个黑色的圆形上分别绘制两个白色的圆形对象（绘制时按住Shift键），以制作出小猪的眼睛，如图1-235所示。

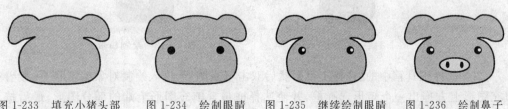

图1-233　填充小猪头部　　图1-234　绘制眼睛　　图1-235　继续绘制眼睛　　图1-236　绘制鼻子

（8）继续选用【椭圆工具】，打开【属性】面板，更改【笔触颜色】为"黑色"、【填充颜色】为

"黄色"、【笔触高度】为 5、【笔触样式】为"实线",接着在小猪面部绘制一个椭圆对象。

（9）绘制椭圆对象后,更改【笔触颜色】为"无"、【填充颜色】为"黑色",然后在椭圆形对象左右两边分别绘制两个小的椭圆形对象,作为小猪的鼻子,如图 1-236 所示。

（10）选择工具箱中的【矩形工具】按钮,然后设置【笔触颜色】为"无"、【填充颜色】为♯4C87E5,并取消【对象绘制】模式,接着在小猪面部下方绘制一个矩形。

（11）选择工具箱中的【选择工具】,然后调整矩形上方的边缘形状,再调整矩形上方左右两个角的位置,如图 1-237 所示。

（12）选择工具箱中的【矩形工具】,然后设置【笔触颜色】为"黑色"、【笔触高度】为 5、【填充颜色】为♯FFCCCC,并按下【对象绘制】按钮,接着在矩形上再绘制一个矩形,如图 1-238 所示。

（13）选择【选择工具】,然后调整矩形上下方的边缘形状,结果如图 1-239 所示。

（14）选择【椭圆工具】,然后设置【笔触颜色】为"黑色"、【笔触高度】为 5、【填充颜色】为♯4C87E5,接着在矩形对象左边绘制一个椭圆形对象。

（15）选择【选择工具】,然后调整椭圆形右下方的边缘形状。

（16）按照步骤（14）和步骤（15）的方法,在矩形右边绘制一个椭圆形对象,并调整椭圆形左下方的边缘形状,如图 1-240 所示。

图 1-237　绘制矩形　　图 1-238　绘制矩形　　图 1-239　调整矩形边缘　　图 1-240　绘制双手

（17）选择工具箱中的【橡皮擦工具】按钮,然后设置【橡皮擦模式】为"擦除线条",接着擦除左边椭圆形右上角的线条,制作出小猪的双手图形效果,如图 1-241 所示。

（18）选择工具箱中的【刷子工具】按钮,然后设置【填充颜色】为"白色"、【刷子模式】为"标准绘画"、【刷子大小】为"最大"、【刷子形状】为"圆形",并单击【对象绘制】按钮,接着在小猪的双手之间绘制两个填充圆形。

（19）选择【墨水瓶工具】,然后设置【笔触颜色】为"黑色",接着在步骤（18）绘制的两个填充图形上单击,添加图形笔触,如图 1-242 所示。

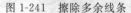

图 1-241　擦除多余线条　　　　　　图 1-242　绘制领带

（20）选择工具箱中的【选择工具】,然后双击填充图形,进入绘制对象编辑状态,接着在填充图形上方拖出一个矩形选择框,并使选择框包含填充图形上端的部分图形,最后按下Delete 键,删除被选择到的图形。

（21）删除部分图形后,在编辑区内双击,返回舞台,然后按照步骤（20）的方法,删除另外一个填充图形的顶端部分图形，最后将这两个填充图形向上移动，与小猪面部图形贴合在一起，如图1-243所示。

（22）选择工具箱中的【矩形工具】按钮，然后设置【笔触颜色】为"黑色"、【笔触高度】为5、【填充颜色】为"白色"，并单击【对象绘制】按钮，接着在舞台上绘制一个矩形。

（23）选择【选择工具】，然后调整矩形上下方的边角位置，如图1-244所示。

图1-243　调整图形位置　　　　　图1-244　绘制矩形并调整边角

（24）选择工具箱中的【矩形工具】按钮，然后设置【笔触颜色】为"黑色"、【笔触高度】为5、【填充颜色】为"红色"，接着在舞台上绘制一个矩形。

（25）选择【选择工具】，然后调整矩形上下左右边缘的形状，如图1-245所示。

（26）选择【椭圆工具】，然后设置【笔触颜色】为"黑色"、【笔触高度】为5、【填充颜色】为"红色"，并按下【对象绘制】按钮，接着在被调整过的矩形左下角和右下角分别绘制两个椭圆形的对象。

（27）选择【选择工具】，在按住Shift键的同时选择步骤（26）绘制的两个椭圆形和它上方的矩形，然后单击工具箱下方的【填充颜色】按钮，从打开的颜色列表框中选择"红色放射性渐变"，如图1-246所示。

图1-245　绘制矩形并调整边缘　　　　　图1-246　绘制椭圆

（28）选择工具箱中的【橡皮擦工具】，然后设置【橡皮擦模式】为"内部擦除"，接着擦除小猪面和身体之间的多余的图形，如图1-247所示。

（29）选择【椭圆工具】，然后设置【笔触颜色】为"无"、【填充颜色】为♯FA6C9A，并按下【对象绘制】按钮，接着在小猪面部两侧分别绘制两个椭圆形，制作出泛红的面腮，最后效果如图1-248所示。

图1-247　擦除多余部分　　　　　图1-248　绘制小猪的最终效果

73

7. 将小猪放到动画场景的电视中

（1）选择【选择工具】，将卡通小猪缩小后放到动画场景的电视中。

（2）选择【文件】/【保存】命令，文件名为"房间场景的绘制"。按下 Ctrl＋Enter 组合键进行测试，最终效果如图 1-249 所示。

图 1-249　房间场景效果

1.2.4　超越提高——快速除色

1. 快速除色——快速除填充色

在 Flash 工具箱的下部有一个填充色区域，包括了【笔触颜色】按钮和【填充颜色】按钮。如果我们绘制一个矩形，只想绘制矩形边框而不绘制矩形内部颜色，就会选择【填充色】按钮面板右上角的【禁止填充】按钮。

保留笔触颜色，将【填充色】面板的【禁止填充】按钮选择后，绘制的矩形就只有矩形的边框（边线）了。

既然选择【禁止填充】绘制矩形，绘制的是没有填充色的边线，那么可以使用同样的方法对复杂图形进行填充色删除的操作。

2. 快速除色——快速删除笔触颜色

【笔触颜色】设置的是图形边线的颜色，如"将笔触颜色关闭，填充色选为蓝色，绘制一个矩形"，那么这个矩形就是没有边线的蓝色矩形色块。

当选择一个图形时，此时图形处于可编辑的状态，不仅可以改变填充色或去除填充色，还可以改变笔触颜色，也就是边线的颜色，既然选择【填充色】面板中的【禁止填充】可以快速去除"填充色"，那么用同样的方法，选择【笔触颜色】面板中的【禁止填充】，同样可以快速去除图形的"笔触颜色"，也就是边线。

项 目 总 结

本项目通过案例介绍了 Flash CS5 软件的安装和基本操作、Flash 绘图工具的使用方法和技巧、Flash 的两种绘图模式和图层的基本操作,并逐步完成了房间场景的策划和绘制。在本项目中,重点掌握绘图工具的使用技巧和图层的使用方法。绘图工具的使用方法很简单,但是必须多加练习,才能掌握其技巧,才能绘制出漂亮的图形和场景。

拓展训练——绘制山水画

使用本项目学过的知识,发挥自己的想象力,绘制一张具有田园风光特色的山水画。

山水画参考效果如图 1-250 所示,蓝蓝的天空中飘着几朵白云,青翠的山峰在湖面上形成美丽的倒影,几只小鸭欢快地在水中游弋,朵朵花瓣使湖面上色彩斑斓。

图 1-250 山水画参考效果

项目二　中国联塑集团控股有限公司
网站 Banner 设计与制作

项目描述

许多网站都会放一些网站 Banner。网站 Banner 是指居于网页头部、中部、底部任意一处，但是横向贯穿整个或者大半个页面的广告条，用来展示站点主要宣传内容、站点形象或者广告内容。所以，一般的网站 Banner 都要使用图、文、动画结合的方式制作，力求做到鲜明、直观。本项目的任务是制作中国联塑集团控股有限公司的网站 Banner，包括以下几个任务。

（1）认识与策划网站 Banner。

（2）利用 Flash 制作中国联塑集团控股有限公司网站 Banner 元件。

（3）利用 Flash 编辑中国联塑集团控股有限公司网站 Banner 场景。

（4）测试与发布网站 Banner。

项目目标

1. 技能目标

（1）能设计合理的网站 Banner。

（2）能在 Flash 中创建元件。

（3）能在 Flash 中设置实例属性。

（4）能在 Flash 中制作补间动画。

（5）能利用 Flash 制作出符合客户要求的网站 Banner。

2. 知识目标

（1）了解网站中 Banner 的作用。

（2）掌握 Banner 的设计原则和标准规格。

（3）掌握动画的基本原理。

（4）掌握 Flash 中元件、元件类型、库和实例的知识。

（5）掌握 Flash 中实例属性的设置。

（6）掌握 Flash 中帧的基本操作。

（7）掌握 Flash 中补间动画的制作原理和注意事项。

（8）掌握绘图纸的使用。

通过设计并制作中国联塑集团控股有限公司网站 Banner，使读者掌握公司网站 Banner 的设计原则和公司网站 Banner 的特点，能利用 Flash 中元件、库、实例和补间动画原理制作较简单的网站 Banner。

2.1 任务一 认识与策划网站 Banner

2.1.1 任务描述

网站做一个有吸引力的 Banner 比什么都重要。网站 Banner 要能在几秒甚至是零点几秒之内抓住读者的注意力，否则网上漫游者很快就会进入其他链接。统计表明，动态 Banner 的吸引力比静态 Banner 高三倍。所以，本任务就是在认识网站 Banner 的基础上，策划一个动态的中国联塑集团控股有限公司网站 Banner。

2.1.2 技术视角

1. Banner 简介

在网络营销术语中，Banner 是一种网络广告形式，以前多是以 gif 和 jpg 等格式建立的静态图像，现在多是 swf 格式的 Flash 动画影片。Banner 广告一般是放置在网页上的不同位置，在用户浏览网页信息的同时，吸引用户对广告信息的关注，从而获得网络营销的效果。图 2-1 即为某网站的部分页面，其中导航栏上面部分就是网站 Banner。

图 2-1 网站 Banner

大多数情况下，在网站建设、网站设计、网页设计和网页制作中所说的 Banner 如没有特别声明，多数是指较大横幅的广告及其设计和制作方面的服务。

所以，Banner 的作用可以归结如下：

(1) 放置在广告商的网站页面上，展现商家的产品，起到自我介绍的作用。

(2) 放置在其他网站页面上，向网页浏览者推介自己的产品或一些活动，引起网页浏览者的兴趣,也是这些网站用来盈利的途径。

(3) 发布一些重要信息。

富有独特创意的横幅广告形式是在互联网上建立并推广客户品牌形象的有效途径。

2. Banner 标准规格

Banner 广告有多种表现规格和形式,其中最常用的是 468 像素×60 像素的标准标志广告,由于这种规格曾处于支配地位,在早期有关网络广告的文章中,如没有特别指明,通常都是指标准标志广告。这种标志广告有多种不同的称呼,如横幅广告、全幅广告、条幅广告、旗帜广告等。通常采用图片、动画、Flash 等方式来制作 Banner 广告。

除了标准标志广告,早期的网络广告还有一种比较小的广告,称为按钮式广告(Button),常用按钮广告尺寸有四种(单位:像素):125×125(方形按钮)、120×90、120×60、88×31。随着网络广告的不断发展,新形式和新规格的网络广告也不断出现,因此美国交互广告署(IAB)也在不断颁布新的网络广告标准。常见的 Banner 和 Button 广告规格见表2-1。

表 2-1　常见的 Banner 和 Button 广告规格　　　　　　　　(单位:像素)

名　　称	规　　格	名　　称	规　　格
全幅标志广告	468×60	小型广告条	88×31
半幅标志广告	234×60	1 号按钮	120×90
垂直 Banner	120×240	2 号按钮	120×60
宽型 Banner	728×90	方形按钮	125×125

另外,随着计算机显示器尺寸的增大,网站 Banner 的宽度也在增加。

在 Flash CS5 中新建文档时,在【新建文档】对话框中打开【模板】选项卡,再在【模板】选项卡中的【类别】列表框中单击【广告】项,此时,右边的【模板】列表框中就会出现各种广告模板,如图 2-2 所示。选择一种广告模板,单击【确定】按钮,就可以创建基于该模板的 Flash 文档。

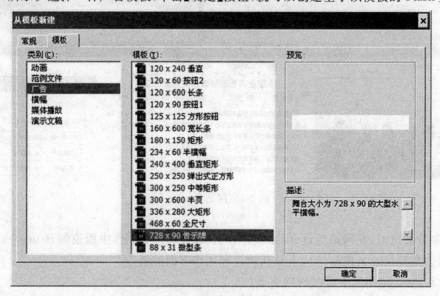

图 2-2　Flash CS5 中的广告【模板】

3. 网站 Banner 设计原则

网站 Banner 的设计原则包括具有鲜明的色彩、文字的字体清晰、语言具有号召力和图形的位置合适四个方面。

(1) 具有鲜明的色彩

网站 Banner 只有具有鲜明的色彩，才能在第一时间吸引访问者的注意，在选用色彩时，应该尽量使用红、橙、蓝、绿、黄等艳丽的色彩。

(2) 文字的字体清晰

网站 Banner 的设计目的是要最大限度地吸引访问者的注意力，因此字体的字号不能过小，字体的间隙也不能过于拥挤。一般说来，选择的字体要大小适中，字体之间要有足够的间隙，使其能清晰地展现在访问者的视线中。

(3) 语言具有号召力

日常生活中做广告的目的是在消费者心中树立该产品的形象，促使其去购买所宣传的产品。在网站 Banner 中也同样具有这个特点，要让文字给访问者很强的号召力、吸引力。

(4) 图形的位置合适

在 Banner 的设计中，一般主体图形都会按照视觉习惯放置在 Banner 的左侧，这样符合访问者浏览的习惯。因为在看物体的时候，人们都是按照视觉习惯，从左到右浏览，符合这样的规律，更能吸引访问者的注意。

4. Banner 的构成

从构成上讲，一个 Banner 分为两部分，一部分为文字；另一部分为辅助图，然后把全部或部分文字和图片制作成动画。辅助图虽然占据大多数的面积，但是不加以文字的说明，很难让用户知道这个 Banner 要说明什么。

(1) 文字在 Banner 中占主导地位

要读一个人的喜怒哀乐，只要读其五官即可。在一个 Banner 里面，标题文字起着五官一样的作用，文字才是整个 Banner 的主角。所以，文字的处理显得尤为重要。在文字处理时有以下几个小技巧。

① 分清主标和副标，从主次上来说，主标为主，字体要大，颜色要醒目。副标起到从内容上和形式上都辅助主标的作用。一个好的 Banner 标题文字处理都比较饱满，比较集中。

② 如果主标太长，需求方不舍得删除文字的情况下，对主标中重要关键字要增加权重，突出主要的信息，弱化"的"、"之"、"和"、"年"、"第×届"这种信息量不大的词。

③ 如果需求方整体文字太短，画面太空，可以加入一些辅助信息来丰富画面，如加点、英文、域名、频道名等。

(2) 构建辅助视觉

一个 Banner 中最主要的是标题，但辅助视觉起着烘托标题文字的作用，然而这也是最有难度的，设计师的个人风格和表现力在这里能够淋漓展现。这里列举了 3 种常见的文字和辅助视觉关系的搭配方式，这几种搭配方式分别有不同的效果，从而产生不同感觉。

① 文字＋背景陪衬的两段式。其特点是突出文字，视觉集中在文字上，报道感强，如图 2-3 所示。

② 文字＋主体物的两段式。文字与图案相辅相成，起到文字掩饰图案并帮助人们理解的效果。这样的 Banner 适合于介绍类或者产品类，如图 2-4 所示。

③ 主体物＋背景＋文字的三段式。其特点是虚实结合，主次关系明显，也是效果最好、用途最广泛的一种形式，如图 2-5 所示。

图 2-3　文字＋背景陪衬　　　　图 2-4　文字＋主体物　　　　图 2-5　主体物＋背景＋文字

2.1.3　任务实现——公司网站 Banner 的策划

中国联塑集团控股有限公司是中国的塑料管道及管件的生产商。该公司网站 Banner 的策划如下：

该网站 Banner 将是文字和图片的结合，将文字和图片做成动画效果。文字部分描述的是该公司的企业精神——开拓进取、求实创新、科学管理、精益求精；图片部分是该公司的几幅形象图片和站标。

动画效果如下：

(1) 先慢慢出现公司总部整体鸟瞰图，然后慢慢出现企业精神的第一句话"开拓进取"；

(2) 第一句话慢慢淡出后，接着淡入第二幅图片和企业精神的第二句话"求实创新"；

(3) 第二句话慢慢淡出后，接着淡入第三幅图片和企业精神的第三句话"科学管理"；

(4) 第三句话慢慢淡出后，接着淡入第四幅图片和企业精神的第四句话"精益求精"；

(5) 最后，慢慢出现企业标志。

2.2　任务二　制作公司网站 Banner 元件

2.2.1　任务描述

中国联塑集团控股有限公司网站 Banner 中的文字和图片都是以动画的形式出现。本任务将通过案例介绍动画的基本原理、元件、库和实例、元件的创建、元件类型和实例属性的设置方法，并将公司网站 Banner 的文字和图片制作为元件，以方便后面动画场景的编辑。

1. 动画的基本原理

要想制作出一个好的动画，必须先了解它的原理。Flash 动画的原理与我们所看的电影或电视十分类似，它们都是由一幅一幅静止不动的图片按照一定的速度连续播放而形成的。由于人类眼睛具有视觉暂留功能，因此看到这些连续播放的图片以后就形成了连贯的动画。

医学已证明,人类具有"视觉暂留"的特性,就是说人的眼睛看到一幅画或一个物体后,在 1/24 秒内不会消失。利用这一原理,在一幅画还没有消失前播放出下一幅画,就会给人造成一种流畅的视觉变化效果。因此,电影采用了每秒 24 幅画面的速度拍摄播放,电视采用了每秒 25 幅(PAL 制)或 30 幅(N 制)画面的速度拍摄播放。如果低于 24 幅就会出现停顿的现象。

Flash 动画的基本单位为帧,其中每一幅画面称为一帧。每秒能够播放的画面数称为帧频,也就是每秒可以显示的帧数。

平时我们看到的电影帧频为每秒 24 帧,也就是每秒可以显示 24 幅画面,电视画面帧频为每秒 25 帧,Flash CS5 默认的帧频为每秒 24 帧。

电影与电视的帧频是固定的,不能调整,而 Flash 动画的帧频可以根据需要自己设置。

在 Flash 中制作动画时,不必把每一帧的图像都绘制出来,只需将动画中的关键内容绘制出来即可,也就是说将关键帧中的内容绘制出来,关键帧之间的运动交给 Flash 来处理就可以了,Flash 可以自己计算出关键帧之间的动画图像,这样可以节省大量的工作,这就是 Flash 补间动画的最大优势。当然,如果动画比较复杂,还是需要将每一帧的运动都绘制出来。

2. 元件、库和实例

随着动画复杂度的提高,必然会出现两种情况:首先是有些元素会重复使用;其次是有些对象会要求有特殊的同步行为和交互行为。这时,就需要用到 Flash 中的元件,并通过元件来创建实例。

另外,Flash 动画的最大优点就是文件体积非常小,特别适合网络传输。Flash 动画的文件体积之所以很小,除了它是一个矢量文件以外,还与元件和实例的使用密不可分。

(1)认识元件、库和实例

在认识元件与实例之前,先了解 Flash CS5 中库的概念。选择【窗口】/【库】命令,可以打开【库】面板,如图 2-6 所示。

【库】面板就是存放元件的仓库,Flash CS5 中的元件都存放在【库】面板中。

元件(symbol)又称符号,是一种比较独特的、可重复使用的对象。Flash CS5 中的元件可以是由 Flash 创建的影片剪辑、图形、按钮元件,也可以是从外部导入的图像、声音、视频元素等。在动画的创作过程中需要使用哪个元件,就可以将该元件从【库】面板拖曳到舞台中,拖曳到舞台中的元件称为该元件的实例,如图 2-7 所示。

图 2-6　【库】面板

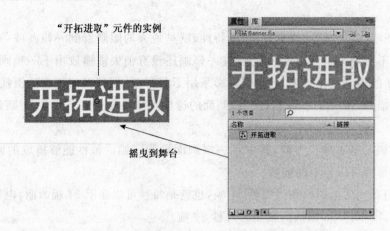

"开拓进取"元件的实例

摇曳到舞台

图 2-7　将【库】面板中的元件拖曳到舞台中

　　元件的重要特点就是可以重复利用,可以将一个元件从【库】面板中多次拖曳到舞台中,从而在舞台中创建出多个实例,如图 2-8 所示。但是在最终生成的动画中只记录一个元件的体积,并不会因为舞台中有多个元件的实例而增加文件的体积。只要对元件进行修改,Flash 就会修改应用了该元件的所有实例。

图 2-8　元件的多个实例

　　(2) 使用【库】面板

　　【库】面板的主要操作都在单击右上角的 ▾ 按钮后打开的弹出菜单中。

　　【库】面板的相关操作包括以下内容。

　　① 显示【库】面板。在主菜单中选择【窗口】/【库】命令,可以显示或者隐藏【库】面板。

　　② 在【库】面板中查看项目。【库】面板中的每个 Flash 文件包括元件、位图和声音文件。当用户在【库】面板中选择项目时,该项目的内容就出现在窗口上部的预览界面中。如果选定的项目是动画或是声音文件,也可以应用控制器进行预览的控制。

　　【库】面板的纵栏依次是列表项的名称、链接、使用次数和修改日期,如图 2-9 所示。可以在【库】面板中按任何项目排序。单击纵栏项目头,按照字母顺序等进行排列,也可以单击右上角的三角形按钮使项目按某一列的逆向排序。

③ 使用【库】面板中的文件夹。单击下部的新建文件夹的按钮，可以添加一个新的文件夹。当创建新元件时，新元件将出现在当前选定的文件夹里。如果没选定文件夹，它将出现在【库】面板的最下边，可以用鼠标把它从某个文件夹拖到另一个文件夹中，如图 2-10 所示。

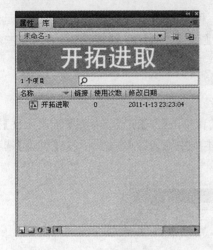

图 2-9 【库】面板

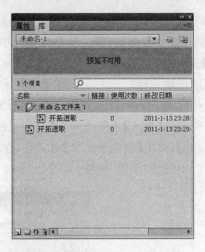

图 2-10 【库】面板中的文件夹

（3）文件之间库的调用

在制作影片时，不同的文件之间可以相互调用库资源。

比如，我们正在编辑 Flash 文档"未命名-1.fla"，想调用 Flash 文档"闪闪星光"（素材）中的元件"闪闪星光"，方法如下：

① 在 Flash 中打开文档"闪闪星光"，此时在【库】面板中"文档名"栏目中会出现"闪闪星光"，如图 2-11 所示。

② 选择"闪闪星光"，此时【库】面板中显示的是"闪闪星光"文档的库，如图 2-12 所示。

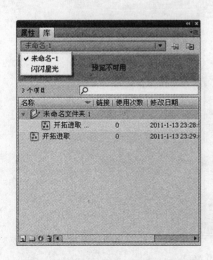

图 2-11 找到"闪闪星光"的【库】

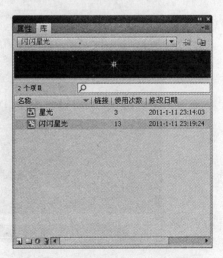

图 2-12 "闪闪星光"文档的【库】面板

③ 选择【库】面板中的元件"闪闪星光",拖到场景中。要想回到"未命名-1"文档的【库】面板,单击"文档名"栏目中的"未命名-1"即可。

3. 元件的创建与元件类型

(1) 创建元件

Flash 中的元件可以通过三种方法创建。第一种是先创建一个新元件,然后在元件中绘制图形或放置对象;第二种是在舞台中创建了动画对象,然后将其转换为元件;第三种是通过【库】面板创建。

① 创建元件

- 启动 Flash CS5,创建一个新文档。
- 选择【插入】主菜单中的【新建元件】命令,或者单击【库】面板下面的【新建元件】按钮，弹出【创建新元件】对话框,在【名称】文本框中输入"求实创新",在【类型】选项组中选择"图形"选项,如图 2-13 所示。

图 2-13 【创建新元件】对话框

- 单击【确定】按钮,则由默认的场景编辑窗口切换到"求实创新"图形元件编辑窗口中,如图 2-14 所示。

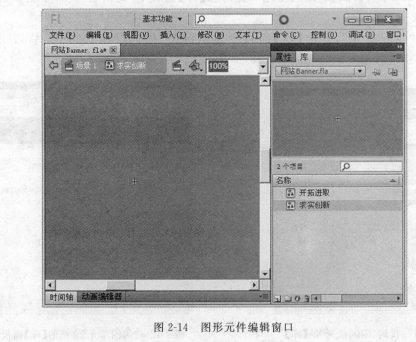

图 2-14 图形元件编辑窗口

注意：在 Flash CS5 中，场景编辑窗口的原点位于舞台的左顶点，而元件编辑窗口的原点位于工作区的中心，以"十"字形表示。

- 选择工具箱中的【文本工具】，在【属性】面板上设置好字体、字号、大小和颜色后，在"求实创新"图形元件编辑窗口的原点位置单击，输入文字"求实创新"，如图 2-15 所示。

图 2-15　输入文字

- 单击【时间轴】面板上方的【场景 1】按钮 ，切换到场景编辑窗口中，此时舞台中没有任何对象。

那么，刚才输入的文字到哪里去了呢？其实，我们并没有在舞台上输入文字，只是在【库】中创建了一个元件，在该元件中输入了文字。

- 选择【窗口】主菜单中的【库】命令，打开【库】面板，在这里我们就可以看到"文字"了。将其从【库】面板中拖曳到舞台上，这样在舞台中就可以看到它了，但是舞台中的这个文字是"求实创新"图形元件的实例。

② 转换元件

- 启动 Flash CS5，创建一个新文档。
- 选择工具箱中的【矩形工具】，在舞台中绘制一个矩形。
- 选择工具箱中的【选择工具】，在舞台上拖曳鼠标，框选刚绘制的矩形。
- 选择【修改】主菜单中的【转换为元件】命令，或者在选中的矩形上右击，在弹出的快捷菜单中选择【转换为元件】命令，弹出【转换为元件】对话框，如图 2-16 所示。

可以看出，【转换为元件】对话框与【创建新元件】对话框基本一样。它们的作用也基本一样，只是在【转换为元件】对话框中多了一个【对齐】选项，该选项用于设置转换后元件的原点位置。

85

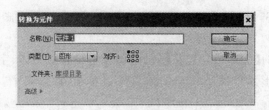

图 2-16 【转换为元件】对话框

在【对齐】选项右侧有一个图标,图标中的 9 个小方块表示元件的原点位置,单击哪个小方块,哪个小方块就变为实心黑色,说明这个位置就是转换后的元件原点。

- 在【转换为元件】对话框的【名称】文本框中输入"矩形",在【类型】选项组中选择"图形"选项,并设置元件的原点在左上方,如图 2-17 所示。

图 2-17 修改元件名称

- 单击【确定】按钮,则舞台中的矩形转换成了"矩形"图形元件的一个实例。

③ 通过【库】面板创建

可以有两种方式通过【库】面板创建或转换"元件"。

第一种是通过【库】面板的右上角菜单,选择【新建元件】命令。

第二种是绘制好图形后,将图形拖曳到【库】面板中,会弹出【转换为元件】对话框。

(2)元件的类型

依据在 Flash 中所发挥的作用的不同,我们可将其划分为:图形元件、影片剪辑和按钮元件三种类型。这三种类型的元件各有各的特性与作用。

① 图形元件

图形元件是动画制作中最基本的元件,主要用于建立或储存相对独立的图形内容并用来制作动画。需要注意的是,如果把图形元件拖到舞台和其他元件中时对其不能设置实例名称,也不可为其添加脚本。

注意:图形元件在场景和其他元件中是不可以编辑的。如果对该元件进行编辑,可以先选中该元件,再执行菜单中的【编辑】/【编辑元件】命令,或双击场景中的该元件,或双击库中的该元件,或右击【库】面板中的该元件,从弹出的快捷菜单中选择【编辑】命令,在元件编辑区对其进行修改、编辑。

② 影片剪辑

影片剪辑是 Flash 动画中常用的元件类型,是独立于时间轴的动画元件,主要用于创建具有独立主题内容的动画片段。

影片剪辑有如下特征。

- 当影片剪辑所在图层其他帧没有别的元件和空白关键帧,它不受帧长度之限制,可作循环播放;如果有空白关键帧所在位置比影片剪辑结束帧靠前,影片会结束。
- 如果某个动画片段在多个地方使用,这时就可以把这个动画片段制作成影片剪辑元件。和制作图形元件一样,既可以创建一个新的影片剪辑(空白的影片剪辑),也可以将图形和动画片段转换为影片剪辑。
- 影片剪辑元件可以使用滤镜功能,而图形元件不可以。

案例 2-1 图形元件与影片剪辑元件的不同之处

- 新建一个 Flash CS5 文档,选择【插入】/【新建元件】命令,在打开的【创建新元件】对话框中选择"图形"单选项,如图 2-18 所示。

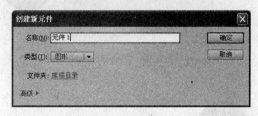

图 2-18 创建新元件

- 单击【确定】按钮,进入元件的编辑区域。选择工具箱中的【椭圆工具】,在编辑区域中央按住 Shift 键绘制一个圆形,在【属性】面板/【位置和大小】中设置宽为 100,高为 100,X、Y 值均为 0,如图 2-19 所示。

图 2-19 设置第 1 帧中椭圆的属性

- 在时间轴的第 20 帧处右击,从弹出的快捷菜单中选择【插入关键帧】命令。选中编辑区域中的圆形,打开【属性】面板,在【位置与大小】中设置 X 值为 400,Y 值为 0,如图 2-20所示。
- 在第 1~20 帧之间的任意一帧中右击,从弹出的快捷菜单中选择【创建传统补间】命令,按 Enter 键预览动画,如图 2-21 所示。
- 用同样的方法创建影片剪辑元件。选择【插入】/【新建元件】命令,在弹出的【创建新元件】对话框中选择"影片剪辑"单选项,如图 2-22 所示。

图 2-20　设置第 20 帧中圆形的位置

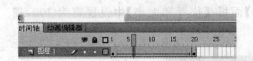

图 2-21　创建传统补间动画

图 2-22　创建新元件

- 单击【确定】按钮,进入元件的编辑区域,选择工具箱中的【矩形工具】,按住 Shift 键绘制一个正方形,在【属性】面板的【位置和大小】中设置【宽】为 100,【高】为 100,X、Y 值均为 0,如图 2-23 所示。
- 在时间轴的第 20 帧处右击,从弹出的快捷菜单中选择【插入关键帧】命令,选中编辑区域中的圆形,打开【属性】面板,在【位置和大小】中设置 X 值为 400,Y 值为 0,如图 2-24 所示。
- 在第 1～20 帧之间的任意一帧中右击,从弹出的快捷菜单中选择【创建传统补间】命令,按 Enter 键预览动画,如图 2-25 所示。
- 单击【场景 1】按钮,回到场景中,分别将图形元件"元件 1"和影片剪辑元件"元件 2"拖到场景中,按 Ctrl＋Enter 组合键测试动画,发现影片剪辑类型的实例

图 2-23　设置第 1 帧中正方形的【属性】

正方形在动,而图形类型的实例圆形没有动,如图 2-26 所示。

图 2-24 设置第 20 帧中正方形的属性

图 2-25 创建传统补间动画

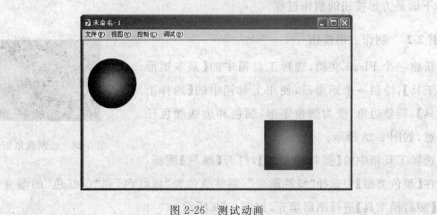

图 2-26 测试动画

关闭【未命名-1】文档,回到源文件中,在【场景 1】时间轴的第 20 帧上右击,在弹出的快捷菜单中选择【插入帧】命令。按 Ctrl＋Enter 组合键测试动画,发现图形都动了,如图 2-27 所示。

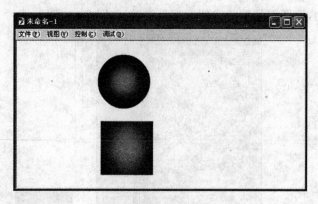

图 2-27　测试动画

- 选择【文件】/【保存】命令,文件名为"图形元件与影片剪辑元件的不同之处"。

说明:图形元件与主时间轴同步运行;而影片剪辑拥有它们自己的独立于主时间轴的多帧时间轴。

③ 按钮元件

按钮元件是 Flash 动画中创建交互功能的重要组成部分,在动画中实现鼠标单击、滑过及按下等操作,从而将事件传递给互动程序进行处理。

当我们进入了按钮编辑区的时候,可以看到按钮有四种状态。

- "弹起"状态:按钮普通状态时的样子。
- "指针经过"状态:当鼠标放到"按钮"上时,"按钮"呈现的样子。
- "按下"状态:当鼠标按下该"按钮","按钮"呈现的样子。
- "点击"状态:此状态以隐藏方式存在,为按钮提供了透明的点击范围。

Flash 按钮的绘制过程,在网络动画中必不可少会使用到按钮,往往这些按钮的造型非常漂亮,下面是方形按钮的制作过程。

案例 2-2　制作方形按钮

- 新建一个 Flash 文档,选择工具箱中的【基本矩形工具】,绘制一个矩形后,使用工具箱中的【选择工具】,调整边角,变为圆角矩形,颜色和边线颜色任意,如图 2-28 所示。

图 2-28　绘制圆角矩形

- 选择工具箱中的【颜料桶工具】,打开【颜色】面板,在【颜色类型】中选择"线性渐变",调整颜色为"浅红色"到"深红色"的渐变,并使用【颜料桶工具】进行图形填充,如图 2-29 所示。
- 选择工具箱中的【选择工具】,框选矩形,并按下 Ctrl＋G 组合键组合矩形,如图 2-30所示。

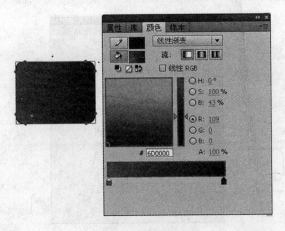

图 2-29　填充矩形　　　　　　　　　　　　图 2-30　组合矩形

- 选择工具箱中的【线条工具】，在舞台中绘制一条直线，使用【选择工具】将线条调整为 S 形，如图 2-31 所示。

图 2-31　将线条调整为 S 形

- 选择工具箱中的【基本矩形工具】，绘制一个矩形，并使用【选择工具】调整其外形，使其变为圆角矩形。绘制完圆角矩形，选择它并按下 Ctrl＋B 组合键，将圆角矩形打散并删除内部填充色，如图 2-32 所示。

图 2-32　绘制圆角矩形框

- 选择工具箱中的【选择工具】，将 S 形线段移动到刚刚绘制的圆角矩形处，选择工具箱中的【任意变形工具】，调整 S 形线段的形状，删除多余的部分，如图 2-33 所示。

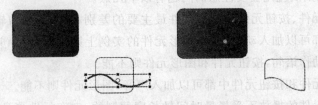

图 2-33　制作不规则图形

- 选择工具箱中的【颜料桶工具】，打开【颜色】面板，颜色调整为"白色"，其中一个白色透明度调整为 0，填充颜色并使用【渐变变形工具】调整颜色，如图 2-34 所示。

91

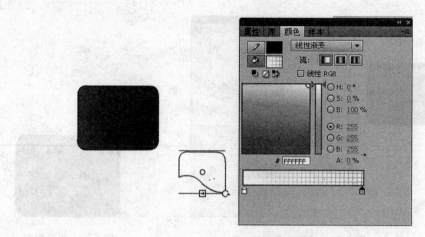

图 2-34　填充渐变色并调整方向

- 选择工具箱中的【选择工具】，选择并删除不需要的线段，并按 Ctrl＋G 组合键将图形组合起来。将其移到左边矩形上面，使用【任意变形工具】调整图形大小，如图 2-35 所示。
- 选择工具箱中的【文本工具】，输入一个字母或单词，方形按钮的制作就完成了。选择【文件】/【保存】命令，文件名为"制作方形按钮"，按 Ctrl＋Enter 组合键测试动画，如图 2-36 所示。

图 2-35　调整图形

图 2-36　方形按钮

　　三种元件的相同点如下：三种元件的相同点是都可以重复使用，且当需要对重复使用的元素进行修改时，只需编辑元件，而不必对所有该元件的实例一一进行修改，Flash 会根据修改的内容对所有该元件的实例进行更新。

　　三种元件的区别及应用需要注意的问题有以下几点。

- 影片剪辑元件、按钮元件和图形元件最主要的差别在于，影片剪辑元件和按钮元件的实例上都可以加入动作语句，图形元件的实例上则不能；影片剪辑里的关键帧上可以加入动作语句，按钮元件和图形元件则不能。
- 影片剪辑元件和按钮元件中都可以加入声音，图形元件则不能。
- 影片剪辑元件的播放不受场景时间轴长度的制约，它有元件自身独立的时间轴；按钮元件独特的 4 帧时间线并不自动播放，而只是响应鼠标事件；图形元件的播放完全受制于场景时间轴。
- 影片剪辑元件在场景中按 Enter 键测试时看不到实际播放效果，只能在各自的编辑环境中观看效果,而图形元件在场景中即可适时观看,可以实现所见即所得的效果。
- 三种元件在舞台上的实例都可以在【属性】面板中相互改变其行为,也可以相互交换实例。
- 影片剪辑中可以嵌套另一个影片剪辑,图形元件中也可以嵌套另一个图形元件,但是按钮元件中不能嵌套另一个按钮元件;三种元件可以相互嵌套。

在 Flash 中,如果不对元件的实例进行类型设置,其默认的类型就是元件的类型。例如,在【库】面板中有一个名称为"从"的图形元件,将该元件从【库】面板中拖曳到舞台上,这样就创建了一个"从"图形元件的实例,该实例的类型也是"图形"。当然,我们可以通过【属性】面板更改实例的类型,改变实例的类型不影响元件的类型。

(3) 元件类型的修改

如果要修改【库】面板中元件的类型,可以选中该元件,单击【库】面板下面中的【属性】按钮图标,在弹出的【元件属性】对话框中修改元件类型。

4. 实例属性的设置

舞台中的实例会继承元件的一些属性,同时它也具有自身的一些属性。因此用户可以对实例进行单独编辑。例如,通过【属性】面板设置实例的颜色属性。

在舞台中选择一个元件的实例,则【属性】面板中将显示该实例的属性,在【色彩效果】选项的【样式】下拉列表中设置与颜色相关的属性,如图 2-37 所示。

- 亮度:用于设置实例的颜色亮度。值越大,颜色越亮,当值为 100％时,实例的颜色为白色;值越小,颜色越暗,当值为－100％时,实例的颜色为黑色。
- 色调:用于调整实例颜色的色调。选择该项后,将出现关于色调设置的一些参数。
- Alpha:用于调整实例的透明度。值越小,透明度越大;值越大,透明度越小。
- 高级:用于设置实例的综合属性。选择该项后,可以对实例的高度、透明度、颜色进行综合调整,如图 2-38 所示。

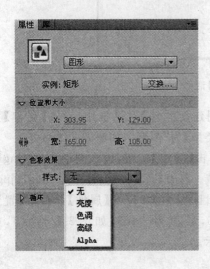

图 2-37 【属性】面板

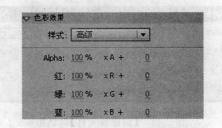

图 2-38 【色彩效果】对话框

2.2.2 任务实现——制作公司网站 Banner 元件

1. 将公司图片制作为图形元件

（1）打开 Flash CS5，新建 Flash 文档，选择【文件】/【保存】命令，文件名为"公司网站Banner"。单击【属性】面板上的【编辑】按钮，或选择【修改】/【文档】命令，打开【文档设置】对话框，设置文档的【宽】为 969 像素，【高】为 206 像素，【帧频】为 12fps，如图 2-39 所示。

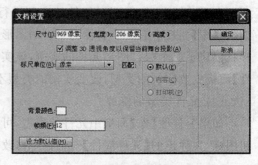

图 2-39 【文档设置】对话框

（2）单击【确定】按钮，进入"场景 1"的编辑区域。选择【文件】/【导入】/【导入到库】命令，打开【导入到库】对话框，选择"查找范围"，找到素材中的"img1.jpg"、"img2.jpg"、"img3.jpg"、"img4.jpg"、"img5.jpg"文件，如图 2-40 所示。单击【打开】按钮。这时，选中的五幅图片就被导入到了【库】面板中。

图 2-40 【导入到库】对话框

（3）选择【插入】/【新建元件】命令，在弹出的【创建新元件】对话框中，设置【名称】为"img1"，【类型】为"图形"，如图 2-41 所示。

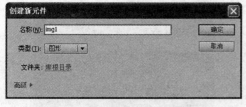

图 2-41 【创建新元件】对话框

（4）单击【确定】按钮，进入图形元件"img1"的编辑区域。打开【库】面板，将图片"img1.jpg"拖入到编辑区域中央（打开【属性】面板，设置 X 值为－485，Y 值为－103，如图 2-42 所示），如图 2-43 所示。

（5）选择【插入】/【新建元件】命令，在弹出的【创建新元件】对话框中，设置【名称】为"img2"，【类型】为"图形"。单击【确定】按钮，进入图形元件"img2"的编辑区域。打开【库】面板，将图片"img2.jpg"拖入到编辑区域中央，如图 2-44 所示。

图 2-42　设置图片属性

图 2-43　编辑图形元件"img1"

图 2-44　编辑图形元件"img2"

用同样的方法编辑图形元件"img3"、"img4"、"img5"，如图 2-45～图 2-47 所示。

图 2-45　编辑图形元件"img3"

图 2-46　编辑图形元件"img4"

图 2-47　编辑图形元件"img5"

2. 制作文字图形元件

（1）选择【插入】/【新建元件】命令，在弹出的【创建新元件】对话框中，设置【名称】为"text1"，【类型】为"图形"，如图 2-48 所示。单击【确定】按钮，进入图形元件"text1"的编辑区域。

（2）选择工具箱中的【文本工具】，在【属性】面板上设置【字体】为"黑体"，【颜色】为"红色"，【大小】为 50，【字符间距】为 10，如图 2-49 所示。在编辑区域中输入文字"开拓进取"。

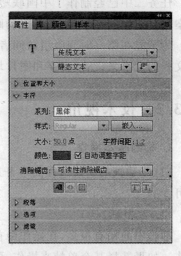

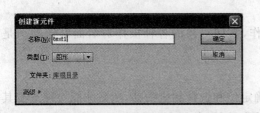

图 2-48 【创建新元件】对话框 　　　　　图 2-49 【属性】面板

（3）选中文字，选择【文本】/【样式】/【仿粗体】命令，如图 2-50 所示。

（4）重复执行步骤（1）～（3），制作图形元件"text2"、"text3"、"text4"，文字分别为"求实创新"、"科学管理"、"精益求精"，【库】面板如图 2-51 所示。

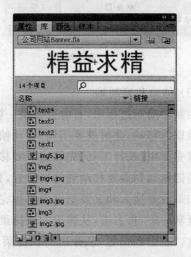

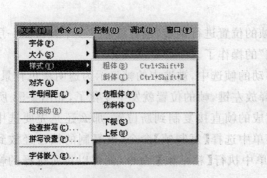

图 2-50 设置【文本】为仿粗体 　　　　　图 2-51 【库】面板

2.3 任务三 编辑公司网站 Banner 场景

2.3.1 任务描述

任务二中已经制作了中国联塑集团控股有限公司网站 Banner 的图形元件,本任务将通过案例介绍帧的基本操作、补间动画和绘图纸的功能,并编辑公司网站 Banner 的场景。

为了能在第一时间吸引访问者的注意,我们采用橙色作为背景色;文字、图片的大小根据文档的大小来设置,文字和图片均采用淡入淡出的动画效果,并且交替出现。

2.3.2 技术视角

1. 帧的基本操作

Flash 动画的实现过程离不开对帧的操作,掌握对帧的各种操作对后面制作动画是必不可少的。

(1) 选择帧

动画中的帧有很多,在操作中首先要准确定位和选择相应的帧,然后才能对帧进行其他操作。如果选择某个单帧来操作,可以直接单击该帧;如果要选择很多连续的帧,无论正在使用的是哪种工具,都可以在要选择的帧的起始位置处单击,然后拖动光标到要选择的帧的终点位置,此时所有被选中的帧都显示为透明灰色的背景,那么下面的操作就是针对这些帧了,如图 2-52 所示。

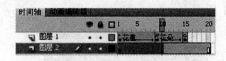

图 2-52 选择帧

图 2-53 移动帧

(2) 移动和复制帧

在制作动画过程中,有时会将某一帧的位置进行调整,也有可能是多个帧甚至一层上的所有帧整体移动,此时就要用到"移动帧"的操作了。

首先使用【选择工具】先将这些要移动的帧选中,被选中的帧显示为透明灰色背景,然后按住左键拖动到需要移动到的新位置,释放左键,帧的位置就发生变化了,如图 2-53 所示。

如果既要插入帧又要把编辑制作完成的帧直接复制到新位置,那么还是先要选中这些需要复制的帧,再右击,从弹出的快捷菜单中选择【复制帧】命令,被复制的帧已经放到了剪贴板上。右击新位置,从弹出的快捷菜单中执行【粘贴帧】命令,就可以将所选择的帧复制到指定位置。

(3) 翻转帧

我们在创作动画时,一般是把动画按顺序从头播放,但有时也会把动画再反过来播放,创造出另外一种效果。这可以利用"翻转帧"命令来实现。它是指将整个动画从后往前播放，即原来的第一帧变成最后一帧，原来的最后一帧变成第一帧，整体调换位置。

"翻转帧"首先选定所有的帧，然后在帧格上右击，从弹出的快捷菜单中选择【翻转帧】命令即可，如图 2-54 所示。

图 2-54　翻转帧

（4）添加帧

制作动画时，根据需要常常要添加帧，比如作为背景的帧，如果只存在一帧，那么从第二帧开始的动画就没有了背景，因此，我们要为作为背景的帧继续添加相同的帧，在要添加的帧处右击，从弹出的快捷菜单中选择"插入帧"命令（或者按 F5 键，也可以选择【插入】/【时间轴】/【帧】命令），这样就可以将该帧持续一定的显示时间了。

除了普通帧，我们可以根据不同的需求创建不同类型的帧，主要有两种：关键帧和空白关键帧。

下面分别介绍这两种帧的创建方法。

① 创建关键帧。系统默认第一帧为空白关键帧。如果要在关键帧后面再建立一个关键帧，在【时间轴】面板所需插入的位置上右击，从弹出的快捷菜单中选择【插入关键帧】命令即可，或者按 F6 键，也可以选择【插入】/【时间轴】/【关键帧】命令。

如果要同时创建多个关键帧，只要用鼠标选择多个帧的单元格，按 F6 键即可，如图2-55所示。

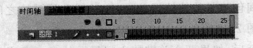

图 2-55　同时插入多个关键帧

② 创建空白关键帧。在【时间轴】面板插入的位置上，选择一个单元格，右击，从弹出的快捷菜单中选择【插入空白关键帧】命令即可，或者按 F7 键，也可以选择【插入】/【时间轴】/【插入空白关键帧】命令来完成。此时所选中的那块单元格以黑线包围，表示此处为空白关

键帧,其中没有显示内容,空白关键帧可以转换为关键帧,只要在空白关键帧中添加内容,这个单元格里就会出现黑色的小圆点,说明空白关键帧已经变成关键帧。

(5)删除帧

当某些帧已经无用了,可将它删除。由于 Flash 中帧的类型不同,所以删除的方法也不同。下面分别进行说明。

如果要删除的是关键帧,可以右击,从弹出的快捷菜单中选择【清除关键帧】命令。选择【插入】/【时间轴】/【清除关键帧】命令也可实现帧的删除。在时间轴上,帧删除前后的变化如图 2-56 所示。

 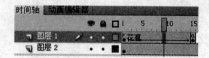

图 2-56　清除关键帧的前后对比

如果要删除的是普通帧或是空白关键帧,将某些要删除的帧选中,右击并从弹出的快捷菜单中选择【删除帧】命令就可以了。

2. 传统补间动画

Flash 中的基本动画以分为三种类型——逐帧动画、传统补间动画和形状补间动画。我们创建的所有动画都是由这三类动画构成的,在制作动画的过程中综合运用这三种基本类型的动画,可以创建出复杂的动画效果。

在这里,只介绍传统补间动画的制作。逐帧动画和形状补间动画将在后面介绍。

所谓传统补间动画,是指只要做好起点关键帧和终点关键帧的对象,Flash 就会自动补上中间的动画过程。Flash 动画中的运动可以分为平动和转动,变化可分为颜色变化和位置变化。

能够创建传统补间动画的对象包括影片剪辑元件、图形元件、按钮、文字及导入的位图、组等,但前提是必须把它们转换为元件的实例。

(1)传统补间动画的创建方法

在 Flash 中,制作传统补间动画时必须满足以下条件。

① 在一个传统补间动画中至少要有两个关键帧。

② 两个关键帧中的对象必须是同一个对象。

③ 两个关键帧中的对象必须有一定的变化,否则制作的动画将没有变化的效果。

在两个关键帧之间创建传统补间动画可以使用右键菜单,方法如下:

选择两个关键帧之间的任意一帧右击,从弹出的快捷菜单中选择【创建传统补间】命令,这样就在两个关键帧之间创建了传统补间动画,这时两个关键帧之间显示一个较长的黑色箭头,背景为淡绿色,如图 2-57 所示。

创建了传统补间动画后,如果两个关键帧之间显示的是一条虚线,背景为淡紫色,则说明无法正确实现动画效果,即动画存在错误,如图 2-58 所示。出现这种情况的原因一般是两个关键帧中的动画对象类型有问题,可能存在图形对象。

另外,如果要删除已经创建的传统补间动画,可以在两个关键帧之间的任意一帧上右击,从弹出的快捷菜单中选择【删除补间】命令,这时就删除了传统补间动画。

图 2-57　创建传统补间动画

（2）传统补间动画的属性设置

创建补间动画后，选择传统补间动画中的任意一帧，则【属性】面板中将显示传统补间动画的相关属性，包括缓动、旋转、贴紧、调整到路径、同步、缩放等参数，如图 2-59 所示。

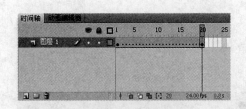

图 2-58　动画存在错误时的状态

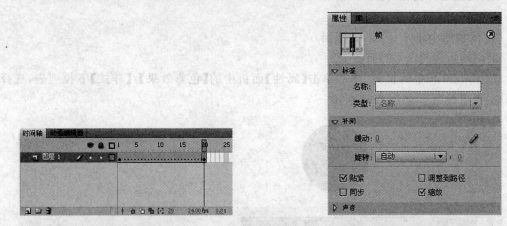

图 2-59　【属性】面板

- 缓动：用于设置动画的加速度，为正值时动画播放的速度由快到慢，参数越大，变速效果越明显；为负值时动画播放的速度由慢到快，参数越小，变速效果越明显；值为 0 时动画的播放速度是匀速的。
- 旋转：用于设置动画对象在运动过程中的自身旋转情况，可以使顺时针旋转、逆时针

101

旋转、自动旋转或不旋转。在其右侧的文本框中可以设置动画对象的旋转次数。

（3）传统补间动画的实现

① 平动动画

平动动画是指在 Flash 中的元件对象只发生位置、大小的变化，而并不发生角度或颜色的变化。下面通过简单的案例来实现这种效果。

• 运动的小球（一）

创建 Flash CS5 文档，选择【插入】/【新建元件】命令，在弹出的【创建新元件】对话框中设置【名称】为“球”，【类型】为“图形”，如图 2-60 所示。

注意：也可以直接在场景中画圆球，创建传统补间动画时 Flash CS5 会自动创建元件。

选择工具箱中的【椭圆工具】，在编辑区域中绘制一个无边框的圆形（中心在“＋”），如图 2-61 所示。

单击【场景 1】按钮，回到场景中。打开【库】面板，将元件“球”拖到场景的左侧，如图 2-62 所示。

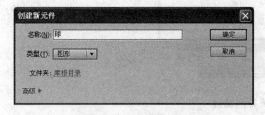

图 2-60　创建新元件　　　　图 2-61　绘制圆形　图 2-62　将元件“球”拖到场景中

在时间轴的第 30 帧处右击，从弹出的快捷菜单中选择【插入关键帧】命令，或者按 F6 键，插入关键帧，并把球移到右侧。在第 1～30 帧之间的任意一帧上右击，从弹出的快捷菜单中选择【创建传统补间】命令，如图 2-63 所示。

按下 Enter 键观看运动效果。

• 运动的小球（二）（淡入、淡出）

前面的步骤同以上的前四步。

选择第 30 帧中的实例“球”，单击【属性】面板中的【色彩效果】/【样式】下拉列表，选择 Alpha，将值设为 0，如图 2-64 所示。

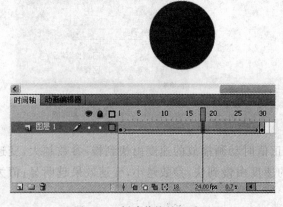

图 2-63　创建传统补间动画　　　　　　图 2-64　设置 Alpha 值

按下 Enter 键观看动画运动效果。

• 运动的小球（三）（缩放）

【属性】面板中的【补间】选项上的【缩放】复选框是指在制作传统补间动画时，如果在终点关键帧上更改了动画对象的大小，那么这个【缩放】选项选择与否就影响动画的效果。如果选择了这个选项，那么就可以将大小变化的动画效果显示出来。就是说，可以看到动画对象从大逐渐变小（或者从小逐渐变大）的效果。如果没有选择这个选项，那么大小变化的动画效果就显示不出来。默认情况下，【缩放】选项自动被选择。

前面的步骤同"运动的小球（一）"中的前 4 步。

在第 15 帧处右击，选择"插入关键帧"命令。使用工具箱中的【任意变形工具】，选择场景中的实例"球"，将其缩小，选中【属性】面板/【补间】/【缩放】复选框。

按下 Enter 键观看动画运动效果。

• 运动的小球（四）（变速）

在【属性】面板上的【缓动】选项右侧的"缓动值"按钮 ⓪ 上按下左键左右拖动，可以设置缓动值；单击【缓动值】按钮，也可以直接在文本框中输入具体的缓动数值，设置好缓动值后，传统补间动画效果会以下面的设置作出相应的变化：

在 −100 ～ −1 的负值之间，动画运动的速度从慢到快，朝运动结束的方向加速补间。

在 1 ～100 的正值之间，动画运动的速度从快到慢，朝运动结束的方向减慢补间。

默认情况下，补间帧之间的变化速率是不变的。

在"缓动"选项右边有一个"编辑"按钮 ✎，单击"编辑"按钮，可以弹出【自定义缓入/缓出】对话框，如图 2-65 所示。利用这个功能，我们可以制作出更加丰富的动画效果。

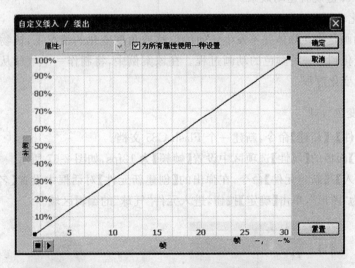

图 2-65　【自定义缓入/缓出】对话框

前面的步骤同"运动的小球（一）"中的相应步骤（球的位置垂直放置）。

选择第 1 帧，在【属性】面板上设置缓动值为 −100。或者设置【自定义缓入/缓出】对话框中曲线形状。

按下 Enter 键观看动画运动效果。

【属性】面板各选项作用如下。

- "调整到路径"选项

将补间对象的基线调整到运动路径,此项功能主要用于引导路径动画。在定义引导路径动画时,选择了这个选项,可以使动画对象根据路径调整身姿,使动画更逼真。

- "同步"选项

选择这个复选框,可以使图形元件实例的动画和主时间轴同步。

- "对齐"选项

可以根据其注册点将补间对象附加到运动路径,此项功能主要也用于引导路径运动。

② 旋转动画

旋转动画指的是运动对象并不发生位置、尺寸上的变化,而只发生角度的变化。

【属性】面板上的【补间】选项区【旋转】下拉列表中包括 4 个选项。选择"无"(默认设置)可禁止元件旋转;选择"自动"可使元件在需要最小运动的方向上旋转对象一次;选择"顺时针"或"逆时针",并在后面输入数字,可使运动对象在运动时顺时针或逆时针旋转相应的圈数。

- 步骤同"运动的小球(一)"中的前三步。

注意:在【库】面板中双击"球"元件,进入"球"元件的编辑区域,选择工具箱中的【文本工具】,在圆形的上方输入字符 qiu,如图 2-66 所示。

- 在第 30 帧处右击,从弹出的快捷菜单中选择【插入关键帧】命令(不改变位置)。创建第 1～30 帧之间的传统补间动画。

- 选择第 1～30 帧之间的任意一帧,在【属性】面板【补间】选项区的【旋转】选项中设置旋转为"顺时针"。

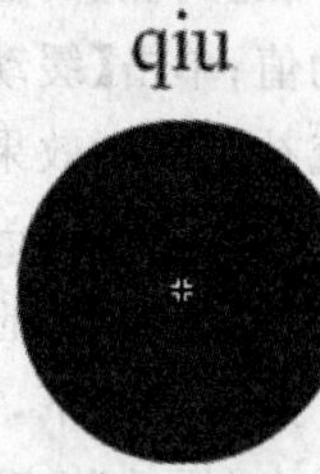

- 按下 Enter 键观看运动效果。

图 2-66 修改元件

③ 颜色变化动画

颜色变化动画是指在物体并不发生任何的位移或角度变化的情况下,该物体的颜色从某一些颜色逐渐变化到另一种颜色的动画过程。在该案例中,将制作一个气球从绿色到金黄色再到褐色的颜色变化过程。

案例 2-3 变色气球

- 选择【文件】/【新建】命令,新建一个 Flash CS5 文档。

- 在【属性】面板的【属性】选项区中设置【帧频】为 12fps,如图 2-67 所示。

- 选择【插入】/【新建元件】命令,在弹出的【创建新元件】对话框中设置【名称】为"气球",【类型】为"图形",单击【确定】按钮,进入元件"气球"的编辑区域。

图 2-67 设置【帧频】

图 2-68 绘制椭圆

- 选择工具箱中的【椭圆工具】,在编辑区域中绘制一个【笔触颜色】为"黑色"、【填充颜色】为"灰色"的椭圆,如图 2-68 所示。
- 选择工具箱中的【文本工具】,在椭圆中输入文字"节日快乐",字体、颜色、大小自定,垂直排列,如图 2-69 所示。
- 选择工具箱中的【铅笔工具】,在工具箱下方设置【铅笔模式】为"平滑",在椭圆的下方绘制曲线,如图 2-70 所示。

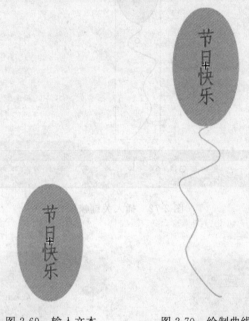

图 2-69　输入文本　　　　　　　图 2-70　绘制曲线

- 按 Ctrl＋A 组合键,将椭圆、文字和曲线全部选中,选择【修改】/【形状】/【将线条转换为填充】命令,如图 2-71 所示。

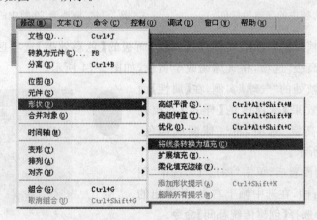

图 2-71　【将线条转换为填充】命令

- 单击【场景 1】按钮,回到场景中,将【库】面板中的"气球"元件拖放到"场景 1"的舞台中央。

105

- 分别在时间轴的第 20 帧处、第 40 帧处按 F6 键，各插入一个关键帧，如图 2-72 所示。
- 选择第 1 帧，单击舞台中的"气球"实例，在【属性】面板的【色彩效果】选项区的【样式】下拉列表中选择"高级"选项，将气球调成绿色，如图 2-73 所示。

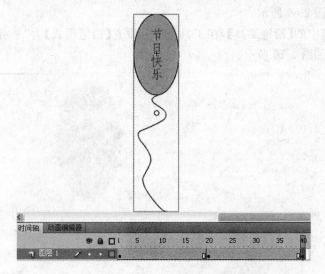

图 2-72　插入关键帧

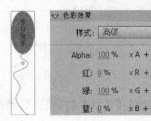

图 2-73　调整第 1 帧中的气球为绿色　　　　图 2-74　调整第 20 帧中的气球为金黄色

- 单击第 20 帧处的"气球"实例，在【属性】面板的【色彩效果】选项区的【样式】下拉列表中选择"高级"选项，将气球调成金黄色，如图 2-74 所示。

- 单击第 20 帧处的"气球"实例，在【属性】面板的【色彩效果】选项区的【样式】下拉列表中选择"高级"选项，将气球调成褐色，如图 2-75 所示。

- 完成颜色的设置后，单击"图层 1"，选中"图层 1"的所有帧，在选中帧上右击，从弹出的快捷菜单中选择【创建传统补间】命令。

图 2-75　调整第 40 帧中的气球为褐色

- 选择【文件】/【保存】命令，保存文件名为"变色气球"，按 Ctrl＋Enter 组合键来测试该动画。可以看到，在舞台中的一个绿色的气球，逐渐地由绿色变成深秋的金黄色，又由金黄色变为褐色。

3. 绘图纸的功能

绘图纸具有帮助定位和编辑动画的辅助功能。通常情况下,Flash 在舞台中一次只能显示动画序列的单个帧。使用绘图纸功能后,就可以在舞台中一次查看两个或多个帧了。

如图 2-76 所示是使用了"绘图纸"功能后的场景,可以看出,当前帧中内容用全彩色显示,其他帧内容以半透明显示,它使图像看起来好像所有帧内容是画在一张半透明的绘图纸上,这些内容相互层叠在一起。当然,这时只能编辑当前帧的内容。

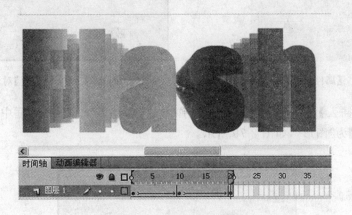

图 2-76　同时显示多帧内容的变化

"绘图纸"各个按钮的功能如下。

- "绘图纸外观"按钮🔲:按下此按钮后,在时间轴的上方出现绘图纸外观标记。拉动外观标记的两端,可以扩大或缩小显示范围。
- "绘图纸外观轮廓"按钮🔲:按下此按钮后,场景中显示各帧内容的轮廓线,填充色消失,特别适合观察对象轮廓,另外可以节省系统资源,加快显示过程。
- "编辑多个帧"按钮🔲:按下此按钮后可以显示全部帧内容,并且可以进行"多帧同时编辑"。
- "修改绘图纸标记"按钮🔲:按下此按钮后,弹出下拉菜单,菜单中有以下选项。

➢ "始终显示标记"选项:会在时间轴标题中显示绘图纸外观标记,无论绘图纸外观是否打开。

➢ "锚记绘图纸"选项:会将绘图纸外观标记锁定在它们在时间轴标题中的当前位置。通常情况下,绘图纸外观范围是和当前帧的指针以及绘图纸外观标记相关的。通过锚定绘图纸外观标记,可以防止它们随当前帧的指针移动。

➢ "绘图纸 2"选项:会在当前帧的两边显示两个帧。

➢ "绘图纸 5"选项:会在当前帧的两边显示五个帧。

➢ "所有绘图纸"选项:会在当前帧的两边显示全部帧。

案例 2-4　缩放文字

(1) 新建一个 Flash CS5 文档,打开【属性】面板,单击【大小】选项右侧的【编辑】按钮,如图 2-77 所示。

（2）此时会弹出【文档设置】对话框，设置【高度】为 200 像素，【帧频】为 12fps，如图 2-78 所示。

图 2-77 【属性】面板

图 2-78 【文档设置】对话框

（3）选择【插入】/【新建元件】命令，在弹出的【创建新元件】对话框中设置【名称】为 "Flash"，【类型】为"图形"，如图 2-79 所示。

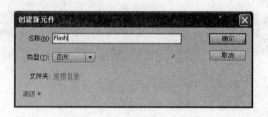

图 2-79 【创建新元件】对话框

（4）单击【确定】按钮，进入"Flash"元件的编辑区域，选择工具箱中的【文字工具】，在 【属性】面板中设置【字体】为 Impact，【大小】为 200，【字符间距】为 10.0，【颜色】为"红色"，输入文字 Flash，如图 2-80 所示。

图 2-80 输入文字

（5）选择【修改】/【分离】命令，将文字"Flash"分离为单个字符，再次单击【修改】/【分离】命令，将每一个字母分离，如图 2-81 所示。

图 2-81 分离文字

(6) 选择工具箱中的【颜料桶工具】,选择【窗口】/【颜色】命令,打开【颜色】面板,设置【颜色类型】为"线性渐变",【颜色】为"彩虹色",在文字上单击,给文字填充颜色,如图 2-82 所示。

图 2-82 填充文字

(7) 单击【场景 1】按钮,回到场景中,把元件"Flash"拖到场景中央,如图 2-83 所示。

图 2-83 将元件"Flash"拖到场景中央

(8) 分别选中时间轴的第 10 帧、第 20 帧,按 F6 键插入关键帧,如图 2-84 所示。

图 2-84 插入关键帧

109

（9）下面就是缩放。选择第 10 帧处的实例"Flash"，选择工具箱中的【任意变形工具】，将实例"Flash"缩小，分别选中第 1 ~ 10 帧、第10~20帧之间的任意一帧，右击，从弹出的快捷菜单中选择【创建传统补间】命令，如图 2-85 所示。

图 2-85　创建传统补间动画

（10）单击【时间轴】面板上的【绘图纸外观】按钮，设置绘图纸范围为第 1~20 帧，可以看到文字的整个缩放过程，如图 2-86 所示。

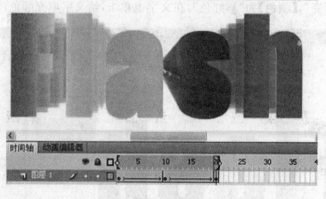

图 2-86　绘图纸效果

（11）添加色彩特效。分别在第 1 帧、第 20 帧处单击场景中的实例"Flash"，然后选择【属性】面板中的【色彩效果】选项区的【样式】中的 Alpha 选项，设置值为 0，如图 2-87 所示。

（12）选择【文件】/【保存】命令，文件名为"缩放文字"，按 Ctrl＋Enter 组合键测试动画。

案例 2-5　闪闪星光

（1）新建 Flash CS5 文档，选择【修改】/【文档】命令，打开【文档设置】对话框，设置【背景】为"黑色"，【帧频】为 12fps，如图 2-88 所示，单击【确定】按钮。

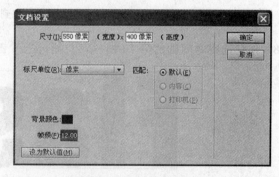

图 2-87　设置 Alpha 值　　　　　　图 2-88　【文档设置】对话框

（2）选择【插入】/【新建元件】命令，创建名称为"星光"的图形元件。将显示比例设置为 200%，选择工具箱中的【椭圆工具】，在【属性】面板上设置【笔触颜色】为"金黄色"，【填充颜色】为"无"，在场景中按住 Shift 键绘制一个圆形，如图 2-89 所示。

（3）选中这个金黄色的光圈，在【颜色】面板上将该颜色的 Alpha 值设为 45%，将"图层

1"重命名为"光圈"(双击图层名称即可修改),如图 2-90 所示。

(4)单击【时间轴】面板上的【新建图层】按钮,在"光圈"图层上方增加一个图层,重命名为"光",选择工具箱中的【矩形工具】,在【颜色】面板上选择【填充颜色类型】为"线性渐变",颜色设置为"黑→蓝→白→蓝→黑"的渐变,在"光"图层中画一个水平的细长矩形(无边框),得到一条光线,如图 2-91 所示。

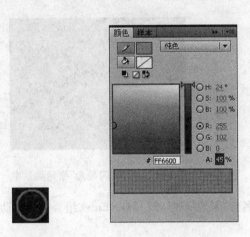

图 2-89 绘制圆形　　图 2-90 【颜色】面板

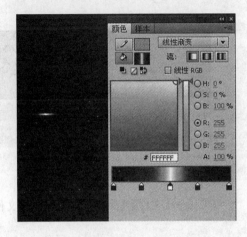

图 2-91 绘制光线

(5)选中这条光线,选择【窗口】/【变形】命令,打开【变形】面板,在【旋转】中输入 45,然后单击几次【重置选区和变形】按钮,即可得到四射的光线,如图 2-92 所示。

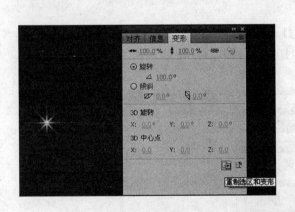

图 2-92 变形

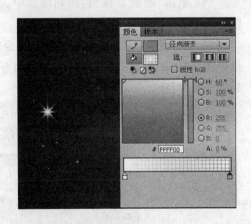

图 2-93 绘制光晕

(6)单击【时间轴】面板上的【新建图层】按钮,在图层"光"上面创建一个新的图层,重命名为"光晕"。选择工具箱中的【椭圆工具】,打开【颜色】面板,设置【填充颜色类型】为"径向渐变",颜色为"白→黄"的渐变,Alpha 值为 0。在"光晕"图层中画一个圆形(无边框)。三个图层重叠即得"星光",如图 2-93 所示。

(7)选择【插入】/【新建元件】命令,在弹出的【创建新元件】对话框中设置【名称】为"闪闪星光",【类型】为"影片剪辑",从库中把元件"星光"拖出,放在第 1 帧。选择工具箱中的【任意变形工具】,调整"星光"的大小。分别在第 15 帧、第 25 帧处按 F6 键插入关键帧。选择第 1 帧中的实例"星光",选择工具箱中的【任意变形工具】,按住 Shift 键将"星光"缩小。选择第 25 帧中的"星光",在【属性】面板的【色彩效果】选项区中的【样式】中设置透明度 Alpha 为 0。分别创建第 1～15 帧、第 15～20 帧的传统补间动画,如图 2-94 所示。

(8) 单击【场景 1】按钮,回到场景中,将影片剪辑元件"闪闪星光"随意拖几个到场景中,如图 2-95 所示。

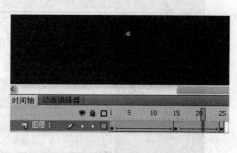

图 2-94　创建传统补间动画

图 2-95　将"闪闪星光"拖到场景中

(9) 选择【文件】/【保存】命令,保存的文件名为"闪闪星光",按 Ctrl＋Enter 组合键测试动画。

2.3.3　任务实现——编辑公司网站 Banner 场景

1. 制作动画效果一

(1) 单击【场景 1】按钮,回到场景中。双击【时间轴】面板左侧的文字"图层 1",输入文字"img1",将该图层重命名为"img1"。

(2) 选择【窗口】主菜单下的【库】命令,打开【库】面板,将图形元件"img1"拖到舞台中,选中实例"img1",选择【窗口】/【属性】命令,打开【属性】面板,设置 X 值为 485,Y 值为 103,如图 2-96 所示。

图 2-96　实例"img1"的属性

（3）右击该图层的第 15 帧，从弹出的快捷菜单中选择【插入关键帧】命令，或按 F6 键，插入关键帧。

（4）单击第 1 帧，再单击舞台上的实例"img1"，在【属性】面板上选择【色彩效果】下【样式】中的 Alpha，将 Alpha 值设为 0，如图 2-97 所示。

图 2-97　设置第 1 帧实例"img1"的属性

（5）右击第 1～15 帧之间的任意一帧，从弹出的快捷菜单中选择【创建传统补间】命令。选择第 35 帧，按 F5 键插入帧。

（6）单击【时间轴】面板左下角的【新建图层】按钮，添加一个图层，双击图层名，重命名为"text1"，选择第 10 帧，按 F7 键插入空白关键帧，如图 2-98 所示。

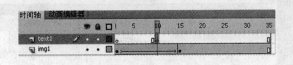

图 2-98　【时间轴】面板

（7）打开【库】面板，将元件"text1"拖到舞台上方，在图层"text1"的第 25 帧处按 F6 键插入关键帧。将实例"text1"拖到舞台的合适位置，如图 2-99 所示。

（8）选择第 10 帧处的实例"text1"，在【属性】面板上选择【色彩效果】下【样式】中的 Alpha，将 Alpha 值设为 0。右击第 10～25 帧之间的任意一帧，从弹出的快捷菜单中选择【创建传统补间】命令，按 Enter 键预览动画，如图 2-100 所示。

2. 制作动画效果二

（1）单击【时间轴】面板左下角的【新建图层】按钮，插入一个新的图层，双击该图层的名称，重命名为"img2"。右击该图层的第 35 帧，从弹出的快捷菜单中选择【插入空白关键帧】命令，或按 F7 键插入空白关键帧。

图 2-99　第 25 帧处文字的位置

图 2-100　创建传统补间动画

（2）打开【库】面板，将元件"img2"拖到场景中，在【属性】面板上选择【位置和大小】，设置 X 值为 485，Y 值为 103。

（3）右击该图层的第 50 帧，从弹出的快捷菜单中选择【插入关键帧】命令，或按 F6 键，插入关键帧。

（4）单击第 35 帧，再单击舞台上的实例"img2"，在【属性】面板上选择【色彩效果】下【样式】中的 Alpha，将 Alpha 值设为 0。

（5）右击第 35～50 帧之间的任意一帧，从弹出的快捷菜单中选择【创建传统补间】命令。选择第 70 帧，按 F5 键插入帧，如图 2-101 所示。

图 2-101　创建传统补间动画

（6）单击【时间轴】面板左下角的【新建图层】按钮，添加一个图层，双击图层名，重命名为"text2"。选择第 45 帧，按 F7 键插入空白关键帧。

（7）打开【库】面板，将元件"text2"拖到舞台下方，在图层"text2"的第 60 帧处按 F6 键插入关键帧。将实例"text2"拖到舞台的合适位置，如图 2-102 所示。

图 2-102　设置第 60 帧处文字的位置

（8）选择第 45 帧处的实例"text2"，在【属性】面板上选择【色彩效果】下【样式】中的 Alpha，将 Alpha 值设为 0。右击第 45～60 帧之间的任意一帧，从弹出的快捷菜单中选择【创建传统补间】命令，按 Enter 键预览动画，如图 2-103 所示。

图 2-103　创建传统补间动画

3. 制作动画效果三

（1）单击【时间轴】面板左下角的【新建图层】按钮，插入一个新的图层，双击该图层的名称，重命名为"img3"。在该图层的第 70 帧处按 F7 键插入空白关键帧。

（2）打开【库】面板，将元件"img3"拖到场景中，在【属性】面板上选择【位置和大小】，设置 X 值为 485，Y 值为 103。

（3）在该图层的第 85 帧处按 F6 键插入关键帧。

（4）单击第 70 帧，再单击舞台上的实例"img3"，在【属性】面板上选择【色彩效果】下【样式】中的 Alpha，将 Alpha 值设为 0。

图 2-104　创建传统补间动画

（5）右击第 70~85 帧之间的任意一帧，从弹出的快捷菜单中选择【创建传统补间】命令。选择第 105 帧，按 F5 键插入帧，如图 2-104 所示。

（6）单击【时间轴】面板左下角的【新建图层】按钮，添加一个图层，双击图层名，重命名为"text3"。选择第 80 帧，按 F7 键插入空白关键帧。

（7）打开【库】面板，将元件"text3"拖到舞台左侧，在图层"text3"的第 95 帧处按 F6 键插入关键帧。将实例"text3"拖到舞台的合适位置，如图 2-105 所示。

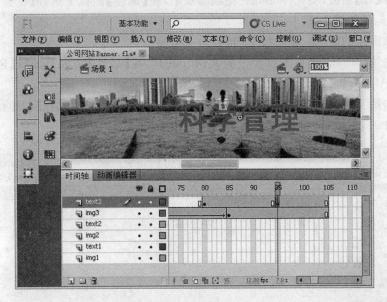

图 2-105　第 95 帧处文字的位置

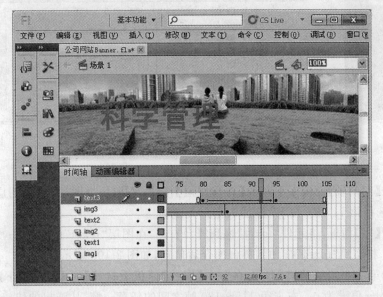

图 2-106　创建传统补间动画

（8）选择第 80 帧处的实例"text3"，在【属性】面板上选择【色彩效果】选项区下【样式】中

117

的 Alpha,将 Alpha 值设为 0。右击第 80～95 帧之间的任意一帧,从弹出的快捷菜单中选择【创建传统补间】命令。按 Enter 键预览动画,如图 2-106 所示。

4. 制作动画效果四

(1) 单击【时间轴】面板左下角的【新建图层】按钮,插入一个新的图层,双击该图层的名称,重命名为"img4"。在该图层的第 105 帧处按 F7 键插入空白关键帧。

(2) 打开【库】面板,将元件"img4"拖到场景中,在【属性】面板上选择【位置和大小】,设置 X 值为 485,Y 值为 180。

(3) 在该图层的第 120 帧处按 F6 键插入关键帧。

(4) 单击第 105 帧,再单击舞台上的实例"img4",在【属性】面板上选择【色彩效果】下【样式】中的 Alpha,将 Alpha 值设为 0。

(5) 右击第 105～120 帧之间的任意一帧,从弹出的快捷菜单中选择【创建传统补间】命令。选择第 155 帧,按 F5 键插入帧,如图 2-107 所示。

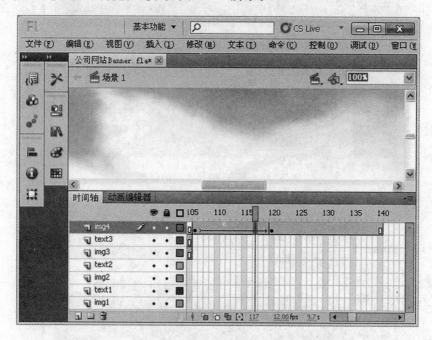

图 2-107　创建传统补间动画

(6) 单击【时间轴】面板左下角的【新建图层】按钮,添加一个图层,双击图层名,重命名为"text4"。选择第 115 帧,按 F7 键插入空白关键帧。

(7) 打开【库】面板,将元件"text4"拖到舞台右侧,在图层"text4"的第 130 帧处按 F6 键插入关键帧。将实例"text4"拖动到舞台的合适位置,如图 2-108 所示。

(8) 选择第 115 帧处的实例"text4",在【属性】面板上选择【色彩效果】下【样式】中的 Alpha,将 Alpha 值设为 0。右击第 115～130 帧之间的任意一帧,从弹出的快捷菜单中选择【创建传统补间】命令。按 Enter 键预览动画,如图 2-109 所示。

(9) 单击【时间轴】面板左下角的【新建图层】按钮,插入一个新的图层,双击该图层的名

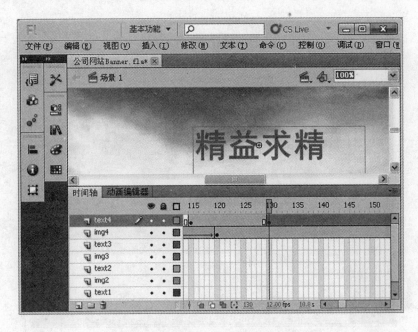

图 2-108 第 130 帧处文字的位置

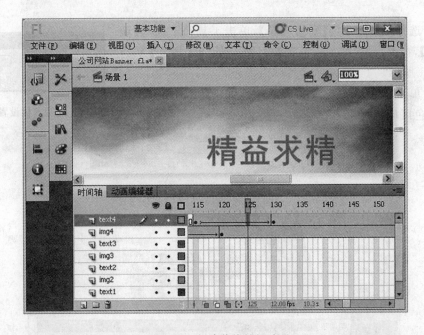

图 2-109 创建传统补间动画

称,重命名为"img5"。在该图层的第 131 帧处按 F7 键插入空白关键帧。

(10) 打开【库】面板,将元件"img5"拖到场景中,在【属性】面板上选择【位置和大小】,设置 X 值为 250,Y 值为 95,【宽】为 320,【高】为 180。

(11) 双击实例"img5",进入元件"img5"的编辑区域。按 Ctrl＋B 组合键将图片打散,如图 2-110 所示。

119

图 2-110　打散图片

（12）选择工具箱中的【套索工具】，单击工具箱下面的【魔术棒设置】，在弹出的【魔术棒设置】对话框中设置【阈值】为 5，如图 2-111 所示。

（13）单击【确定】按钮，单击工具箱下面的【魔术棒】，单击图片的白色区域，如图 2-112 所示。

图 2-111　【魔术棒设置】对话框

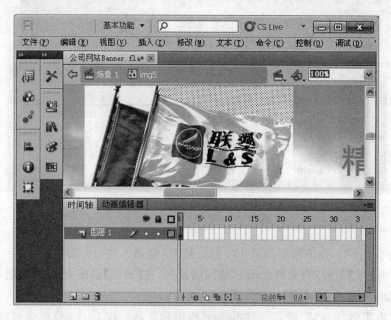

图 2-112　用【魔术棒】选择白色区域

（14）按 Delete 键将选中的白色区域删除，同样的方法将其他白色区域删除，如图2-113所示。

图 2-113 抠图

（15）单击"场景 1"按钮，回到场景中，在该图层的第 145 帧处按 F6 键插入关键帧。

（16）单击第 130 帧，再单击舞台上的实例"img5"，在【属性】面板上选择【色彩效果】下【样式】中的 Alpha，将 Alpha 值设为 0。

（17）右击第 130～145 帧之间的任意一帧，从弹出的快捷菜单中选择【创建传统补间】命令。按 Enter 键预览动画效果，如图 2-114 所示。

图 2-114 创建传统补间动画

121

2.3.4　超越提高——补间动画

Flash 支持两种不同类型的补间以创建动画。补间动画,在 Flash CS4 Professional 中引入,功能强大且易于创建。通过补间动画可对补间的动画进行最大限度的控制。传统补间(包括在早期版本的 Flash 中创建的所有补间)的创建过程更为复杂。补间动画提供了更多的补间控制,而传统补间提供了一些用户可能希望使用的某些特定功能。

案例 2-6　创建补间动画

在以往的 Flash 版本中,要为一个图形添加补间动画,方法是先选择时间轴,编辑关键帧,然后选择【属性】面板添加补间动画,而从 Flash CS4 以后,创建补间动画时,添加补间动画却从【属性】面板中消失了,创建补间动画的方法被转移到了【时间轴】面板上。Flash CS4 以后版本中创建补间动画,只针对于元件进行补间。

(1) 选择工具箱中的【矩形工具】,在舞台中绘制一个矩形,选择工具箱中的【选择工具】,选择矩形并按下 F8 键转换为"图形元件",如图 2-115 所示。

(2) 单击【确定】按钮,在时间轴上 30 帧处按 F5 键,延长帧,如图 2-116 所示。

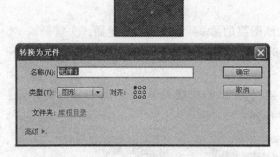

图 2-115　【转换为元件】对话框

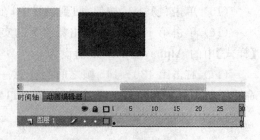

图 2-116　插入帧

(3) 在第 1 ～ 30 帧的任意一帧上右击,从弹出的快捷菜单中选择【创建补间动画】命令,如图 2-117 所示。

(4) 时间轴上的区域变为了淡蓝色,图层的标示也改变了,如图 2-118 所示。

(5) 如果希望在第 10 帧处增加一个关键帧,可以选择在第 10 帧处按 F6 键,插入关键帧,如图 2-119 所示。

(6) 也可以通过直接移动位置的方式增加关键帧,如同样在第 10 帧处,只需将鼠标移动到第 10 帧处,然后移动舞台中的图形,时间轴上就会自动出现一个黑色菱形标识,黑色菱形标识也是 Flash 补间动画中首次出现的标识,如图 2-120 所示。

(7) 舞台中出现了一个绿色的线段,这条线段就是 Flash 补间动画的运动路径,线段上有一些端点,图 2-120 中一共有 10 个端点,就是代表了时间轴上的 10 帧。

(8) 使用工具箱中的【选择工具】,可以对绿色线段进行调整,如弯曲的调整,如图 2-121 所示。

图 2-117 【创建补间动画】菜单命令

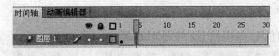

图 2-118 创建补间动画后的时间轴

图 2-119 按 F6 键添加关键帧

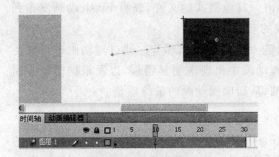

图 2-120 通过直接移动位置的方式增加关键帧

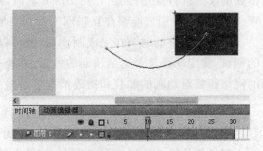

图 2-121 调整线段

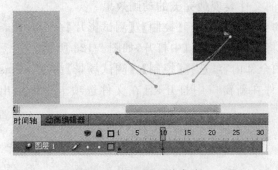

图 2-122 调整弧线角度

（9）使用工具箱中的【部分选取工具】可以对绿色线段进行弧线角度的调整，如调整弯曲角度，只需单击两端的顶点，就会出现控制柄，通过调整控制柄就可以实现在 Flash 中改变运动路径弯曲的设置了，如图 2-122 所示。

（10）按 Enter 键测试动画。

2.4 任务四 测试与发布公司网站 Banner

2.4.1 任务描述

制作完一个动画后，需要进行测试和优化，如果发现问题，回到 Flash 编辑窗口中进行编辑，再进行测试和优化，直到满意为止。最后将动画导出。本项目的任务就是介绍 Flash 动画的测试、优化和导出方法，并将前面设计并制作的中国联塑集团控股有限公司网站 Banner 进行测试、优化和导出。

2.4.2 技术视角

在制作完一个动画作品后，为了确保动画的最终质量，就需要对动画作必要的测试。通过测试动画，并适当调整动画后，就可根据设置的参数发布动画。除此之外，制作者还可根据需要，将动画中的声音或图形等动画要素以指定的文件格式导出，以便将其制作为素材或单独的文件进行应用；还可以将 Flash 动画导出为其他格式的文件，或将 Flash 动画发布到 Web 网站上，使用户能够在互联网上看到完成的动画作品。

当一个完整的动画在完成制作后，就可以进入动画的测试环节。通过对动画进行必要的测试，确定动画是否达到预期的效果，并检查动画中出现的明显错误，以及根据模拟不同的网络带宽对动画的加载和播放情况进行检测，从而确保动画的最终质量。

1. 测试 Flash 动画

Flash CS5 提供了强大的测试功能，因为 Flash 动画一般是在网络上播放，所以文件的大小对动画的播放流畅度影响很大，如果文件太大，浏览者很可能没有耐心等待动画加载完毕。作为优秀的动画设计师，不但要有全面的设计技术、敏锐的艺术感觉、新鲜的创意和创造力，还应掌握用最小的文件表现最完美的动画效果。

要测试一个动画的全部内容，选择【控制】/【测试影片】命令。Flash 将自动导出当前动画中的所有场景，然后将文件在新窗口中打开，如图 2-123 所示。

要测试一个场景的全部内容，选择【控制】/【测试场景】命令。Flash 仅导出当前动画中的当前场景，然后将文件在新窗口中打开，且在文件选项卡中标示出当前测试的场景，如图 2-124所示。

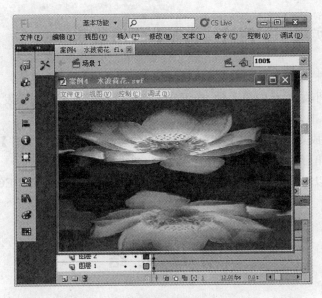

图 2-123　测试动画

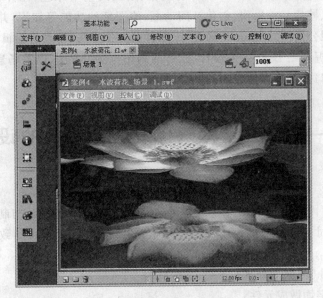

图 2-124　测试场景

2. 导出 Flash 动画

　　将 Flash 动画优化并测试后,就可以利用导出命令将动画导出为其他文件格式。每次导出操作只能生成一种格式的文件,同时导出的设置不被存储起来。导出的文件可以在其他应用程序中编辑和使用。在【文件】/【导出】菜单下有三个导出命令,如图 2-125 所示。

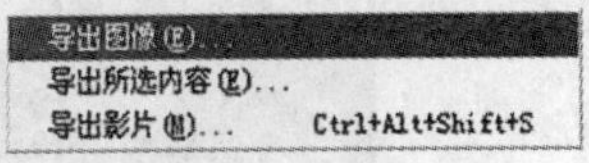

图 2-125　【导出图像】菜单命令

　　(1)"导出图像"命令用于导出静态图;

　　(2)"导出所选内容"命令用于将所选内容导出;

　　(3)"导出影片"命令用于导出动态作品或动画序列图像。

2.4.3 任务实现——测试与发布公司网站 Banner

(1) 单击工具栏中的"保存"按钮,将文件保存。

(2) 单击【时间轴】面板的第 1 帧,按 Enter 键预览动画效果。如果发现错误,接着在出现错误的帧位置单击,在编辑区域中进行修改。

(3) 如果测试成功,按 Ctrl+Enter 组合键测试动画,或者选择【文件】/【导出】/【导出影片】命令,弹出【导出影片】对话框,选择保存位置,单击【保存】按钮。

如果需要,可以将公司网站 Banner 发布为 Flash、HTML、GIF、JPEG 和 PNG 等多种格式的文件。

项 目 总 结

本项目通过案例介绍了网页 Banner 的规格、动画的基本原理、元件、元件类型、库、实例、实例属性设置、帧的基本操作、创建补间动画、绘图纸的功能等知识,并逐步完成了中国联塑集团控股有限公司网站 Banner 的设计、元件的制作方法、场景的编辑、测试与发布。在本项目中,重点掌握网站 Banner 的设计、元件的制作与使用方法,以及场景的编辑方法。编辑场景时要边编辑边测试,以便发现问题及时解决。

拓展训练——广西隆林网网站 Banner 的设计与制作

1. 任务要求

请根据本项目内容,在 Flash 中完成橙果包装网站 Banner 的设计与制作。

客户要求:尺寸为 980 像素×150 像素,风格独特,镜头流畅,画面精致,富有动感。

技术要求:

(1) 图片用 Photoshop 处理;

(2) 图片、文字均做成元件;

(3) 利用传统补间动画原理来制作。

2. 参考效果如图 2-126 所示。

图 2-126　参考效果图

3. 源文件见素材。

项目三　手机多媒体演示动画设计与制作

项目描述

多媒体技术越来越多地应用于日常生活的各个领域,如某公司新推出一款手机,为了培训销售员工和代理商,为了向客户展示手机的功能和突出优点,需要制作一个手机多媒体演示动画。本项目包括以下几个任务。

(1) 认识与策划手机多媒体演示动画。

(2) 利用 Flash 软件制作手机多媒体演示动画元件。

(3) 利用 Flash 软件编辑手机多媒体演示动画场景。

(4) 测试与发布手机多媒体演示动画。

项目目标

1. 技能目标

(1) 能策划手机多媒体演示动画。

(2) 能制作形状补间动画。

(3) 能添加按钮并编写简单的 ActionScript 代码。

(4) 能制作引导层动画。

(5) 能制作遮罩动画。

(6) 能添加声音和视频。

(7) 能设定镜头和镜头切换效果。

(8) 能制作手机多媒体演示动画元件并编辑场景。

(9) 能在动画中添加 Loading。

2. 知识目标

(1) 了解手机多媒体演示动画的要求和特点。

(2) 掌握形状补间动画的制作原理和技巧。

(3) 掌握引导层动画的制作原理和技巧。

(4) 掌握遮罩动画的制作原理和技巧。

(5) 掌握添加声音和视频的方法。

(6) 掌握镜头的设定方法和镜头的切换方法。

(7) 掌握 ActionScript 的特点和编写方法。

(8) 掌握时间轴控制函数、on()事件处理函数和按钮事件的使用方法。

(9) 掌握 Loading 的制作方法。

通过设计并制作手机多媒体演示动画,使读者掌握 Flash 基本动画的制作原理和技巧,掌握元件的制作和场景的编辑,能利用 Flash 基本动画原理、特效、声音、ActionScript 代码等制作产品的多媒体演示动画。

3.1 任务一 认识与策划手机多媒体演示动画

3.1.1 任务描述

产品演示动画就是把产品的结构、特点、功能、工作原理通过动画形式呈现出来,使人们直观、翔实、全方位地了解新产品的功能及特色。这种栩栩如生的产品表现形式使客户感到新奇、有好感与值得信赖。销售人员如何运用具有说服力的证据来证明产品的优势呢? 成功的产品演示是最有效的工具之一。本任务将策划手机多媒体演示动画。

3.1.2 技术视角

产品多媒体演示动画之所以广泛采用 Flash 技术来制作,其自身最大的优点就是:

(1) 可动态展示:利用数字技术制作和表示。

(2) 多媒体性:集声音、视频、文字、图片、动画于一体。

(3) 交互性:用户可以进行交互操作。通过让潜在客户直接参与,可以抓住客户的注意力,减少客户购买意向的不确定性和抵触情绪。

(4) 可更改性:当产品的性能或其他方面有改进的时候,可以随时更改、更新。

客户通过产品多媒体演示可以全面了解产品的功能和突出优点。销售人员只需要一个小小的电子文件就可以让客户迅速了解产品,从而避免了口头介绍不全面和重点不突出的弊端,还可以给客户留下这个多媒体演示文件,让客户有充分的时间了解产品和功能,让客户买得放心、用得舒心。还可以在商场里不停地播放自己产品的多媒体演示动画,达到吸引客户的目光。所以制作产品多媒体演示动画是非常有必要的。

在制作产品演示动画时,产品演示动画中文字颜色的设置,要与其背景形成对比,配图、衬底的加入应保证文字不受影响。在一些介绍产品特点的画面中要配以文字,并设置停顿,方便演示人员讲解。

3.1.3 任务实现——策划手机多媒体演示动画

制作手机多媒体演示动画,就是要将手机的造型、功能和突出优点详细、殷实、动态地展示出来。本项目制作的手机多媒体演示动画将包括以下几部分。

(1) 手机多媒体演示动画片头。随着音乐的响起,在某种动画背景的衬托下,出现各种手机特效,比如手机轮廓渐隐渐显,光照从手机上方到手机下方,手机发光等。

（2）手机五大功能介绍。利用五个镜头分别介绍手机的五大功能，各大功能的镜头均包括手机图片和文字说明，手机图片从不同角度出现，接着出现各种动态效果的文字说明，各个镜头之间通过按钮进行转换。

（3）手机多媒体演示动画片尾。手机五大功能的图片交替出现，然后出现手机的正面图片并伴随发光效果，最后出现该手机的广告语。

3.2　任务二　制作手机多媒体演示动画元件

3.2.1　任务描述

前面已经策划好了手机多媒体演示动画，在编辑场景之前，需要先制作元件，本任务就是制作手机多媒体演示动画的图形元件和影片剪辑元件，包括背景、线条、手机图片、形状、文字、星星等元件。

3.2.2　技术视角

1. 形状补间动画

形状补间动画是 Flash 动画中比较特殊的一种过程动画，形状补间动画可以在两个关键帧之间制作出变形的效果，让一种形状随时间变化成另外一种形状，还可以对形状的位置、大小和颜色进行渐变。

形状补间动画的对象只能是矢量图形对象。群组对象、文字、元件和位图图像均不能够作为形状补间动画的对象（除非把它们打散成矢量图形，打散的方法是选中对象后，选择【修改】/【分离】命令或使用 Ctrl＋B 组合键）。

形状补间动画有两种形式，一种是不可控的（也叫简单变形），而另外一种则是可控的（通过添加控制点来实现，也叫控制变形）。

下面介绍简单变形动画的制作原理和方法，可控动画在项目四中介绍。

产生形状补间动画有以下几个条件。

① 至少要有两个关键帧；

② 在这两个关键帧中包含必要的形状图形对象；

③ 设定形状渐变的动画方式。Flash 就会自动补上中间的形状渐变过程。

简单变形动画需要设置一个起始图像和终止图像，中间连接的画面由 Flash 自动生成。

（1）图形的变化——圆形变正方形

① 新建一个 Flash CS5 文档，打开【属性】面板，设置文档高度为 200 像素，其他属性用默认值。

② 选择工具箱中的【椭圆工具】，在舞台左侧绘制一个圆形，如图 3-1 所示。

③ 单击第 30 帧，按 F7 键插入空白关键帧，选择工具箱中的【矩形工具】，在舞台上绘制

一个矩形，如图 3-2 所示。

图 3-1　绘制圆形

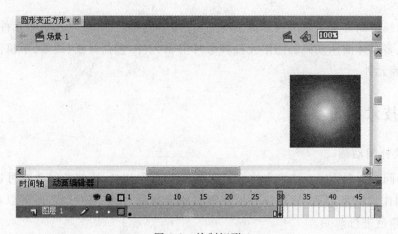

图 3-2　绘制矩形

④ 在第 1～30 帧之间的任意一帧上右击，从弹出的快捷菜单中选择【创建补间形状】命令，如图 3-3 所示，这时第 1～30 帧之间出现了带有箭头的连线，中间出现了淡绿色的底色，代表两帧之间创建了补间形状动画。

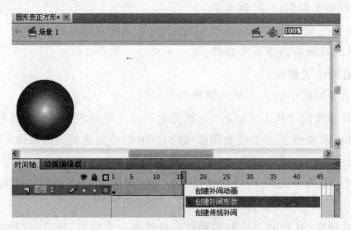

图 3-3　【创建补间形状】命令

⑤ 按 Enter 键即可看到变形效果。

注意：如果想让动画播放得慢点，可以把最后一帧往后拖。同样，如果让动画播放得快点，可以把最后一帧往前拖。

⑥ 预览时，我们会发现"圆形"和"矩形"停留的时间很短，如果想让用户清楚地看到"圆形"和"矩形"，可以执行如下操作：单击第 10 帧，按 F6 键插入关键帧；单击第 40 帧，按 F5 键延迟帧。在第 1～10 帧之间的任意一帧上右击，从弹出的快捷菜单中选择【删除补间】命令，如图 3-4 所示。

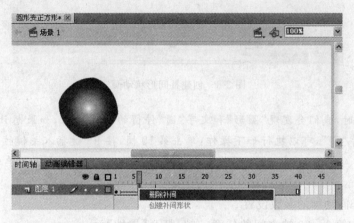

图 3-4 【删除补间】命令

(2) 文字与图形的变化——圆形变"圆"字

① 新建一个 Flash CS5 文档，打开【属性】面板，设置文档高度为 200 像素，其他属性默认。

② 选择工具箱中的【椭圆工具】，在舞台左侧绘制一个圆形。

③ 单击第 30 帧，按 F7 键插入空白关键帧。选择工具箱中的【文本工具】，在舞台右侧输入文字"圆"，自定义其属性。选中文字，选择【修改】/【分离】命令，将文字打散，如图 3-5 所示。

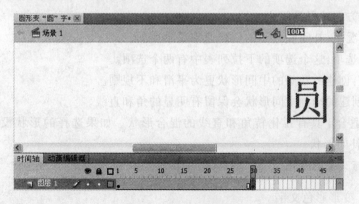

图 3-5 将文字打散

注意：文字字体最好用宋体，不加粗，否则会出现结块或丢失笔画的现象。如果实在需要加粗，可以将文字打散后再修改，选择【修改】/【形状】/【扩展填充】命令，这样字体就会变粗。

④ 在第 1～30 帧之间的任意一帧上右击，从弹出的快捷菜单中选择【创建补间形状】命令。

131

⑤ 按 Enter 键即可预览变形效果,如图 3-6 所示。

图 3-6 创建补间形状动画

注意:预览时,我们会发现"圆形"和文字"圆"停留的时间很短,如果想让用户清楚地看到"圆形"和文字"圆",可以执行如下操作:单击第 10 帧,按 F6 键插入关键帧;单击第 40 帧,按 F5 键延迟帧。在第 1~10 帧之间的任意一帧上右击,从弹出的快捷菜单中选择【删除补间】命令。

(3) 形状补间动画的参数设置

选择上例中第 1~30 帧之间的任意一帧,打开【属性】面板,如图 3-7 所示。

①【缓动】选项:将鼠标放到【缓动】右侧的数值上,鼠标呈现双向箭头状,按住鼠标左键拖动,可以改变属性值。设置完后,补间形状效果会以下面的设置作出相应的变化。

图 3-7 【属性】面板

- 在 -100~-1 的负值之间,动画的速度从慢到快,朝动画结束的方向加速补间。
- 在 1~100 的正值之间,动画的速度从快到慢,朝动画结束的方向减慢补间。
- 默认情况下,补间帧之间的变化速率是不变的。

②【混合】选项:这个选项的下拉列表中有两个选项。

- 分布式:创建的动画的中间形状更为平滑和不规则。
- 角形:创建的动画中间形状会保留有明显的角和直线。

"角形"只适合于具有锐化转角和直线的混合形状。如果选择的形状没有角,Flash 会还原到分布式补间形状。

(4) 文字与文字的变化

案例 3-1 变形彩色文字

(源文件见"项目三\案例\案例 3-1 变形彩色文字. fla")

① 新建一个 Flash CS5 文档,保存为"变形彩色文字. fla"。选择【修改】/【文档】命令,设置文档大小为 400 像素×300 像素。修改喜欢的背景色,如图 3-8 所示。一个好的背景色对于制作美观的网页或动画是很重要的。如果要想动画看起来更平滑,可以把帧频的值设

得大一些。

② 选择【视图】/【网格】/【显示网格】命令,其中有两个命令:可以在编辑网格中修改网格的属性,如颜色、大小等,在紧贴精确度下拉列表框中调节捕捉方式的参数。在绘图时,会出现用来表示捕捉的小圆圈,可以根据这个小圆圈在网格上的锁定情况来区分不同的锁定方式。网格设置如图 3-9 所示。

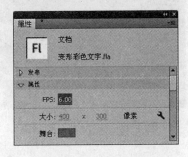

图 3-8　设置文档【属性】

图 3-9　设置【网格】属性

③ 选择工具箱中的【文本工具】,在工作区中拖出一个文字输入框。输入字符"Flash",在【属性】面板上设置【颜色】为"蔚蓝",【字体】为 Arial Black,【大小】为 120,字间距不变,如图 3-10 所示。

④ 现在的文字还不能制作动画,因为它还处于文字状态。需要先把它打散,即转换为图形。选择文字,文字框就会出现。选择【修改】/【分离】命令两次,即可打散文字,文字框消失,文字处于选中状态。第一次是将多个字母连成的文字对象打散为一个一个字母的单个对象,第二次将单一的字母对象打散为图形,如图 3-11 所示。

图 3-10　设置文本【属性】

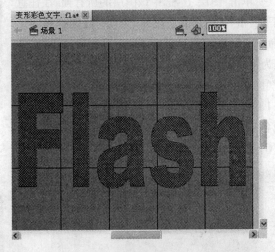

图 3-11　打散文字

⑤ 将文字打散之后用油漆桶给每个字符填充不同的颜色,如图 3-12 所示。

⑥ 单击第 10 帧,按 F6 键插入关键帧。用同样的方法,在第 20、30、40、50、60 帧处插入关键帧。

⑦ 选择第 10 帧,利用工具箱中的【选择工具】框选字母"lash",按 Delete 键将其删除,如图 3-13 所示。

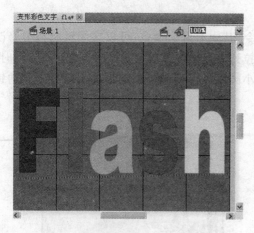

图 3-12　填充文字

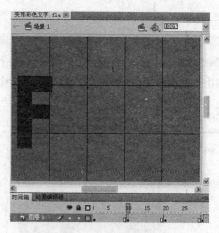

图 3-13　第 10 帧处的字符

⑧ 在第 1～10 帧之间的任意一帧上右击,从弹出的快捷菜单中选择【创建补间形状】命令。单击【时间轴】面板上的【绘图纸外观】按钮,设置起始位置为第 1 帧,结束位置为第 10 帧,可以看到相邻关键帧里的图形同时显示出来,可以判断动画的变化过程,如图 3-14 所示。

⑨ 依次在第 20、30、40、50 帧中保留字符"l"、"a"、"s"、"h",将其他字符删除,最后一帧不变,以便动画到最后还能回来。

⑩ 单击"图层 1",选中该图层的所有帧,在任意一帧上右击,从弹出的快捷菜单中选择【创建补间形状】命令。设置【绘图纸功能】的起始帧为第 1 帧,结束帧为第 60 帧,如图 3-15 所示。

⑪ 选中第 11～60 帧,向后拖动 3 帧,删除第 11～13 帧之间的动画。用同样的方法依次修改其他各变化过程结束时的延迟。如图 3-16 所示,按 Ctrl+Enter 组合键测试动画。

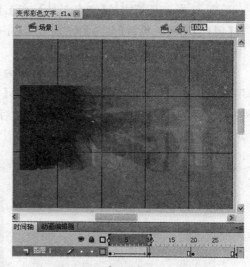

图 3-14　创建补间形状

图 3-15　创建补间形状动画

图 3-16　延迟帧

2. ActionScript 动作脚本简介

前面已经介绍了传统补间动画和形状补间动画的基本制作方法,动画打开后会自动、重复播放,那么如何能实现动画的交互控制呢?下面通过一个案例来介绍。

案例 3-2 控制动画播放的简单案例

(1)制作基本动画

① 打开 Flash CS5 软件并建立一个"Flash 文件(ActionScript 2.0)"新文档,场景设置为默认值。将"图层 1"重命名为"背景",在"背景"图层的第 1 帧绘制如图 3-17所示的背景图。

注意:选择【椭圆工具】,设置【起始角度】为 0°,【结束角度】为 180°,【内径】为 50,画出下半部分。上半部分通过复制、粘贴、垂直旋转得到。或者选择【椭圆工具】,设置【内径】为 50,画出图形后,选中下半部分并下移。

② 单击【时间轴】面板的【新建图层】按钮,新建

图 3-17 参考背景图

"图层 2",将该图层重命名为"动画"。单击第 1 帧,选择【文本工具】,属性中选用"静态文本",【字号】为 35,【字体】和【颜色】自定义,输入文字"欢迎光临心雅工作室",将其置于舞台左侧并转换为图形元件,名称使用默认值。在第 15 帧处插入关键帧,将文本水平移动到舞台中间,在第 30 帧处插入关键帧,将文本适当放大。选中图层"动画",在任意一帧上右击,从弹出的快捷菜单中选择【创建传统补间】命令。

这样我们就制作出了一个文字首先由舞台左边飞入,然后由小变大的动画效果。该动画图层结构如图 3-18 所示。

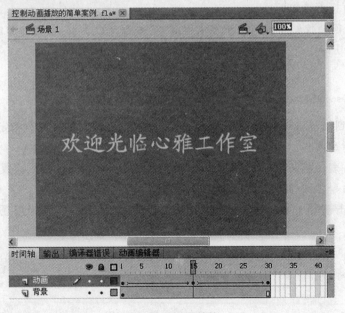

图 3-18 图层结构

接下来,我们要在这个动画基础上进行操作。

(2) 定义第 1 帧的停止动作

① 单击【时间轴】面板的【新建图层】按钮,新建"图层 3",并将该图层重命名为 AS。选择 "AS"图层的第 1 帧,按 F9 键打开【动作】面板,在其中左边的"动作工具箱"中,单击"全局函数",展开以后,再单击"时间轴控制",这时可以看到"时间轴控制"类别下的函数都显示出来了。

② 双击"时间轴控制"类别下的"stop"函数,在【动作】面板右边的"脚本输入区"出现一个程序行,如图 3-19 所示。

③ 完成以上操作以后,"AS"图层的第一帧发生了变化,上面显示一个"a"标志,如图 3-20 所示。

图 3-19 双击 stop 函数

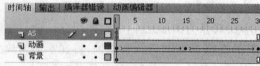

图 3-20 帧动作标志

④ 按 Enter 键测试动画。由于在第 1 帧定义了一个 stop 函数,所以动画停在第 1 帧,后面的动画没有接着播放。

注意:在时间轴控制下拉列表中可以看到,一共有 9 个函数,它们的功能介绍如下。

① gotoAndPlay

一般形式:

gotoAndPlay(scene,frame);

作用:跳转到指定场景的指定帧,并从该帧开始播放动画,如果没有指定场景,则将跳转到当前场景的指定帧。

参数:scene 表示跳转至场景的名称;frame 表示跳转至帧的名称或帧数。

有了这个命令,可以随心所欲地播放不同场景、不同帧的动画。

例如,当单击被附加了 gotoAndPlay 动作的按钮时,动画跳转到当前场景第 16 帧并且开始播放:

```
on(release){
    gotoAndPlay(16);
}
```

例如,当单击被附加了 gotoAndPlay 动作的按钮时,动画跳转到场景 2 第 1 帧并且开始播放:

```
on(release){
    gotoAndPlay("场景2",1);
}
```

② gotoAndstop

一般形式：

```
gotoAndstop(scene,frame);
```

作用：跳转到指定场景的指定帧并从该帧停止播放动画。如果没有指定场景，则将跳转到当前场景的指定帧。

参数：scene 表示跳转至场景的名称；frame 表示跳转至帧的名称或数字。

③ nextFrame()

作用：跳至下一帧并停止播放。

例如，单击按钮后跳到下一帧并停止播放的代码如下：

```
on(release){
    nextFrame();
}
```

④ prevFrame()

作用：跳至前一帧并停止播放动画。

例如，单击按钮后跳到前一帧并停止播放的代码如下：

```
on(release){
    prveFrame();
}
```

⑤ nextScene()

作用：跳至下一场景并停止播放动画。

⑥ prevScene()

作用：跳至前一场景并停止播放动画。

⑦ play()

作用：可以指定动画继续进行播放。

⑧ stop()

作用：停止当前播放的动画，该动作最常见的应用是使用按钮控制动画剪辑。

例如，如果需要某个动画剪辑在播放完毕后停止而不是循环播放，则可以在动画剪辑的最后一帧附加 stop(停止播放动画)动作。这样，当动画剪辑中的动画播放到最后一帧时，播放将立即停止。

⑨ stopAllSounds()

将在项目四中介绍。

下面通过一个按钮来控制动画开始播放。

(3) 通过按钮让动画开始播放

① 在"AS"图层上新建一个"按钮"图层。选择"按钮"图层第 1 帧，选择【窗口】/【公用

库】/【按钮】命令，打开【库】面板中的 buttons 组，从中选择一个喜欢的按钮元件，或者自己制作一个个性化的播放按钮元件，将其拖放到舞台的合适位置。

②双击按钮，进入按钮的编辑区域，修改文本为"play"，如图 3-21 所示。

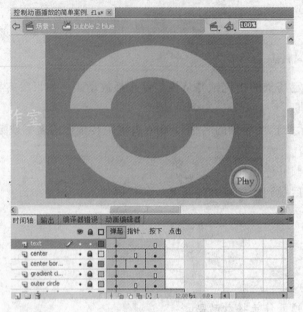

图 3-21　修改文本

③单击【场景 1】按钮，回到场景中。单击按钮实例，按 F9 键打开【动作】面板。在"动作工具箱"中展开"全局函数"/"影片剪辑控制"类别，双击该类别下的"on"函数，这样，"脚本窗口"中就自动出现相应的 on 程序代码，并且屏幕上同时还弹出了关于 on 函数的参数设置下拉列表框，如图 3-22 所示。

图 3-22　定义 on 函数

双击参数设置下拉列表框中的"press"，接着将光标移动到大括弧"{"的右边，然后再切换到"动作工具箱",展开"全局函数"中的"时间轴控制"类别,双击这个类别下面的"play"函数,这时在"脚本窗口"中会出现一个新的程序代码,如图 3-23 所示。

图 3-23　完成的程序代码

至此,"播放"按钮的程序代码就定义好了。测试影片,然后单击按钮,会发现动画开始播放了。

(4) 让动画从第 15 帧跳转播放

下面实现动画播放到结尾再跳转到第 15 帧循环播放的动画效果。选择"AS"图层的第 30 帧(动画的最后一帧),按 F7 键插入一个空白关键帧,在【动作】面板中双击"时间轴控制"类别下的"gotoAndPlay"函数,这样,在"脚本窗口"中出现 gotoAndPlay 函数程序代码,在小括弧中输入"15"即可,如图 3-24 所示。

图 3-24　添加代码

至此,就在"AS"图层的第 30 帧定义了以下程序代码:

```
gotoAndPlay(15);
```

这个程序代码的功能是,当动画播放到结尾时,自动跳转到第 15 帧继续播放。这样就形成一个从第 15～30 帧循环播放的动画效果。按 Ctrl＋Enter 组合键测试动画。

（5）按钮控制动画跳转到第 1 帧

前面实现了一个从第 15～30 帧循环播放的动画效果,怎么停止这个循环呢? 选择"按钮"图层,在第 2 帧处按 F7 键插入空白关键帧。选择【窗口】/【公用库】/【按钮】命令,打开【库—buttons】面板,从中选择一个喜欢的按钮元件,或者自己制作一个个性化的停止按钮元件,将其拖放到舞台与播放按钮相同的位置,并修改该按钮的文本为"stop"。保持这个按钮实例处在选中状态,在【动作】面板中,定义这个按钮实例的程序代码是:

```
on (press){
    gotoAndStop(1);
}
```

这段程序代码的定义方法和步骤（3）类似,这里不再赘述。

这段程序代码的功能是,当单击"停止"按钮时,跳转到影片的第 1 帧并停止播放动画。

（6）测试动画

3.2.3 任务实现——制作手机多媒体演示动画元件

1. 制作图形元件

（1）新建一个 Flash CS5 文档。选择【修改】/【文档】命令,打开【文档设置】对话框,设置文档【宽度】为 600 像素,【高度】为 450 像素,【背景颜色】为灰色（＃666666）,【帧频】为 24fps,完成后单击【确定】按钮,如图 3-25 所示。

（2）选择【插入】/【新建元件】命令,打开【创建新元件】对话框,设置【名称】为"背景",【类型】为"图形",如图 3-26 所示。单击【确定】按钮。

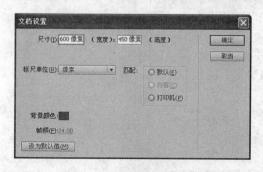

图 3-25 【文档设置】对话框

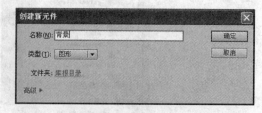

图 3-26 【创建新元件】对话框

（3）选择工具箱中的【矩形工具】,在工作区中绘制一个无边框、填充颜色随意的矩形,在【属性】面板上设置矩形【宽度】为 600 像素,【高度】为 450 像素。打开【颜色】面板,设置【颜色类型】为"线性渐变",在中间添加一个调色块,将调色块设置为绿色＃225F20、蓝色

＃227280、绿色＃00511E 的渐变,如图 3-27 所示。

（4）选择工具箱中的【颜料桶工具】,填充矩形。打开【对齐】面板,选中【与舞台对齐】复选框,单击【垂直居中分布】按钮和【水平居中分布】按钮,如图 3-28 所示。选择【渐变变形工具】,调整填充颜色的方向和范围,如图 3-29 所示。

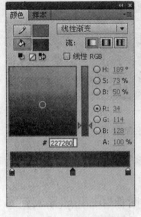

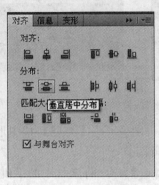

图 3-27　【颜色】面板　　　　图 3-28　【对齐】面板　　　　图 3-29　填充矩形

（5）选择【插入】/【新建元件】命令,打开【创建新元件】对话框,设置【名称】为"手机",【类型】为"图形",如图 3-30 所示。完成后单击【确定】按钮进入元件编辑区。

（6）选择【文件】/【导入】/【导入到舞台】命令,将素材中的手机图像"zm.psd"导入到元件编辑区中,如图 3-31 所示。

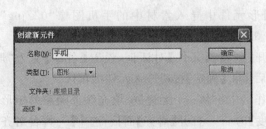

图 3-30　【创建新元件】对话框　　　　　　图 3-31　导入手机图片

（7）选择【插入】/【新建元件】命令,打开【创建新元件】对话框,设置【名称】为"线条",

【类型】为"图形",如图3-32所示。完成后单击【确定】按钮进入元件编辑区。

（8）选择工具箱中的【线条工具】,在编辑区中绘制一条宽度为80的白色直线。打开【对齐】面板,选中【与舞台对齐】复选框,再单击【垂直居中分布】按钮和【水平居中分布】按钮,如图3-33所示。

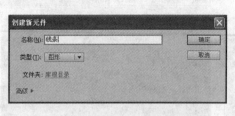

图3-32 【创建新元件】"线条"　　　　　　　　图3-33 绘制线条

（9）用同样的方法创建【名称】为"手机图像01"、【类型】为"图形"的元件,如图3-34所示。完成后单击【确定】按钮进入元件编辑区。

（10）选择【文件】/【导入】/【导入到舞台】命令,将素材中的手机图像"01.jpg"导入到元件编辑区中,打开【对齐】面板,选中【与舞台对齐】复选框,单击【垂直居中分布】按钮和【水平居中分布】按钮,如图3-35所示。

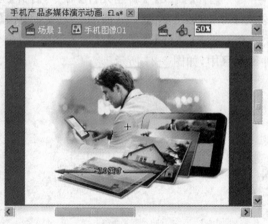

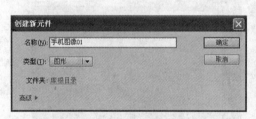

图3-34 【创建新元件】"手机图像01"　　　　　图3-35 导入手机图像01.jpg

（11）重复操作步骤（9）、（10）,分别新建"手机图像02"、"手机图像03"、"手机图像04"和"手机图像05"图形元件,分别在各个图形元件中导入素材中的手机图像"02.jpg"、"03.jpg"、"04.jpg"、"05.jpg",如图3-36～图3-39所示。

（12）选择【插入】/【新建元件】命令,打开【创建新元件】对话框,设置【名称】文为"形状",【类型】为"图形",如图3-40所示。完成后单击【确定】按钮进入元件编辑区。

（13）选择工具箱中的【矩形工具】,在工作区中绘制一个无边框、填充颜色随意的矩形。在【属性】面板上设置矩形【宽度】为120,【高度】为95。打开【对齐】面板,选中【与舞台对齐】复选框,单击【垂直居中分布】按钮和【水平居中分布】按钮。打开【颜色】面板,将【颜色类型】设置为"线性渐变",在中间添加一个调色块。调色块为Alpha值为0的白色,然后使用【颜色桶工具】填充矩形,使用【渐变变形工具】将填充顺时针旋转90°,如图3-41所示。

图 3-36　导入手机图像 02.jpg

图 3-37　导入手机图像 03.jpg

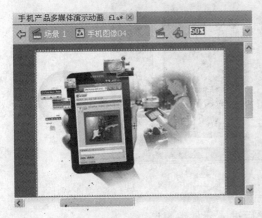

图 3-38　导入手机图像 04.jpg

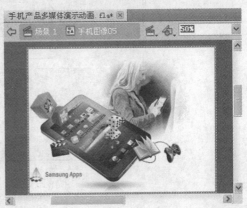

图 3-39　导入手机图像 05.jpg

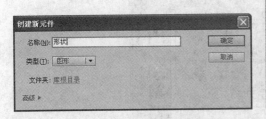

图 3-40　【创建新元件】"形状"

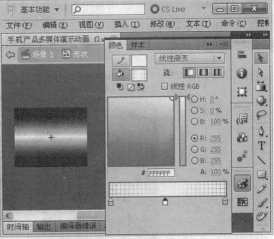

图 3-41　绘制矩形并填充

（14）创建【名称】为"文字"的图形元件，如图 3-42 所示。完成后单击【确定】按钮进入元件编辑区。

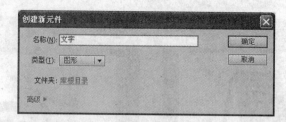

图 3-42 【创建新元件】"文字"

(15) 选择工具箱中的【文本工具】,输入文字"万象随身",属性设置如图 3-43 所示。

图 3-43 输入文字

(16) 创建【名称】为"圆"的图形元件,完成后进入元件编辑区。

(17) 选择【椭圆工具】,打开【颜色】面板,将【颜色类型】设置为"径向渐变",将调色块设置为:Alpha 值为 0 的白色、Alpha 值为 70% 的白色、Alpha 值为 0 的白色的渐变,在编辑区中按住 Shift 键绘制一个宽和高均为 50 像素的圆形。打开【对齐】面板,选中【与舞台对齐】复选框,单击【垂直居中分布】按钮和【水平居中分布】按钮,如图 3-44 所示。

图 3-44 绘制圆形

2. 制作影片剪辑元件

(1) 选择【插入】/【新建元件】命令，打开【创建新元件】对话框，设置【名称】为"背景动画"，【类型】为"影片剪辑"，如图 3-45 所示。完成后单击【确定】按钮进入元件编辑区。

(2) 打开【库】面板，将"背景"图形元件拖入到编辑区中。打开【对齐】面板，选中【与舞台对齐】复选框，单击【垂直居中分布】按钮和【水平居中对齐】按钮。在【时间轴】面板的第 30 帧处按 F6 键插入关键帧。选择第 1 帧的元件实例，在【属性】面板中设置其 Alpha 值为 0，单击第 1～30 帧之间的任意一帧，从弹出的快捷菜单中选择【创建传统补间】命令，如图 3-46 所示。

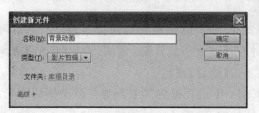

图 3-45　【创建新元件】"背景动画"　　　　图 3-46　【创建传统补间】命令

(3) 选择第 30 帧，打开【动作】面板，输入代码"stop();"，如图 3-47 所示。然后创建一个【名称】为"星星 01"的影片剪辑，完成后单击【确定】进入元件编辑区。

(4) 选择【椭圆工具】，打开【颜色】面板，将【颜色类型】设置为"径向渐变"，将调色板设置为 Alpha 值为 100％的白色、Alpha 值为 0 的白色的渐变，如图 3-48 所示。

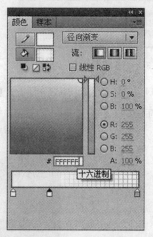

图 3-47　输入代码　　　　　　　　　图 3-48　【颜色】面板

(5) 在编辑区中，按住 Shift 键绘制一个宽和高都为 104 的圆形。然后选择绘制的圆形，按 Ctrl＋G 组合键将圆形组合在一起。打开【对齐】面板，选中【与舞台对齐】复选框，单击【垂直居中分布】按钮和【水平居中分布】按钮，如图 3-49 所示。

（6）选择【线条工具】，在编辑区中绘制一个菱形的形状，填充为白色，删除笔触，并将其组合起来。打开【对齐】面板，选中【与舞台对齐】复选框，单击【垂直居中分布】按钮和【水平居中分布】按钮，如图 3-50 所示。

图 3-49　绘制圆形并组合图形　　　　图 3-50　绘制菱形并组合图形

（7）复制绘制的菱形，右击，从弹出的快捷菜单中选择【粘贴到当前位置】命令，然后再选择所复制的菱形。按 Ctrl+Alt+S 组合键，打开【缩放和旋转】对话框，设置【缩放】值为100%，【旋转】值为90°，如图 3-51 所示，完成后单击【确定】按钮。

（8）在编辑区中选择所有绘制的图形，按 Ctrl+G 组合键将其组合为一个星星的图形，如图 3-52 所示。然后在【时间轴】面板的第 45 帧处按 F6 键插入关键帧。

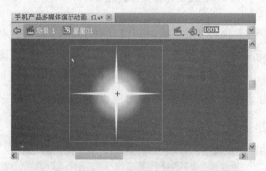

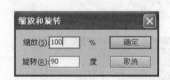

图 3-51　【缩放和旋转】对话框　　　　图 3-52　组合图形

（9）在第 1～45 帧之间的任意一帧上右击，从弹出的快捷菜单中选择【创建传统补间】命令，在【属性】面板中设置"逆时针"、"1 次"，如图 3-53 所示。

图 3-53　创建传统补间动画并设置属性

（10）创建一个【名称】为"星星02"的影片剪辑元件，完成后单击【确定】按钮进入元件编辑区。

（11）在【库】面板中将"星星01"元件拖入编辑区中，分别在第5帧和第25帧处按F6键插入关键帧，如图3-54所示。

（12）分别选择第1帧和第25帧的元件实例，按Ctrl＋Alt＋S组合键打开【旋转和缩放】对话框，设置【缩放】值为30％，【旋转】值为0。在【属性】面板上将其Alpha值设为0。分别在第1～5帧之间、第5～25帧之间创建传统补间动画，如图3-55所示。

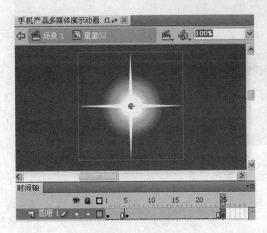

图3-54　编辑元件

图3-55　创建传统补间动画

（13）创建一个【名称】为"手机线条"的影片剪辑元件，完成后单击【确定】按钮进入元件编辑区。

（14）在【库】面板中将"手机"元件拖入编辑区中，打开【对齐】面板，选中【与舞台对齐】复选框，单击【垂直居中分布】按钮和【水平居中分布】按钮。单击【时间轴】面板上的【新建图层】按钮，新建"图层2"，并锁定"图层1"。在"图层2"中勾勒出手机的轮廓线条，然后删除"图层1"，如图3-56所示。

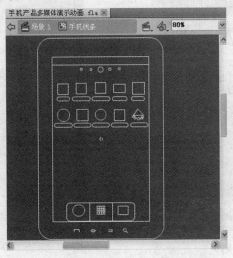

图3-56　绘制手机轮廓

147

(15) 选择所绘制的轮廓,打开【颜色】面板,设置【笔触颜色】的【颜色类型】为"线性渐变",填充颜色依次为"♯FFFFFF"、"♯FFFFFF"、"♯FFFFFF",Alpha 值依次为 0、100 和 0,如图 3-57 所示。

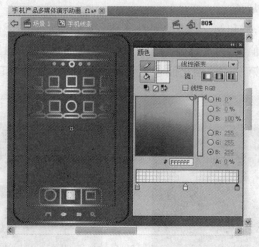

图 3-57　填充线条颜色

(16) 选择工具箱中的【渐变变形工具】,将填充顺时针旋转 90°,移到手机轮廓上方,如图 3-58 所示。

(17) 在【时间轴】面板的第 35 帧处按 F6 键插入关键帧。选中手机轮廓,使用【渐变变形工具】将填充移到手机轮廓下方,如图 3-59 所示。在第 1~35 帧之间的任意一帧上右击,从弹出的快捷菜单中选择【创建补间形状】命令,如图 3-60 所示。

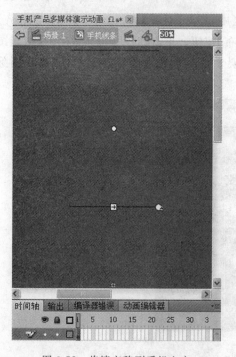

图 3-58　将填充移到手机上方

图 3-59　填充在手机下方

(18) 创建一个【名称】为"飞行的圆 01"的影片剪辑元件,完成后单击【确定】按钮进入编辑区。

(19) 打开【库】面板,将"圆"图形元件拖入到编辑区中。选择第 1 帧的元件实例,在【属性】面板中设置其【宽度】和【高度】都为 3。打开【对齐】面板,选中【与舞台对齐】复选框,单击【垂直居中分布】按钮和【水平居中对齐】按钮,如图 3-61 所示。

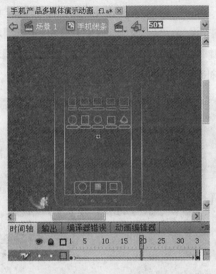

图 3-60　创建补间形状动画

图 3-61　设置实例"圆"的大小

(20) 在"图层 1"的第 35 帧处按 F6 键插入关键帧,在【属性】面板上设置【宽度】和【高度】均为 70,【Y】值为-250,然后在第 1~35 帧之间创建传统补间动画,如图 3-62 所示。

(21) 单击【时间轴】面板上的【新建图层】按钮,新建"图层 2"。锁定"图层 1"。在"图层 2"的第 11 帧处按 F6 键插入关键帧,拖入"圆"元件,设置元件实例的【宽度】和【高度】均为 3,然后在"图层 2"的第 45 帧处按 F6 键插入关键帧,设置元件实例的【宽度】和【高度】为 70,X 值为 300,最后在第 11~45 帧之间创建传统补间动画,如图 3-63 所示。

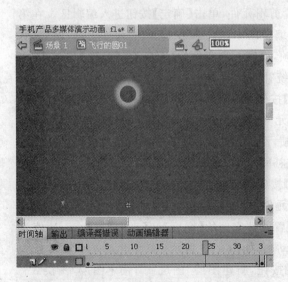

图 3-62　在第 1~35 帧之间创建传统补间动画

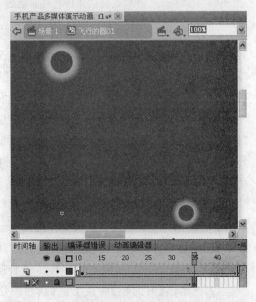

图 3-63　在第 11~45 帧之间创建传统补间动画

（22）单击【时间轴】面板上的【新建图层】按钮，新建"图层 3"。锁定"图层 2"。在"图层3"的第 21 帧处按 F6 键插入关键帧，拖入"圆"元件，设置元件实例的【宽度】和【高度】均为3，然后在"图层 3"的第 55 帧处按 F6 键插入关键帧，设置元件实例的【宽度】和【高度】均为70，Y 值为 250，最后在第 21～55 帧之间创建传统补间动画，如图 3-64 所示。

（23）单击【时间轴】面板上的【新建图层】按钮，新建"图层 4"，锁定"图层 3"。在"图层4"的第 31 帧处按 F6 键插入关键帧，拖入"圆"元件，设置元件实例的【宽度】和【高度】均为3，然后在"图层 3"的第 65 帧处按 F6 键插入关键帧，设置元件实例的【宽度】和【高度】均为70，X 值为－300，最后在第 31～65 帧之间创建传统补间动画，如图 3-65 所示。

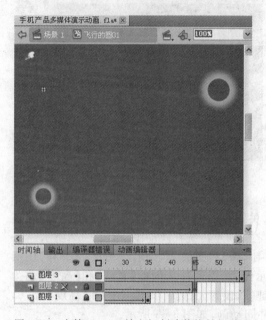
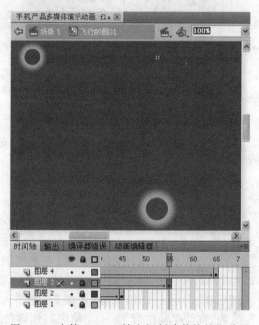

图 3-64　在第 21～55 帧之间创建传统补间动画　　图 3-65　在第 31～65 帧之间创建传统补间动画

（24）创建【名称】为"飞行的圆 02"的影片剪辑元件，单击【确定】按钮进入编辑区。在第10 帧处插入关键帧，将"圆"图形元件拖入到编辑区中。选择第 10 帧的元件实例，设置【宽度】和【高度】均为 3，在第 100 帧处插入关键帧，设置元件实例的【宽度】和【高度】均为 20，Y值为－250，最后在第 10～100 帧之间创建传统补间动画，如图 3-66 所示。

（25）单击【时间轴】面板上的【新建图层】按钮，新建图层"图层 2"。锁定"图层 1"。在"图层 2"的第 15 帧处插入关键帧，拖入"圆"元件，设置元件实例的【宽度】和【高度】均为 3，然后在图层"图层 2"的第 105 帧处插入关键帧，设置元件实例的【宽度】和【高度】均为 20，X值为 300，最后在第 15～105 帧之间创建传统补间动画，如图 3-67 所示。

（26）单击【时间轴】面板上的【新建图层】按钮，新建图层"图层 3"。锁定"图层 2"。在"图层 3"的第 20 帧处插入关键帧，拖入"圆"元件，设置元件实例的【宽度】和【高度】均为 3，然后在"图层 3"的第 110 帧处插入关键帧，设置元件实例的【宽度】和【高度】均为20，Y 值为250，最后在第 20～110 帧之间创建传统补间动画，如图 3-68 所示。

（27）单击【时间轴】面板上的【新建图层】按钮，新建图层"图层 4"，锁定图层"图层 3"。在"图层 4"的第 25 帧处插入关键帧，拖入"圆"元件，设置元件实例的【宽度】和【高度】均为

3,然后在"图层 3"的第 115 帧处插入关键帧,设置元件实例的【宽度】和【高度】均为 20,X 值为-300,最后在第 25~115 帧之间创建传统补间动画,如图 3-69 所示。

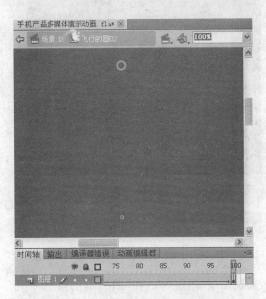

图 3-66　在第 10~100 帧之间创建传统补间动画

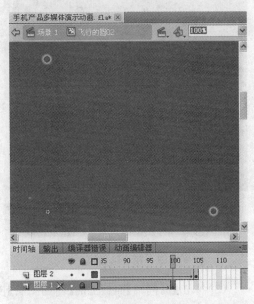

图 3-67　在第 15~105 帧之间创建传统补间动画

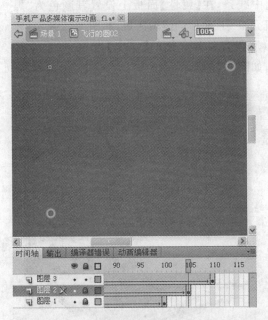

图 3-68　在第 20~110 帧之间创建传统补间动画

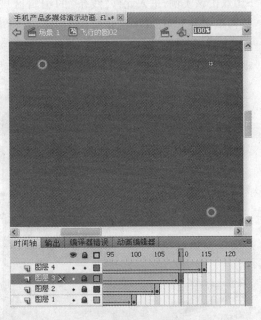

图 3-69　在第 25~115 帧之间创建传统补间动画

3. 制作手机介绍 1

（1）创建【名称】为"手机介绍 01"的影片剪辑元件。进入编辑区中,将【库】面板中的"背景"图形元件拖入编辑区中,并在第 35 帧处按 F5 键插入帧,如图 3-70 所示。

（2）锁定图层"图层 1",单击【时间轴】面板上的【新建图层】按钮,新建图层"图层 2",在【库】面板中将"手机图像 01"图形元件拖入编辑区中,如图 3-71 所示。

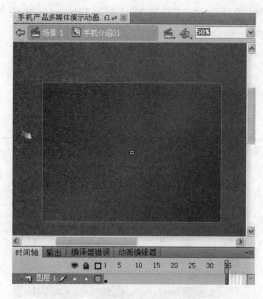

图 3-70　延迟帧

图 3-71　拖入元件"手机图像 01"

　　（3）单击【时间轴】面板上的【新建图层】按钮，新建图层"图层 3"。在"图层 3"的第 17 帧中插入关键帧，在【库】面板中将"线条"图形元件拖入编辑区中，在【属性】面板上设置其【宽度】为5。双击该实例，进入元件"线条"的编辑区域，选中线条，在【属性】面板上设置其颜色为"黑色"，单击左上角的【手机介绍 01】按钮，回到"手机介绍 01"元件的编辑区域，如图 3-72 所示。

　　（4）在图层"图层 3"的第 20 帧处插入关键帧，设置元件实例的【宽度】为 50，并向左移动，然后在第 17～20 帧之间创建传统补间动画，如图 3-73 所示。

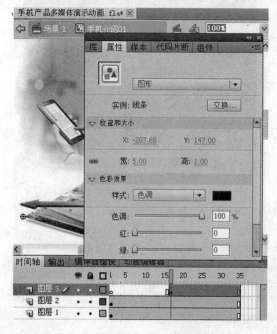

图 3-72　设置"线条"实例的【属性】

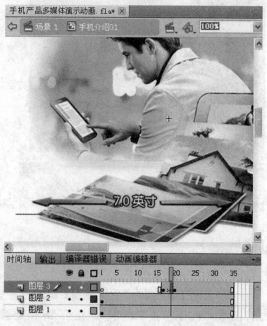

图 3-73　在第 17～20 帧之间创建传统补间动画

（5）新建图层"图层 4"，在第 21 帧处插入关键帧，从【库】面板中拖入"线条"图形元件，选择元件实例，按 Ctrl＋Alt＋S 组合键打开【缩放和旋转】对话框，设置【旋转】值为"90°"，完成后单击【确定】按钮。在【属性】面板中设置元件实例的【高度】为 5，如图 3-74 所示。

（6）在图层"图层 4"的第 26 帧处插入关键帧，设置元件实例的【高度】为 50 像素，然后在第 21～26 帧之间创建传统补间动画，如图 3-75 所示。

（7）锁定图层"图层 3"与"图层 4"。新建图层"图层 5"，在第 26 帧处插入关键帧，拖入"线条"图形元件，设置元件实例的【宽度】为 5。在第 30 帧处插入关键帧，设置元件实例的【宽度】为 120。然后在第 26～30 帧之间创建传统补间动画，如图 3-76 所示。

（8）锁定图层"图层 5"，新建图层"图层 6"，在第 26 帧处插入关键帧。拖入"线条"图形元件，设置元件实例的【宽度】为 5。在第 30 帧处插入关键帧，设置元件实例的【宽度】为 120，然后在第 26～30 帧之间创建传统补间动画，如图 3-77 所示。

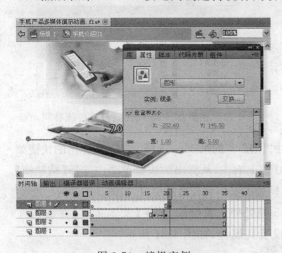

图 3-74　编辑实例

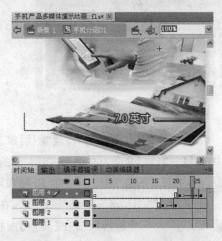

图 3-75　在第 21～26 帧之间创建传统补间动画

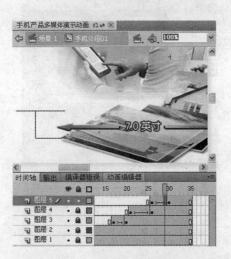

图 3-76　在第 26～30 帧之间创建传统补间动画

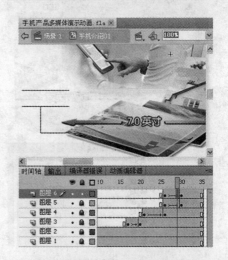

图 3-77　在第 26～30 帧之间创建传统补间动画

（9）锁定图层"图层 6"，新建"图层 7"，在第 30 帧处插入关键帧，拖入"线条"图形元件。按 Ctrl＋Alt＋S 组合键，打开【缩放和旋转】对话框，设置【旋转】值为"90°"，完成后单击【确定】按钮。在【属性】面板中设置其【高度】为 5，如图 3-78 所示。

（10）在第 35 帧处插入关键帧，设置实例的【高度】为 30，然后在第 30～35 帧之间创建传统补间动画，如图 3-79 所示。

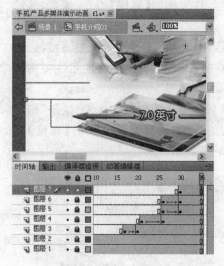

图 3-78　设置实例属性

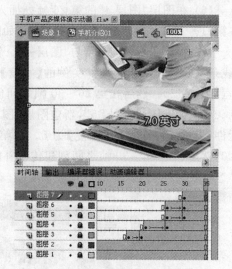

图 3-79　在第 30～35 帧之间创建传统补间动画

（11）锁定图层"图层 7"，新建"图层 8"。选中"图层 7"的第 30～35 帧，右击，从弹出的快捷菜单中选择【复制帧】命令。在图层"图层 8"的第 30 帧上右击，从弹出的快捷菜单中选择【粘贴帧】命令。分别调整图层"图层 8"中第 30 帧和第 35 帧处的实例到合适的位置，如图 3-80 所示。

（12）锁定"图层 8"，新建"图层 9"，在第 35 帧处插入关键帧，使用【文本工具】在编辑区中输入文字"7 英寸触摸屏"，在【属性】面板上设置其属性，如图 3-81 所示。

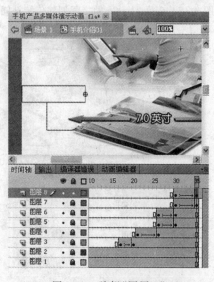

图 3-80　编辑"图层 8"

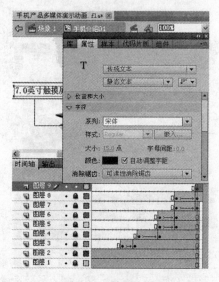

图 3-81　输入文字

（13）用同样的方法，制作动态文字"300 万像素数码相机"和"380 克灵动身型"，如图 3-82所示。

（14）新建图层，在第 67 帧处插入关键帧，打开【动作】面板，输入代码："stop()；"。双击任意一个"线条"实例，进入"线条"元件的编辑区域，在【属性】面板中将线条颜色设置为"蓝色"。

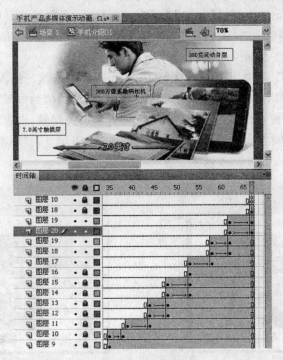

图 3-82 编辑"手机介绍 01"元件

4. 制作手机介绍 2

（1）选择【插入】/【新建元件】命令，打开【创建新元件】对话框，设置【名称】为"手机介绍02"，【类型】为"影片剪辑"。完成后单击【确定】按钮进入元件编辑区。

（2）将【库】面板中的"背景"图形元件拖入编辑区中，打开【对齐】面板，选中【与舞台对齐】复选框，单击【垂直居中分布】按钮和【水平居中对齐】按钮，如图 3-83 所示。

（3）新建图层"图层 2"，锁定"图层 1"。在【库】面板中将"手机图像 02"图形元件拖入到编辑区中，打开【对齐】面板，选中【与舞台对齐】复选框，单击【垂直居中分布】按钮和【水平居中对齐】按钮，如图 3-84 所示。

图 3-83 拖入"背景"元件

图 3-84 拖入"手机图像 02"元件

（4）锁定"图层2"，新建"图层3"，在第6帧处插入关键帧。在【库】面板中将"线条"元件拖入到编辑区中，在【属性】面板中设置元件实例的【宽度】为5；在第10帧处插入关键帧，在【属性】面板中设置元件实例的【宽度】为50，向右移动，在第6～10帧之间的任意一帧上右击，从弹出的快捷菜单中选择【创建传统补间】命令，拖选"图层1"和"图层2"的第10帧，按F5键插入帧，如图3-85所示。

（5）锁定"图层3"，新建"图层4"，在第10帧处插入关键帧。拖入"线条"图形元件，按Ctrl＋Alt＋S组合键打开【缩放和旋转】对话框，设置【旋转】值为"90°"，然后设置拖入的图形元件的【高度】为5，放在合适的位置；在第15帧处插入关键帧，设置图形元件的【高度】为50，最后在第10～15帧之间创建传统补间动画，拖选"图层1"、"图层2"和"图层3"的第15帧，按F5键插入帧，如图3-86所示。

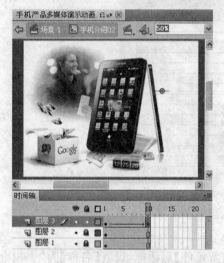 

图3-85　在第1～10帧之间创建传统补间动画　　　图3-86　在第10～15帧之间创建传统补间动画

（6）锁定"图层4"，新建"图层5"，在第15帧处插入关键帧，拖入"线条"图形元件，设置元件实例的【宽度】为5；在第20帧处插入关键帧，设置元件实例的【宽度】为95，然后在第15～20帧之间创建传统补间动画，拖选"图层1"、"图层2"、"图层3"和"图层4"的第20帧，按F5键插入帧，如图3-87所示。

（7）锁定"图层5"，新建"图层6"，在第20帧处插入关键帧。拖入"线条"图形元件，按Ctrl＋Alt＋S组合键打开【缩放和旋转】对话框，设置【旋转】值为"90°"，然后设置拖入的图形元件的【高度】为5像素，在第25帧处插入关键帧，设置元件的【高度】为50像素，最后在第20～25帧之间创建传统补间动画，将其他图层延迟到第25帧，如图3-88所示。

（8）锁定"图层6"，新建"图层7"。在第25帧处插入关键帧，拖入"线条"图形元件，设置元件实例的【宽度】为5；在第30帧处插入关键帧，设置元件实例的【宽度】为95，然后在第25～30帧之间创建传统补间动画，将其他图层延迟到第30帧，如图3-89所示。

（9）锁定"图层7"，新建"图层8"，在第25帧处插入关键帧，使用【文本工具】在编辑区中输入文字"移动办公"。然后在"图层8"的第30帧处插入关键帧，按F9键，打开【动作】面板，输入代码"stop();"，如图3-90所示。

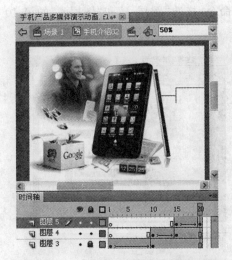

图 3-87 在第 15～20 帧之间创建传统补间动画

图 3-88 在第 20～25 帧之间创建传统补间动画

图 3-89 在第 25～30 帧之间创建传统补间动画

图 3-90 输入文字

5. 制作手机介绍 3

(1) 选择【插入】/【新建元件】命令,打开【创建新元件】对话框,设置【名称】为"手机介绍03",【类型】为"影片剪辑"。完成后单击【确定】按钮进入元件编辑区。

(2) 将【库】面板中的"背景"图形元件拖入编辑区中,打开【对齐】面板,选中【与舞台对齐】复选框,单击【垂直居中分布】按钮和【水平居中对齐】按钮。

(3) 新建"图层 2",锁定"图层 1",在【库】面板中将"手机图像 03"图形元件拖入到编辑区中。打开【对齐】面板,选中【与舞台对齐】复选框,单击【垂直居中分布】按钮和【水平居中对齐】按钮,如图 3-91 所示。

(4) 锁定"图层 2",新建"图层 3",在第 6 帧处插入关键帧。在【库】面板中将"线条"元件拖入到编辑区中,在【属性】面板中设置元件实例的【宽度】为 5;在第 10 帧处插入关键帧,在【属性】面板中设置元件实例的【宽度】为 100,向右移动,在第 6～10 帧之间的任意一帧上

157

右击,从弹出的快捷菜单中选择【创建传统补间】命令,拖选"图层 1"和"图层 2"的第 10 帧,按 F5 键插入帧,如图 3-92 所示。

图 3-91　拖入"手机图像 03"元件

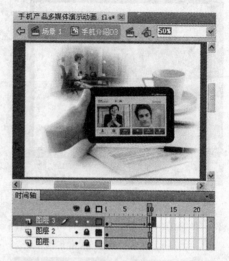

图 3-92　在第 1～10 帧之间创建传统补间动画

（5）锁定"图层 3",新建"图层 4"。在第 10 帧处插入关键帧,拖入"线条"图形元件,按 Ctrl＋Alt＋S 组合键打开【缩放和旋转】对话框,设置【旋转】值为"90°",然后设置拖入的图形元件的【高度】为 5,放在合适的位置;在第 15 帧处插入关键帧,设置图形元件的【高度】为 50,最后在第 10～15 帧之间创建传统补间动画,拖选"图层 1"、"图层 2"和"图层 3"的第 15 帧,按 F5 键插入帧,如图 3-93 所示。

（6）锁定"图层 4",新建"图层 5"。在第 15 帧处插入关键帧,拖入"线条"图形元件,设置元件实例的【宽度】为 5;在第 20 帧处插入关键帧,设置元件实例的【宽度】为 80,然后在第 15～20 帧之间创建传统补间动画,拖选"图层 1"、"图层 2"、"图层 3"和"图层 4"的第 20 帧,按 F5 键插入帧,如图 3-94 所示。

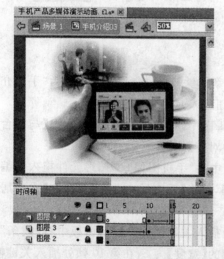

图 3-93　在第 10～15 帧之间创建传统补间动画

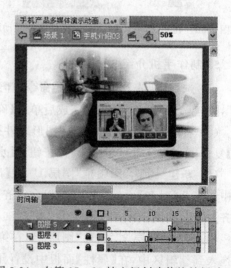

图 3-94　在第 15～20 帧之间创建传统补间动画

（7）锁定"图层 5"，新建"图层 6"。在第 15 帧处插入关键帧，拖入"线条"图形元件，按 Ctrl＋Alt＋S 组合键打开【缩放和旋转】对话框，设置【旋转】值为"90°"，然后设置拖入的图形元件的【高度】为 5 像素。在第 20 帧处插入关键帧，设置图形元件的【高度】为 80 像素。最后在第 15～20 帧之间创建传统补间动画，如图 3-95 所示。

（8）锁定"图层 6"，新建"图层 7"。在第 20 帧处插入关键帧，拖入"线条"图形元件，设置元件实例的【宽度】为 5 像素；在第 25 帧处插入关键帧，设置元件实例的【宽度】为 50 像素，然后在第 20～25 帧之创建传统补间动画，将其他图层延迟到第 25 帧，如图 3-96 所示。

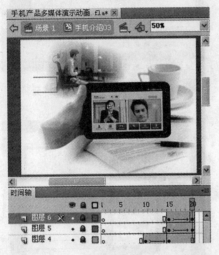

图 3-95　在第 15～20 帧之间创建传统补间动画　　　　图 3-96　在第 20～25 帧之间创建传统补间动画

（9）锁定"图层 7"，新建"图层 8"。在第 25 帧处插入关键帧，使用【文本工具】在编辑区中输入文字"视频通话 视频播放"。单击第 25 帧，按 F9 键，打开【动作】面板，输入代码"stop();"，如图 3-97 所示。

6. 制作手机介绍 4

（1）选择【插入】/【新建元件】命令，打开【创建新元件】对话框，设置【名称】为"手机介绍04"，【类型】为"影片剪辑"。完成后单击【确定】按钮进入元件编辑区。将【库】面板中的"背景"图形元件拖入编辑区中。打开【对齐】面板，选中【与舞台对齐】复选框，单击【垂直居中分布】按钮和【水平居中对齐】按钮。并在第 25 帧处按 F5 键插入帧。

（2）新建"图层 2"，锁定"图层 1"，在【库】面板中将"手机图像 04"图形元件拖入到编辑区中。打开【对齐】面板，选中【与舞台对齐】复选框，单击【垂直居中分布】按钮和【水平居中对齐】按钮，如图 3-98 所示。

（3）新建"图层 3"、"图层 4"和"图层 5"，分别在第 10 帧和第 15 帧中拖入"线条"元件并创建"线条"元件实例的传统补间动画，使得线条由短变长，如图 3-99 所示。

（4）新建"图层 6"，在第 15 帧和第 25 帧之间拖入"线条"元件并创建"线条"元件实例的传统补间动画，使得线条在垂直方向上由短变长，如图 3-100 所示。

图 3-97 输入文字

图 3-98 拖入"手机图像 04"元件

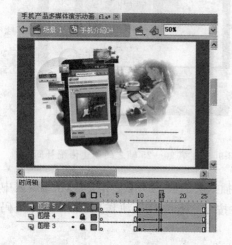

图 3-99 在第 10～15 帧之间创建传统补间动画

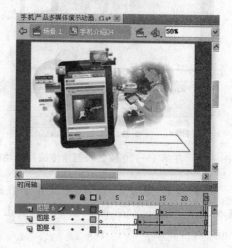

图 3-100 在第 15～25 帧之间创建传统补间动画

（5）新建"图层 7"，在第 25 帧处插入关键帧，使用【文本工具】在编辑区中输入文字"特别支持 Flash10.1，网页浏览面面俱到"，"Allshare 技术，第一时间与众多设备共享媒体文件"，如图 3-101 所示。单击第 25 帧，按 F9 键打开【动作】面板，输入代码："stop();"。

7. 制作手机介绍 5

（1）选择【插入】/【新建元件】命令，打开【创建新元件】对话框，设置【名称】为"手机介绍 04"，【类型】为"影片剪辑"。完成后单击【确定】按钮进入元件编辑区。将【库】面板中的"背景"图形元件拖入编辑区中。打开【对齐】面板，选中【与舞台对齐】复选框，单击【垂直居中分布】按钮和【水平居中对齐】按钮。新建"图层 2"，锁定"图层 1"，在【库】面板中将"手机图像 05"元件拖入到编辑区中。打开【对齐】面板，选中【与舞台对齐】复选框，单击【垂直居中分布】按钮和【水平居中对齐】按钮。并在"图层 1"和"图层 2"的第 20 帧处按 F5 键插入帧，如图 3-102 所示。

（2）新建图层"图层 3"和"图层 4"，分别在第 10～15 帧之间拖入"线条"元件并创建"线条"元件实例的传统补间动画，如图 3-103 所示。

（3）新建图层"图层 5"和"图层 6"，分别在第 15～20 帧之间拖入"线条"元件并创建"线条"元件实例的传统补间动画，如图 3-104 所示。

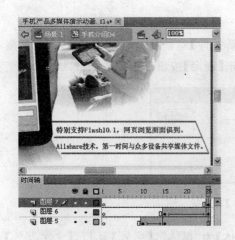

图 3-101 输入文字

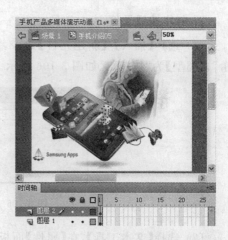

图 3-102 拖入"手机图像 05"元件

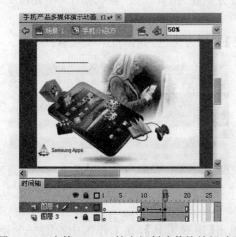

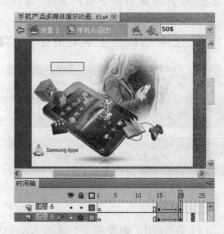

图 3-103 在第 10～15 帧之间创建传统补间动画　　图 3-104 在第 15～20 帧之间创建传统补间动画

（4）新建图层"图层 7"，在第 15 帧处插入关键帧，使用【文本工具】在编辑区中输入文字"三星乐园软件下载"，如图 3-105 所示。然后在"图层 7"的第 20 帧处插入关键帧，按 F9 键打开【动作】面板，输入代码："stop()；"。

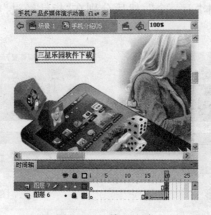

图 3-105 输入文字

8. 制作按钮元件

（1）选择【插入】/【新建元件】命令，打开【创建新元件】对话框，设置【名称】为"重新演示"，【类型】为"按钮"。如图 3-106 所示。完成后单击【确定】按钮进入元件编辑区。

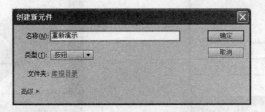

图 3-106　【创建新元件】对话框

（2）选择【文本工具】，在【属性】面板中设置【字体】为"黑体"，【字号】为 17，【文字颜色】为蓝色，在元件编辑区中输入文本"重新演示"，然后分别在"指针经过"帧、"按下"帧处按 F6 键，插入关键帧，如图 3-107 所示。

（3）选择"指针经过"帧处的文本，将【文本颜色】更改为黑色，如图 3-108 所示。

图 3-107　制作按钮

图 3-108　更改颜色

（4）在"点击"帧处按 F7 键插入空白关键帧，单击【矩形工具】，在工作区中绘制一个矩形，颜色随意，如图 3-109 所示。

（5）创建一个【名称】为"上一个"的按钮元件，完成后单击【确定】按钮进入元件编辑区。

（6）选择【文本工具】，在【属性】面板设置字体为"黑体"。【字号】为 17，【文本颜色】为蓝色，在元件编辑区中输入文本"上一个"，然后分别在"指针经过"帧、"按下"帧处按 F6 键，插入关键帧，如图 3-110 所示。

图 3-109　绘制矩形

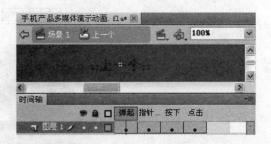

图 3-110　制作按钮

（7）选择"指针经过"帧处的文本，将【文本颜色】更改为黑色，如图 3-111 所示。

(8) 在"点击"帧处按 F7 键插入空白关键帧,单击【矩形工具】,在工作区中绘制一个矩形,颜色随意。

(9) 打开【库】面板,在元件"上一个"上面右击,从弹出的快捷菜单中选择【直接复制】命令,如图 3-112 所示。弹出【直接复制元件】对话框,将【名称】设置为"下一个",如图 3-113 所示,单击【确定】按钮。

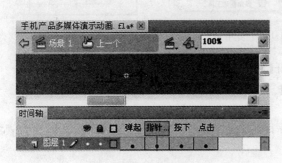

图 3-111　更改颜色

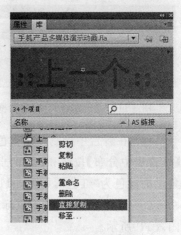

图 3-112　【直接复制】命令

(10) 在【库】面板中双击"下一个"元件,进入其编辑区域,将"弹起"、"指针经过"、"按下"帧中的文字均改为"下一个",如图 3-114 所示。

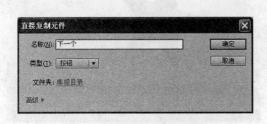

图 3-113　【直接复制元件】对话框

图 3-114　"下一个"按钮

3.2.4　超越提高——制作动感按钮

交互功能是 Flash 软件的一项重要功能,这个功能又是通过按钮来实现,静态的按钮很容易使人视觉疲劳,用影片剪辑元件和按钮元件配合可以制作出动感按钮,下面通过简单的案例介绍动感按钮的制作方法。

案例 3-3　制作动感按钮

(源文件见"项目三\案例\案例 3-3 制作动感按钮.fla")

(1) 新建一个 Flash CS5 文档,文档属性为默认值。

(2) 选择【插入】/【新建元件】命令,在弹出的【创建新元件】对话框中设置【名称】为"元件 1",【类型】为"影片剪辑",如图 3-115 所示,单击【确定】按钮。

(3) 选择工具箱中的【多角星形工具】,如图 3-116 所示。将【笔触颜色】按钮关闭,设置【填充颜色】为"蓝色"。单击【属性】面板中的【选项】按钮,在弹出的【工具设置】对话框中选择【样式】为"星形",如图 3-117 所示。

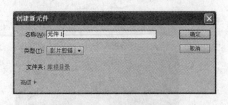

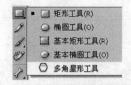

图 3-115 【创建新元件】对话框   图 3-116 多角星形工具   图 3-117 【工具设置】对话框

(4) 在舞台中绘制一个蓝色五角星,打开【对齐】面板,选中【与舞台对齐】复选框,单击【垂直居中分布】按钮和【水平居中对齐】按钮。在第 30 帧处按 F6 键插入关键帧,并改变五角星的颜色为"红色",如图 3-118 所示。

(5) 选择第 1 帧,按下鼠标左键,同时按下 Alt 键,将第 1 帧拖动到第 60 帧的位置,如图 3-119 所示。

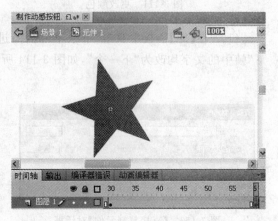

图 3-118 插入关键帧并改变五角星颜色   图 3-119 复制帧

(6) 单击图层"图层 1",在选中的帧上右击,从弹出的快捷菜单中选择【创建补间形状】命令,五角星就实现颜色变化效果了,如图 3-120 所示。

(7) 选择【插入】/【新建元件】命令,在【创建新元件】对话框中设置【名称】为"元件 2",【类型】为"影片剪辑",单击【确定】按钮。

(8) 选择工具箱中的【多角星形工具】,将【笔触颜色】按钮关闭。单击【属性】面板中的【选项】按钮,在弹出的【工具设置】对话框中选择【样式】为"星形"。在舞台中绘制一个蓝色五角星,打开【对齐】面板,选中【与舞台对齐】复选框,单击【垂直居中分布】按钮和【水平居中对齐】按钮。使用【选择工具】选择这个五角星,并按下 Ctrl+G 组合键组合图形,如图 3-121 所示。

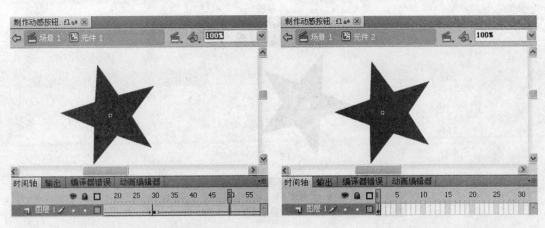

图 3-120 颜色变化的五角星　　　　　　图 3-121 绘制五角星并组合图形

(9) 在第 30 帧处按 F6 键插入关键帧,在第 1～30 帧之间的任意一帧上右击,从弹出的快捷菜单中选择【创建传统补间】命令,在【属性】面板上设置【旋转】为"顺时针",如图 3-122 所示。

(10) 单击【场景 1】按钮回到场景中,打开【库】面板,将"元件 1"元件拖入到舞台中。选中实例,按下 F8 键,在弹出的【转换为元件】对话框中设置【名称】为"元件 3",【类型】为"按钮",如图 3-123 所示,单击【确定】按钮。

图 3-122 创建传统补间动画

图 3-123 【转换为元件】对话框

(11) 双击按钮元件"元件 3",进入按钮元件的编辑区域,在"指针经过"帧处按 F7 键插入空白关键帧,将五角星旋转的影片剪辑元件"元件 2"拖入到"指针经过"帧处,打开【对齐】面板,选中【与舞台对齐】复选框,单击【垂直居中分布】按钮和【水平居中对齐】按钮。在"按下"帧处按 F7 键插入空白关键帧,使用【多角星形工具】绘制一个静止的五角星。打开【对齐】面板,选中【与舞台对齐】复选框,单击【垂直居中分布】按钮和【水平居中对齐】按钮,如图 3-124 所示。

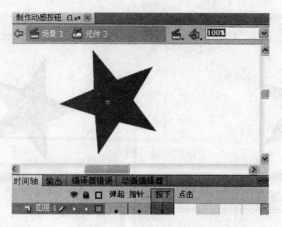

图 3-124   编辑按钮元件

（12）单击【场景 1】按钮回到场景中，按 Ctrl＋Enter 组合键测试动画。

3.3   任务三   编辑手机多媒体演示动画场景

3.3.1   任务描述

任务二中已经制作了手机多媒体演示动画的图形元件、影片剪辑元件和按钮元件，本任务将通过案例介绍引导层路径动画、遮罩动画的制作原理和技巧，声音和视频的添加与编辑，以及镜头的设定和镜头切换效果的制作，并编辑手机多媒体演示动画的场景。手机多媒体演示动画的场景包括片头、手机五大功能介绍和片尾三部分。

3.3.2   技术视角

1. 引导路径动画

前面介绍了传统补间动画和形状补间动画的制作原理、技巧和动画效果，这些动画的运动轨迹都是直线的，可是在现实生活中，有很多运动路径是弧线或不规则的，如月亮围绕地球旋转、鱼儿在大海里遨游等，在 Flash 中能不能做出这种效果呢？

答案是肯定的，这就是"引导路径动画"。将一个或多个层链接到一个运动引导层，使一个或多个对象沿同一条路径运动的动画形式被称为"引导路径动画"。这种动画可以使一个或多个元件完成曲线或不规则运动。

运动引导层是用来设置实体的运动路径的，它必须是图形，而不能是符号或其他格式。引导层永远放在被引导层的上面。被引导层放置沿路径运动的对象，其运动路径即为引导层中的路径。

下面通过几个案例介绍引导路径动画的制作过程。

案例 3-4　沿曲线运动的小球

（源文件见"项目三\案例\案例 3-4 沿曲线运动的小球.fla"）

（1）新建一个 Flash CS5 文档，保存为"沿曲线运动的小球"。选择【插入】/【新建元件】命令，在弹出的【创建新元件】对话框中设置【名称】为"球"，【类型】为"图形"，如图 3-125 所示。

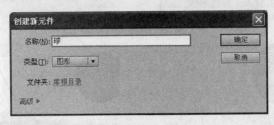

图 3-125　【创建新元件】对话框

（2）选择工具箱中的【椭圆工具】，在【属性】面板上设置【笔触颜色】为"无"，【填充颜色】为"绿色"到"黑色"的径向渐变，按住 Shift 键在舞台上绘制一个小球，如图 3-126 所示。

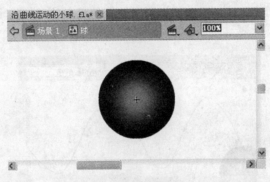

图 3-126　绘制小球

（3）单击【场景 1】按钮回到场景中，选择【窗口】/【库】命令，把元件"球"从【库】面板中拖到场景的左侧，如图 3-127 所示。

（4）在第 30 帧处按 F6 键插入关键帧，将实例"球"拖放到舞台的右侧。在第 1～30 帧之间的任意一帧上右击，从弹出的快捷菜单中选择【创建传统补间】命令，创建第 1～30 帧的传统补间动画，如图 3-128 所示。

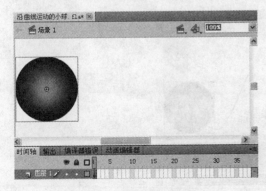

图 3-127　将"球"拖到场景中

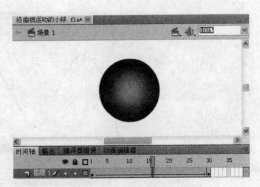

图 3-128　创建传统补间动画

167

（5）选择【时间轴】面板上的"图层1"，右击，从弹出的快捷菜单中选择【添加传统运动引导层】命令，如图 3-129 所示。单击引导层的第 1 帧，选择工具箱中的【铅笔工具】绘制曲线路径，如图 3-130 所示。

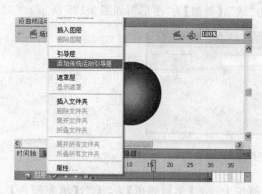

图 3-129 【添加传统运动引导层】命令

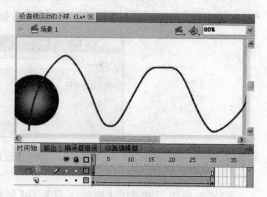

图 3-130 绘制引导线

（6）选择"图层1"的第 1 帧，把小球拖到引导线的起点处（注意：十字中心要在曲线上），如图 3-131 所示。

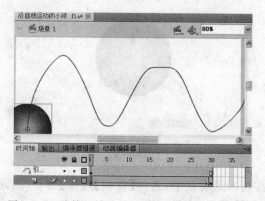

图 3-131 将第 1 帧中的"球"拖到引导线的起点处

（7）选择"图层1"的第 30 帧，把小球沿着引导线从起点拖到终点处（注意：十字中心要在曲线上），如图 3-132 所示。

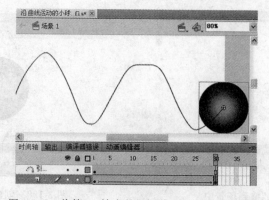

图 3-132 将第 30 帧中的"球"拖到引导线的终点处

（8）保存文档，按 Ctrl＋Enter 组合键测试动画。

案例 3-5 月亮绕地球旋转

（源文件见"项目三\案例\案例 3-5 月亮绕地球旋转.fla"）

（1）新建一个 Flash CS5 文档，选择【修改】/【文档】命令，打开【文档设置】对话框，设置【背景颜色】为"黑色"，【帧频】为 12，如图 3-133 所示，单击【确定】按钮。

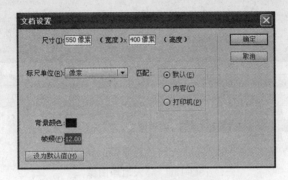

图 3-133 【文档设置】对话框

（2）选择【插入】/【新建元件】命令，在弹出的【创建新元件】对话框中设置【名称】为"月亮"，【类型】为"图形"；选择工具箱中的【椭圆工具】绘制一个圆形，用白色或白、灰填充，或者导入一幅月亮图像，如图 3-134 所示。

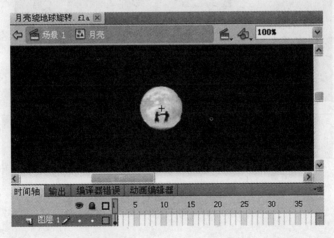

图 3-134 导入月亮图像

（3）单击【场景 1】按钮回到场景中，单击【时间轴】面板上的【新建图层】按钮两次，新建两个图层。从上往下将已有的三个图层命名为"月亮在前"、"地球"、"月亮在后"，如图 3-135 所示。

（4）选择工具箱中的【椭圆工具】，在图层"地球"上绘制一个地球，或从外部导入一个地球图形，如图 3-136 所示。

（5）选择"月亮在前"图层的第 1 帧，将【库】面板中的元件"月亮"拖出，放在场景右边，如图 3-137 所示。

图 3-135 新建图层

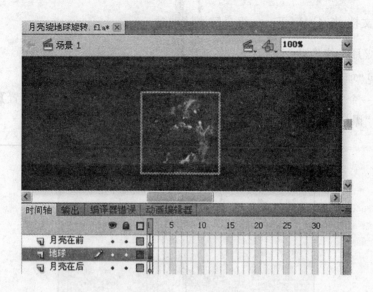

图 3-136　导入地球图像

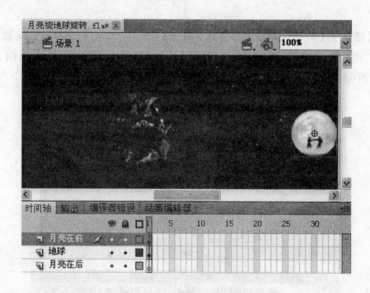

图 3-137　将元件"月亮"拖出

　　(6) 选择"月亮在前"图层的第 60 帧，按 F6 键插入关键帧；选择"月亮在前"图层，右击，从弹出的快捷菜单中选择【添加传统运动引导层】命令，在其上增加一个"引导层：月亮在前"，在该图层中绘制一个椭圆（无填充），并将上半椭圆剪切，保留下半椭圆，如图 3-138所示。

　　(7) 将第 1 帧、第 60 帧的月亮分别吸附在下半个椭圆的右、左端点处。创建图层"月亮在前"第 1～60 帧之间的传统补间动画，选择图层"地球"的第 120 帧，按 F5 键插入帧，如图 3-139所示。

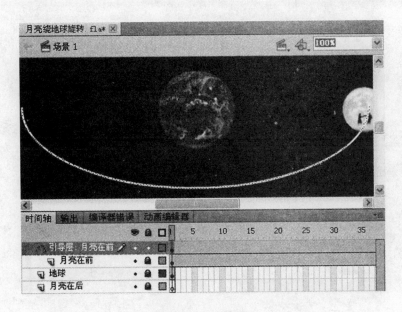

图 3-138　绘制路径

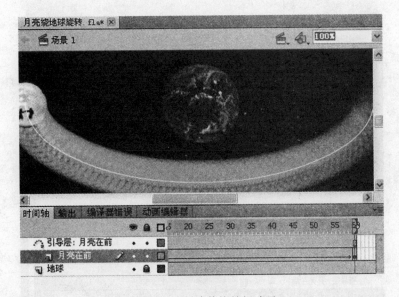

图 3-139　创建传统补间动画

　　(8) 选择"月亮在后"图层的第 61 帧,按 F7 键插入空白关键帧,将图形元件"月亮"拖到第 61 帧,放在第 60 帧处"月亮"稍偏上的位置,如图 3-140 所示。

　　(9) 选择"月亮在后"图层,右击,从弹出的快捷菜单中选择【添加传统运动引导层】命令,增加一个引导层,按 F7 键在该引导层的第 61 帧处插入空白关键帧,将刚才剪切的上半椭圆"粘贴到当前位置",在图层"月亮在后"的第 120 帧处按 F6 键插入关键帧,并将它吸附到上半椭圆的右端点。创建图层"月亮在后"第 61～120 帧之间的传统补间动画,如图 3-141 所示。

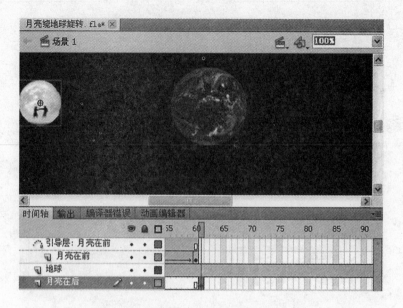

图 3-140　将图形元件"月亮"拖到第 61 帧处

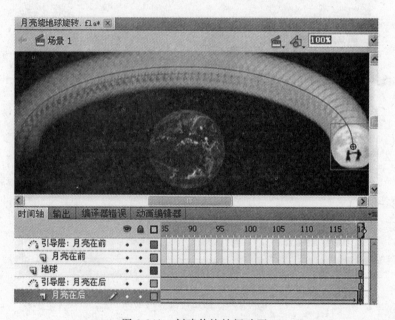

图 3-141　创建传统补间动画

（10）保存文档，按 Ctrl＋Enter 组合键测试动画。

2. 遮罩动画

在 Flash 作品中，常常可以看到很多眩目神奇的效果，而其中不少就是用"遮罩动画"完成的，如水波、万花筒、百叶窗、放大镜等动画效果。

遮罩动画的原理是，在舞台前增加一个类似于电影镜头的对象。这个对象不仅仅局限于圆形，可以是任意形状。将来导出的影片，只显示电影镜头"拍摄"出来的对象，其他不在电影镜头区域内的舞台对象不再显示。

遮罩效果的获得一般需要两个图层,这两个图层是被遮罩的图层和指定遮罩区域的遮罩图层。实际上,遮罩图层是可以应用于多个被遮罩图层的。

遮罩图层和被遮罩图层只有在锁定状态下,才能够在工作区中显示出遮罩效果。解除锁定后的图层在工作区中是看不到遮罩效果的。

(1) 遮罩层上的图形称为透孔。

① 透孔的形状决定所看到内容的范围及形状。

② 透孔无论色彩多复杂,在最终的动画中都是透明的,也就是说透孔的色彩、内容不影响动画的效果,只会使文件体积变大,所以透孔一般使用单色以减少动画文件的大小。

通过制作多样的遮罩层和被遮罩层可以造出多种有趣的效果。

(2) 遮罩层的创建。

① 选择想要建立遮罩的普通图层,单击【时间轴】面板上的【新建图层】按钮,在此层上面插入一个图层。

② 在新建的图层上右击,从弹出的快捷菜单中选择【遮罩层】命令,即可将当前层转换为遮罩层,其下面的图层自动转换为被遮罩图层,而且系统还将自动将遮罩层和被遮罩层锁定。

(3) 通过实例理解遮罩动画的制作。

① 新建一个 Flash CS5 文档,保持文档属性的默认设置。

② 选择【文件】/【导入】/【导入到舞台】命令,导入素材中的图像"hehua.jpg"。

③ 单击【时间轴】面板上的【新建图层】按钮,新建一个图层,在这个图层上用【多角星形工具】绘制一个五角星。我们计划将这个圆当做遮罩动画中的电影镜头对象来用。

现在影片有两个图层,"图层 1"上放置的是导入的图像,"图层 2"上放置的是五角星(计划用做电影镜头对象),如图 3-142 所示。

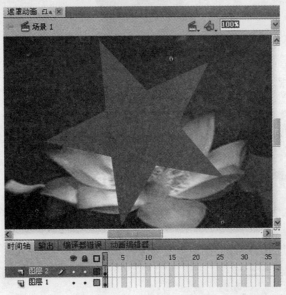

图 3-142　图像和五角星

④ 下面来定义遮罩动画效果。在"图层 2"上右击，从弹出的快捷菜单中选择【遮罩层】命令，如图 3-143 所示，图层结构发生了变化，如图 3-144 所示。

图 3-143　选择【遮罩层】命令

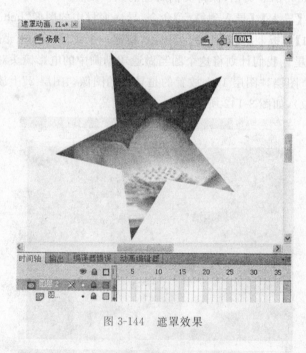

图 3-144　遮罩效果

注意观察一下图层和舞台的变化。

"图层 1"：图层的图标改变了，从普通图层变成了被遮罩层（被拍摄图层），并且图层缩进，图层被自动加锁。

"图层 2"：图层的图标改变了，从普通图层变成了遮罩层（放置拍摄镜头的图层），并且图层被加锁。

　　舞台显示也发生了变化。只显示电影镜头"拍摄"出来的对象，其他不在电影镜头区域内的舞台对象都没有显示。

　　⑤ 按 Ctrl＋Enter 组合键测试影片，观察动画效果。可以看到只显示了电影镜头区域内的图像。

　　⑥ 下面改变一下镜头的形状。在"图层 1"的第 30 帧处按 F5 键插入普通帧。将"图层2"解锁。在"图层 2"的第 30 帧按 F6 键插入关键帧，将"图层 2"的第 30 帧上的五角星放大。在第 1～30 帧之间的任意一帧上右击，从弹出的快捷菜单中选择【创建补间形状】命令，结果如图 3-145 所示。

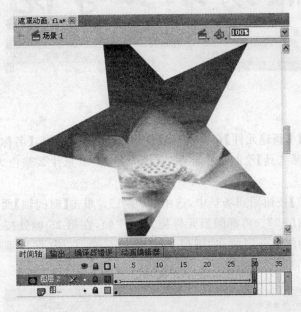

图 3-145　图层结构

　　⑦ 按 Ctrl＋Enter 组合键测试影片，观察动画效果。可以看到只显示了电影镜头区域内的图像，并且随着电影镜头（五角星）的逐渐变大，显示出来的图像区域也越来越多。

　　⑧ 下面改变一下镜头的位置。将"图层 1"上的五角星放置在舞台左侧，将"图层 2"的第 30 帧上的五角星的大小恢复到原来的尺寸，并放置在舞台的右侧。

　　⑨ 按 Ctrl＋Enter 组合键测试影片，观察动画效果。可以看到随着电影镜头的位置移动，显示出来的图像内容也发生了变化，好像一个探照灯的效果。

　　从上面的操作可以得出如下结论：在遮罩动画中，可以定义遮罩层中电影镜头对象的变化（尺寸变化动画、位置变化动画、形状变化动画等），最终显示的遮罩动画效果也会随着电影镜头的变化而变化。

　　其实除了可以设计遮罩层中的电影镜头对象变化，还可以让被遮罩层中的对象进行变化，甚至可以使遮罩层和被遮罩层同时变化。这样可以设计出更加丰富多彩的遮罩动画效果。

案例 3-6　探照灯效果

（源文件见"项目三\案例\案例 3-6 探照灯效果.fla"）

（1）新建一个 Flash CS5 文档，使用【文本工具】输入文字"潍坊职业学院"，属性自定义。在第 25 帧处按 F5 键插入帧，如图 3-146 所示。

图 3-146　输入文字

（2）选择【插入】/【新建元件】命令，弹出【创建新元件】对话框，【名称】为默认值，【类型】为"图形"。使用【椭圆工具】绘制一个椭圆（有填充色，但填充什么颜色无所谓，因为预览时看不出来）。

（3）单击【场景 1】按钮回到场景中，选中"图层 1"。单击【时间轴】面板的【新建图层】按钮，新建一个图层"图层 2"。将椭圆形元件拖入第 1 帧，在第 25 帧处按 F6 键插入关键帧，将第 1 帧、第 25 帧的图形分别放在"图层 1"文字的左侧、右侧（保持垂直位置相同），创建第 1～25 帧的传统补间动画，如图 3-147 所示。

图 3-147　创建传统补间动画

（4）在图层"图层 2"上右击，从弹出的快捷菜单中选择【遮罩层】命令，结果如图 3-148 所示。

（5）按 Ctrl＋Enter 组合键测试动画并保存文件。

注意：遮罩层上的内容在动。

图 3-148　遮罩动画

案例 3-7　镂空文字

（源文件见"项目三\案例\案例 3-7 镂空文字.fla"）

（1）新建一个 Flash CS5 文档，在【属性】面板上设置文档的【宽】为 400，【高】为 300，【帧频】为 12fps，【背景颜色】为"黑色"。

（2）选择【插入】/【新建元件】命令，创建一个【名称】为"tiao"的影片剪辑元件。选择【文件】/【导入】/|【导入到舞台】命令，从素材中导入图像"cat2.jpg"、"cat4.gif"、"d3.jpg"、"d4.jpg"，在【属性】面板上设置每幅图片的大小后再排成长条，如图 3-149 所示。

图 3-149　创建新元件

（3）单击【场景 1】按钮，回到场景中，将元件拖入舞台，放在舞台左侧，在第 50 帧处按 F6 键插入关键帧，将实例拖放到舞台右侧，并创建第 1～50 帧的传统补间动画，如图 3-150 所示。

（4）单击【时间轴】面板的【新建图层】按钮，新建"图层 2"，输入文字"FLASH"，【字体】为 Arial，在"图层 2"上右击，从弹出的快捷菜单中选择【遮罩层】命令，如图 3-151 所示。

（5）按 Ctrl＋Enter 组合键测试影片并保存文件。

图 3-150　创建传统补间动画　　　　　　　　图 3-151　创建遮罩动画

案例 3-8　滚动字幕

（源文件见"项目三\案例\案例 3-8 滚动字幕.fla"）

（1）新建一个 Flash CS5 文档，在【属性】面板中设置文档【宽】为 500，【高】为 400，【帧频】为 12fps，【背景颜色】为"黑色"。

（2）按 Ctrl+F8 组合键插入一个影片剪辑类型的元件，【名称】为"text"，再输入一段文字，按 Ctrl+B 组合键两次，将文字分离，如图 3-152 所示。

（3）按 Ctrl+F8 组合键插入一个影片剪辑类型的元件，【名称】为"mask"。使用【矩形工具】绘制一个矩形，选中矩形，打开【颜色】面板，设置【颜色类型】为"线性渐变"，【填充颜色】为"黑色到绿色再到黑色"，使用【渐变变形工具】旋转 90°，如图 3-153 所示。

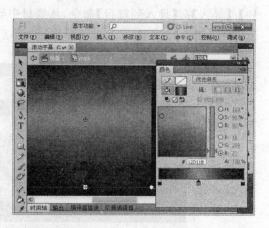

图 3-152　输入文本　　　　　　　　　　　图 3-153　绘制矩形

（4）单击【场景 1】按钮，回到场景中，将元件"mask"拖入舞台，在第 50 帧处按 F5 键插入帧。单击【时间轴】面板的【新建图层】按钮，新建"图层 2"，在"图层 2"中拖入元件"text"，选中实例"text"，在【属性】面板中设置 Y 值为 0。在第 50 帧按 F6 键插入关键帧，选中第 50 帧的实例"text"，在【属性】面板中设置 Y 值为 400。创建第 1～50 帧之间的传统补间动画，如图 3-154 所示。

（5）在"图层 2"上右击，从弹出的快捷菜单中选择【遮罩层】命令，结果如图 3-155 所示。

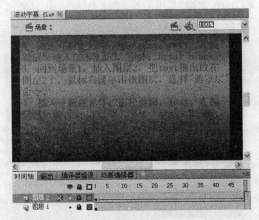

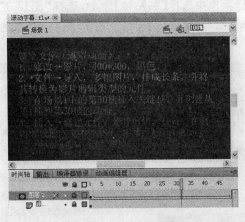

图 3-154 编辑"图层 1"和"图层 2"   图 3-155 创建遮罩动画

(6) 按 Ctrl＋Enter 组合键测试动画并保存文件。

案例 3-9 水波荷花

(源文件见"项目三\案例\案例 3-9 水波荷花.fla")

(1) 新建一个 Flash CS5 文档，文档属性为默认。

(2) 选择【文件】/【导入】/【导入到舞台】命令，从素材导入图片"hehua.jpg"，在【属性】面板中设置图片大小，【宽】为 550，【高】为 200，X 值、Y 值均为 0。在图片上右击，从弹出的快捷菜单中选择【转换为元件】命令，将其转换为元件，【名称】为"hehua"，【类型】为"图形"，如图 3-156 所示。

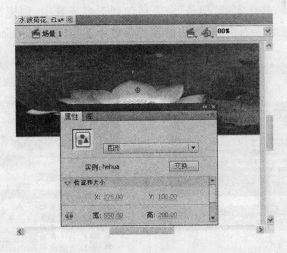

图 3-156 导入图片并转换为元件

(3) 单击【时间轴】面板上的【新建图层】按钮，新建"图层 2"。将【库】面板中的元件"hehua"拖到舞台上，放在场景下半部分。选择【修改】/【变形】/【垂直翻转】命令，使其呈倒影状，如图 3-157 所示。

(4) 选择【时间轴】面板上的【新建图层】按钮，新建"图层 3"。选择"图层 2"的第 1 帧，右击，从弹出的快捷菜单中选择【复制帧】命令。选择"图层 3"的第 1 帧，右击，从弹出的快

179

捷菜单中选择【粘贴帧】命令,选择"图层 3"第 1 帧中的实例"hehua",按键盘上的向下箭头两次,并在【属性】面板上设置 Alpha 值为 80%。如图 3-158 所示。

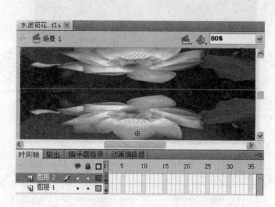

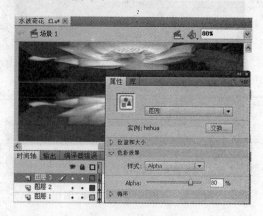

图 3-157　制作倒影　　　　　　　　　　　图 3-158　创建"图层 3"

（5）选择【时间轴】面板上的【新建图层】按钮,新建"图层 4"。选择工具箱中的【矩形工具】,在【属性】面板上设置【笔触颜色】为"无",【填充颜色】为"蓝色",绘制横的长条,并复制若干,排列在场景中。选中所有横条,选择【修改】/【对齐】/【左对齐】和【按高度均匀分布】命令,右击,从弹出的快捷菜单中选择【转换为元件】命令,将其转换为图形元件,【名称】为"横条",如图 3-159 所示。

注意：相邻横条之间的距离不能大于横条的高度。

（6）在"图层 1"、"图层 2"、"图层 3"的第 40 帧处按 F5 键插入帧,在"图层 4"的第 40 帧处按 F6 键插入关键帧,并将实例"横条"向下移动到下半场景中,创建第 1～40 帧之间的传统补间动画。在"图层 4"上右击,从弹出的快捷菜单中选择【遮罩层】命令,如图 3-160 所示。

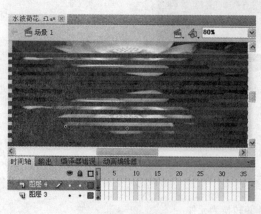

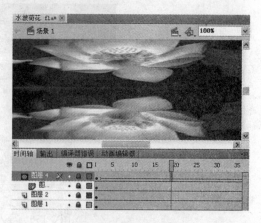

图 3-159　制作横条　　　　　　　　　　　图 3-160　创建【遮罩层】

（7）单击【时间轴】面板上的【新建图层】按钮,新建"图层 5"。选择工具箱中的【矩形工具】,在【属性】面板上设置【笔触颜色】为"无",【填充颜色】为"浅蓝色",调整矩形大小,使其覆盖场景下边部分,并将其转换为图形元件,设置透明度为 20%,如图 3-161 所示。

（8）按 Ctrl＋Enter 组合键测试动画并保存文件。

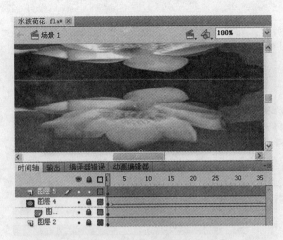

图 3-161　制作覆盖图层

案例 3-10　百叶窗

（源文件见"项目三\案例\案例 3-10 百叶窗.fla"）

（1）新建一个 Flash CS5 文档，打开【属性】面板，设置【帧频】为 12fps，其他参数保持默认值。

（2）选择【文件】/【导入】/【导入到库】命令，从素材中导入两幅图片"flower1.jpg"和"flower2.jpg"。

（3）将"图层 1"重新命名为"背景"，将图片"flower1.jpg"从库中拖放到舞台上，调整图片位置，使其与舞台对齐，大小设为 550 像素×400 像素，如图 3-162 所示。

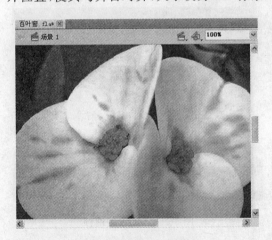

图 3-162　图片 flower1.jpg

图 3-163　图片 flower2.jpg

（4）选中第 30 帧，按 F7 键插入空白关键帧，将图片"flower2.jpg"从库中拖放到舞台上，调整其位置以便与舞台对齐，大小设为 550 像素×400 像素。然后在第 60 帧处按 F5 键插入帧，如图 3-163 所示。

（5）按同样的方法，新建名称为"图片"的图层，在第 1 帧放置图片 flower2.jpg，在第 30 帧放置图片 flower1.jpg，如图 3-164 所示。

181

图 3-164　布局图片

（6）选择【插入】/【新建元件】命令，在弹出的【创建新元件】对话框中设置【名称】为"横叶片"，【类型】为"影片剪辑"。单击【确定】按钮，进入"横叶片"影片剪辑的编辑区域。

（7）在工具箱中选择【矩形工具】，在舞台中绘制一个无边框的长条矩形，在【属性】面板中设置【宽】为 550，【高】为 40，X、Y 值均为 0，如图 3-165 所示。

（8）选中第 30 帧，按 F6 键插入关键帧，修改第 30 帧处的矩形尺寸，设置【宽】为 550，【高】为 1。如图 3-166 所示。

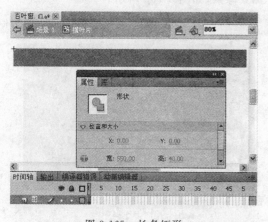

图 3-165　长条矩形

图 3-166　插入关键帧

（9）在第 1～30 帧之间的任意一帧上右击，从弹出的快捷菜单中选择【创建补间形状】命令，绘制长条矩形，完成的效果如图 3-167 所示。

（10）按同样的方法，新建一个名为"竖叶片"的影片剪辑，在元件的编辑场景中绘制 55 像素×400 像素的矩形条。接着制作 30 帧的补间形状动画，如图 3-168 所示。

（11）选择【插入】/【新建元件】命令，在弹出的【创建新元件】对话框中设置【名称】为"横条遮罩"，将"横叶片"影片剪辑元件从【库】面板拖放到舞台，在按住 Ctrl 键的同时拖动"横

叶片"影片剪辑实例,快速复制出 8 个影片剪辑。选中所有的"横叶片"影片剪辑实例,打开
【对齐】面板,按下【与舞台对齐】按钮,然后依次单击【垂直居中分布】和【水平居中分布】按
钮,如图 3-169 所示。

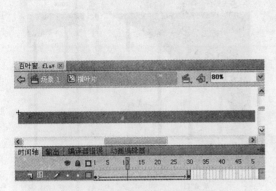

图 3-167　创建补间形状动画

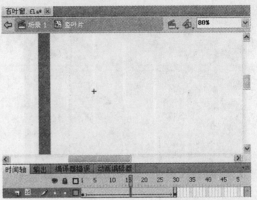

图 3-168　"竖叶片"影片剪辑

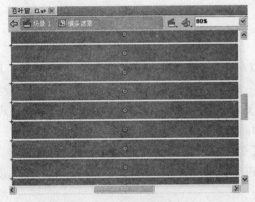

图 3-169　"横条遮罩"元件

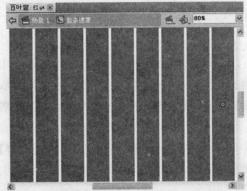

图 3-170　"竖条遮罩"元件

　　(12) 用同样的方法制作出"竖条遮罩"影片剪辑元件,如图 3-170 所示。

　　(13) 单击【场景 1】按钮回到场景中,单击【时间轴】面板的【新建图层】按钮,新建一个图层
并将它重新命名为"遮罩",将"横条遮罩"元件拖入舞台,单击第 30 帧,按 F7 键插入空白关键
帧,将"竖条遮罩"元件拖入舞台。然后在第 60 帧处按 F5 键插入帧,如图 3-171 所示。

　　(14) 在"遮罩"图层上右击,从弹出的快捷菜单中选择【遮罩层】命令,如图 3-172 所示。

　　(15) 按 Ctrl＋Enter 组合键测试动画,完成百叶窗遮罩动画的制作。

　　注意:如果重复播放,每一遍播放完时出现"闪一下"的情况,则分别将"背景"和"图片"
两个图层的第 1 帧分别复制、粘贴到本图层的第 60 帧。

　　3. 声音在 Flash 中的应用

　　在 Flash 动画作品中,仅有动感元素是远远不够的,音视频的支持同样是不可缺少的。
Flash 支持音频、视频等多种媒体的导入功能。但是由于 Flash 并不是专业的音频和视频处
理工具,所以对它们的处理也仅限于导入、绑定、剪裁,而不能进行变调、降噪等操作。

Flash提供了许多使用声音的方式。可以使声音独立于时间轴连续播放,或使动画与一个声音同步播放。还可以向按钮添加声音,使按钮具有更强的感染力。另外,通过设置淡入、淡出等效果可以使声音更加优美,通过自带的压缩功能能更好地提高作品质量。

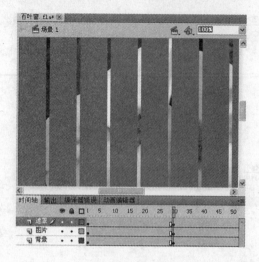

图 3-171 "遮罩"图层

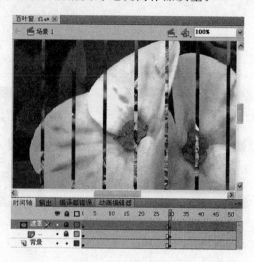

图 3-172 百叶窗效果

(1) 导入声音

只有将外部的声音文件导入到 Flash 中以后,才能在 Flash 作品中加入声音效果。能直接导入 Flash 的声音文件类型,主要有 WAV 和 MP3 两种格式。另外,如果系统上安装了 QuickTime 4 或更高的版本,就可以导入 AIFF 格式和只有声音而无画面的 QuickTime 影片格式。

下面通过操作来介绍将声音导入 Flash 动画的方法。

① 新建一个 Flash CS5 影片文档。选择【文件】/【导入】/【导入到库】命令,弹出【导入到库】对话框,在该对话框中,选择要导入的声音文件,单击【打开】按钮,将声音导入,如图 3-173 所示。

② 等待一段时间后,就可以在【库】面板中看到刚导入的声音文件,下面就可以像使用元件一样使用声音对象了,如图 3-174 所示。

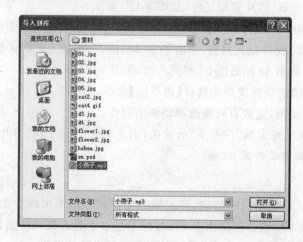

图 3-173 导入声音

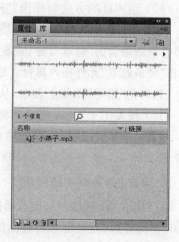

图 3-174 【库】面板中的声音文件

（2）引用声音

无论是采用导入舞台还是导入到库的方法，将声音从外部导入 Flash 中以后，时间轴并没有发生任何变化。必须引用声音文件，声音对象才能出现在时间轴上，才能进一步应用声音。

接着上面的操作继续。

① 将"图层 1"重命名为"声音"，选择第 1 帧，然后将【库】面板中的声音对象拖放到场景中，如图 3-175 所示。

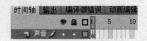

② 这时会发现"声音"图层第 1 帧出现一条短线，这其实就是声音对象的波形起始点，任意选择后面的某一帧，按

图 3-175 将声音引用到时间轴上

F5 键，就可以看到声音对象的波形，如图 3-176 所示。这说明已经将声音引用到"声音"图层了。这时按一下 Enter 键，就可以听到声音了，如果想听到效果更为完整的声音，可以按Ctrl＋Enter 组合键。

图 3-176 图层上的声音

（3）编辑声音

选择"声音"图层的第 1 帧，打开【属性】面板，可以发现，【属性】面板中有很多设置和编辑声音对象的参数，如图 3-177 所示。

面板中各参数的意义如下。

· 【名称】选项：从中可以选择要引用的声音对象，这也是另一个运用库中声音的方法。

· 【效果】选项：从中可以选择一些内置的声音效果，比如让声音淡入、淡出等效果。

· 【编辑】按钮：单击这个按钮，可以进入到声音的编辑对话框中，对声音进行进一步的编辑。

· 【同步】选项：这里可以选择声音和动画同步的类型，默认的类型是"数据流"类型。另外，还可以设置声音重复播放的次数。

运用到时间轴上的声音，往往还需要在声音的【属性】面板中对它进行适当的属性设置，才能更好地发挥声音的效果。下面详细介绍有关声音属性设置以及对声音进一步编辑的方法。

① 【效果】选项

在时间轴上，选择包含声音文件的第一个帧，在声音的【属性】面板中，打开【效果】菜单，可以用该菜单设置声音的效果，如图 3-178 所示。

下面对各种声音效果进行解释。

· "无"：不对声音文件应用效果，选择此选项将删除以前应用过的效果。

· "左声道"/"右声道"：只在左声道或右声道中播放声音。

· "向右淡出"/"向左淡出"：会将声音从一个声道切换到另一个声道。

· "淡入"：会在声音的持续时间内逐渐增加其幅度。

· "淡出"：会在声音的持续时间内逐渐减小其幅度。

185

• "自定义":可以使用"编辑封套"创建声音的淡入和淡出点。

图 3-177　声音的【属性】面板

图 3-178　声音效果设置

② 【同步】属性

打开"同步"菜单,这里可以设置"事件"、"开始"、"停止"和"数据流"四个同步选项,如图 3-179 所示。

• "事件"选项:会将声音和一个事件的发生过程同步起来。事件与声音在它的起始关键帧开始显示时播放,并独立于时间轴播放完整的声音,即使 SWF 文件停止执行,声音也会继续播放。当播放发布的 SWF 文件时,事件与声音混合在一起。

• "开始"选项:与"事件"选项的功能相近,但如果声音正在播放,使用"开始"选项则不会播放新的声音实例。

• "停止"选项:将使指定的声音静音。

• "数据流"选项:将强制动画和音频流同步。与事件声音不同,音频流随着 SWF 文件的停止而停止。而且,音频流的播放时间绝对不会比帧的播放时间长。当发布 SWF 文件时,音频流混合在一起。

通过"同步"弹出菜单还可以设置"同步"选项中的"重复"和"循环"属性。为"重复"输入一个值,以指定声音应循环的次数,或者选择"循环"以连续重复播放声音,如图 3-180 所示。

图 3-179　【同步】属性

图 3-180　设置"重复"或者"循环"属性

3.3.3　任务实现——编辑手机多媒体演示动画场景

（1）单击【场景 1】按钮回到场景中，将"图层 1"重命名为"背景"，打开【库】面板，将"背景动画"影片剪辑元件拖入舞台中，并在第 630 帧处按 F5 键插入帧，如图 3-181 所示。

（2）新建"图层 2"，在第 15 帧处按 F6 键插入关键帧，分别将"飞行的圆 01"和"飞行的圆 02"影片剪辑元件拖入场景中，在第 35 帧处按 F6 键插入关键帧，再将"飞行的圆 01"影片剪辑拖入场景中。选择第 371～630 帧，按 Shift＋F5 组合键删除帧，如图 3-182 所示。

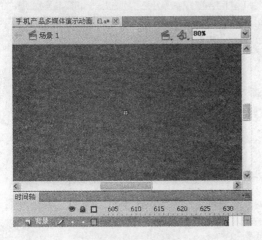

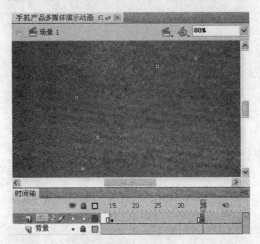

图 3-181　插入帧　　　　　　　　　　　图 3-182　图层 2

（3）锁定"背景"图层和"图层 2"。新建"图层 3"，在第 35 帧处按 F6 键插入关键帧，选择【线条工具】在场景中绘制两条直线，在第 51 帧处按 F7 键插入空白关键帧，如图 3-183 所示。

（4）新建"图层 4"，在第 35 帧处按 F6 键插入关键帧，在【库】面板中将"形状"图形元件拖入到场景中，使用【任意变形工具】旋转，如图 3-184 所示。在第 50 帧处按 F6 插入关键帧，将其向右下方移动，如图 3-185 所示。

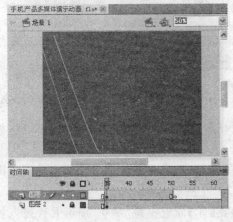

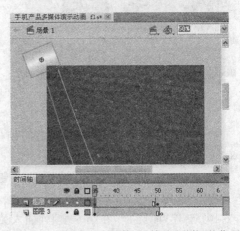

图 3-183　图层 3　　　　　　　　　图 3-184　"图层 4"中的第 35 帧处"形状"的位置

187

（5）在"图层 4"的第 35～50 帧之间创建传统补间动画，并设置"图层 4"为遮罩层，如图 3-186 所示。

（6）新建"图层 5"，在第 50 帧处按 F6 键插入关键帧，利用【线条工具】在场景中绘制两条直线，在第 65 帧处按 F7 键插入空白关键帧，如图 3-187 所示。

（7）新建"图层 6"，在第 50 帧处按 F6 键插入关键帧，在【库】面板中将"形状"图形元件拖入场景中，使用【任意变形工具】旋转，如图 3-188 所示。在第 65 帧处按 F6 键插入关键帧，将其向右下方移动，如图 3-189 所示。

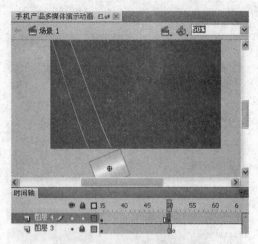

图 3-185 "图层 4"中的第 50 帧处"形状"的位置

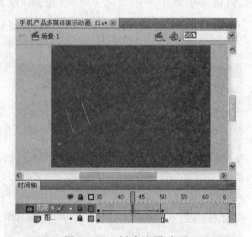

图 3-186 创建遮罩动画

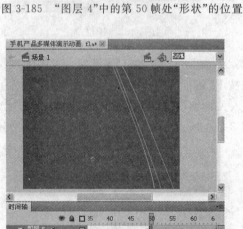

图 3-187 绘制线条

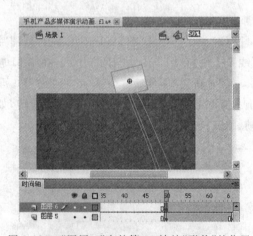

图 3-188 "图层 6"中的第 50 帧处"形状"的位置

（8）在"图层 6"的第 50～65 帧之间创建传统补间动画，并设置"图层 6"为遮罩层，如图 3-190 所示。

（9）新建"图层 7"，在第 65 帧处按 F6 键插入关键帧，在场景中绘制一个手机的线条图形，并在第 86 帧处按 F7 键插入空白关键帧，如图 3-191 所示。

（10）新建"图层 8"，在第 65 帧处插入关键帧，在【库】面板中将"形状"图形元件拖入场景中，使用【任意变形工具】调整图形的大小和方向，如图 3-192 所示。在第 85 帧处插入关键帧，将其向左下方移动，如图 3-193 所示。然后在第 86 帧处插入空白关键帧。

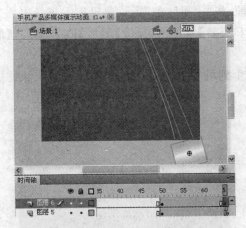

图 3-189　"图层 6"中的第 65 帧处"形状"的位置

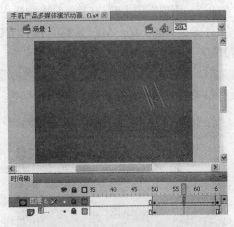

图 3-190　创建遮罩动画

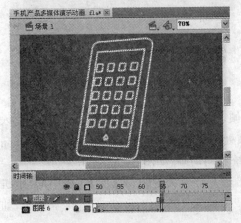

图 3-191　绘制手机线条

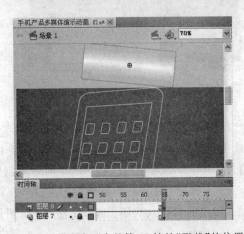

图 3-192　"图层 8"中的第 65 帧处"形状"的位置

（11）在"图层 8"的第 65～85 帧之间创建传统补间动画，并设置"图层 8"为遮罩层，如图 3-194 所示。

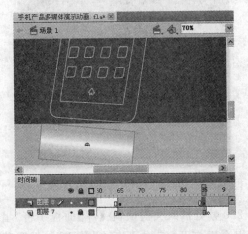

图 3-193　"图层 8"中的第 85 帧处"形状"的位置

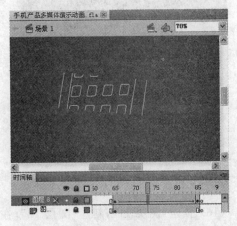

图 3-194　创建遮罩动画

189

（12）新建"图层 9"，在第 86 帧处插入关键帧，将"手机线条"影片剪辑拖入场景中。选择元件实例，按 Ctrl＋Alt＋S 组合键打开【缩放和旋转】对话框，设置【缩放】值为 80％，【旋转】值为－30°，如图 3-195 所示。

（13）将缩放和旋转后的元件实例再复制 5 个到场景中，并在"图层 9"的第 155 帧处插入空白关键帧，如图 3-196 所示。

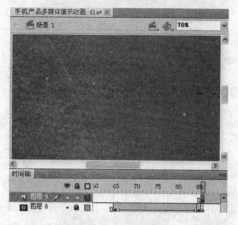

图 3-195　缩放对象

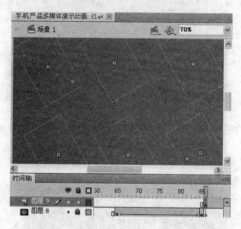

图 3-196　复制对象

（14）新建"图层 10"，在第 146 帧处插入关键帧，在【库】面板中将"手机"图形元件拖入场景中，在第 230 帧处插入关键帧。选择第 146 帧处的元件实例，在【属性】面板中设置【亮度】为－100％，最后在第 146～230 帧之间创建传统补间动画，如图 3-197 所示。

（15）锁定"图层 10"，新建"图层 11"，在第 146 帧处插入关键帧，将【库】面板中的"手机线条"影片剪辑拖入到场景中，并使其与"图层 10"中的第 145 帧的元件实例完全重合，如图 3-198所示。

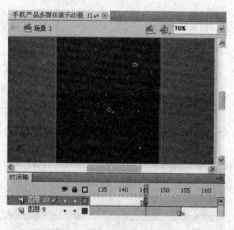

图 3-197　设置实例属性

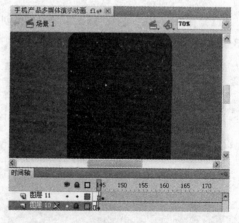

图 3-198　拖入"手机线条"

（16）锁定"图层 11"，新建"图层 12"，在第 220 帧处插入关键帧，在【库】面板中将"星星02"影片剪辑拖入到场景中。按 Ctrl＋Alt＋S 组合键打开【缩放和旋转】对话框，设置其元件实例的【缩放】值为 50％。打开【属性】面板，设置 Alpha 值为 60％；再复制一个元件实例，放在手机右侧偏上的位置，在【属性】面板中设置 Alpha 值为"80％"，如图 3-199 所示。

（17）锁定"图层 12"，新建"图层 13"，在第 222 帧处插入关键帧，在【库】面板中将"星星 02"影片剪辑拖入到场景中，按 Ctrl＋Alt＋S 组合键，打开【缩放和旋转】对话框，设置其元件实例的【缩放】值为 30％，如图 3-200 所示。

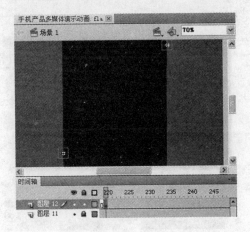

图 3-199　拖入"星星 02"

图 3-200　再次拖入"星星 02"

（18）锁定"图层 13"，新建"图层 14"，在第 226 帧处插入关键帧，在【库】面板中将"星星 01"影片剪辑拖入到场景中，设置其元件实例的【缩放】值为 15％，然后在【属性】面板中设置 Alpha 值为 60％，如图 3-201 所示。

（19）锁定"图层 14"，新建"图层 15"，在第 246 帧处插入关键帧，在【库】面板中将"手机介绍 01"影片剪辑拖入到场景偏左位置，在【属性】面板中设置 Alpha 值为 0。在第 251 帧处插入关键帧，将该帧处的实例向右移动，移动到舞台中央偏右一点，将其 Alpha 值设为 100％，最后在第 246～251 帧之间创建传统补间动画，如图 3-202 所示。

图 3-201　拖入"星星 01"

图 3-202　创建传统补间动画

（20）在"图层 15"的第 253 帧处插入关键帧，将该帧处的实例向左移动。在第 255 帧处插入关键帧，将该帧处的实例向右移动。在 257 帧处插入关键帧，将该帧处的实例向左移动。最后分别在第 251～253 帧之间、第 253～255 帧之间、第 255～257 帧之间创建传统补间动画,如图 3-203 所示。

(21)锁定"图层 15",新建"图层 16",在第 301 帧处插入关键帧,在【库】面板中将"手机介绍 02"影片剪辑拖入到场景偏上位置,设置其 Alpha 值为 0。在第 305 帧处插入关键帧,将该帧处的实例向下移动,移动到舞台中央偏下一点,将其 Alpha 值为 100%,然后在第 301~305 帧之间创建传统补间动画,如图 3-204 所示。

图 3-203　创建传统补间动画

图 3-204　创建传统补间动画

(22)在"图层 16"的第 307 帧处插入关键帧,将该帧处的实例向上移动,在第 309 帧处插入关键帧,将该帧处的实例向下移动。在第 311 帧处插入关键帧,将该帧处的实例向上移动。最后分别在第 305~307 帧之间、第 307~309 帧之间、第 309~311 帧之间创建传统补间动画,如图 3-205 所示。

(23)锁定"图层 16",新建"图层 17",在第 361 帧处插入关键帧,将"手机介绍 03"影片剪辑拖入到场景中,在第 366 帧处插入关键帧,按 Ctrl+Alt+S 组合键,打开【缩放和旋转】对话框,设置实例【缩放】值为 90%。选择第 361 帧的实例,在【缩放和旋转】对话框中设置实例的【缩放】值为 300%;最后在第 361~366 帧之间创建传统补间动画,如图 3-206 所示。

图 3-205　创建传统补间动画

图 3-206　创建传统补间动画

(24)在"图层 17"的第 368 帧处插入关键帧,将该帧处的实例放大,按 F6 键在第 370 帧处插入关键帧,将该帧处的实例缩小,在 372 帧处插入关键帧,将该帧处的实例放大,最后分别在第 366～368 帧之间、第 368～370 帧之间、第 370～372 帧之间创建传统补间动画,如图 3-207所示。

(25)锁定"图层 17",新建"图层 18",按 F6 键在第 411 帧处插入关键帧,将"手机介绍 04"影片剪辑拖入到场景中,在【属性】面板中设置【高度】为 10,【宽度】不变,X 坐标值为 300,Y 坐标值为 225。在第 416 帧处插入关键帧,选中实例,在【属性】面板中设置【高度】为 450,【宽度】不变。最后在第 411～416 帧之间创建传统补间动画,如图 3-208所示。

图 3-207　创建传统补间动画

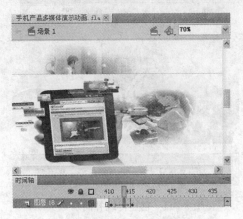

图 3-208　创建传统补间动画

(26)在"图层 18"的第 418 帧处插入关键帧,设置实例的【高度】为 400。在第 420 帧处插入关键帧,设置实例的【高度】为 475。在第 422 帧处插入关键帧,设置实例的【高度】为 450。最后分别在第 416～418 帧之间、第 418～420 帧之间、第 420～422 帧之间创建传统补间动画,如图 3-209 所示。

(27)锁定"图层 18",新建"图层 19",在第 461 帧处插入关键帧,将"手机介绍 05"影片剪辑拖入到场景中。在第 466 帧处插入关键帧,选择第 461 帧的实例,设置其【缩放】值为 5%。选择第 466 帧的实例,设置其【缩放】值为 110%。最后在第 461～466 帧之间创建传统补间动画,如图 3-210 所示。

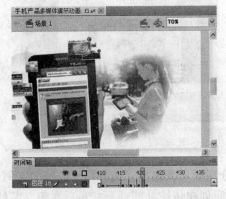

图 3-209　创建传统补间动画

图 3-210　创建传统补间动画

(28)在"图层 19"的第 468 帧处插入关键帧,设置实例的【宽度】为 550,【高度】为 412.5。

在第 470 帧处插入关键帧，设置实例的【宽度】为 630，【高度】为 472.5。在第 472 帧处插入关键帧，设置实例的【宽度】为 600，【高度】为 450。最后分别在第 466～468 帧之间、第 468～470 帧之间、第 470～472 帧之间创建传统补间动画，如图 3-211 所示。

（29）在"图层 19"的第 516 帧和第 521 帧处分别插入关键帧。选择第 521 帧的实例，将其向右移动并移出舞台，然后在第 516～521 帧之间创建传统补间动画。最后在第 522 帧处插入空白关键帧，如图 3-212 所示。

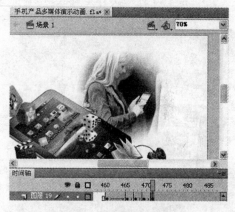

图 3-211　创建传统补间动画

图 3-212　创建传统补间动画

（30）在"图层 18"的第 521 帧和第 526 帧处分别插入关键帧。选择第 526 帧的实例，将其向下移动并移出舞台，然后在第 521～526 帧之间创建传统补间动画。最后在第 527 帧处插入空白关键帧，如图 3-213 所示。

（31）在"图层 17"的第 526 帧和第 531 帧处分别插入关键帧。选择第 531 帧的实例，将其向左移动并移出舞台，然后在第 526～531 帧之间创建传统补间动画。最后在第 532 帧处插入空白关键帧，如图 3-214 所示。

图 3-213　创建传统补间动画

图 3-214　创建传统补间动画

（32）在"图层 16"的第 531 帧和第 536 帧处分别插入关键帧。选择第 536 帧的实例，将其向上移动并移出舞台，然后在第 531～536 帧之间创建传统补间动画。最后在第 537 帧处插入空白关键帧，如图 3-215 所示。

（33）在"图层 15"的第 536 帧和第 541 帧处分别插入关键帧。选择第 541 帧的实例，将其向右下角移动并移出舞台,然后在第 536~541 帧之间创建传统补间动画。最后在第 542 帧处插入空白关键帧,如图 3-216 所示。

　　(34)在"图层 19"上面新建"图层 20"和"图层 21"。分别在"图层 20"和"图层 21"上右击,从弹出的快捷菜单中选择"添加传统运动引导层"命令,分别在两个图层的第 541 帧处插入关键帧,再在"引导层:图层 20"和"引导层:图层 21"的第 541 帧处使用【铅笔工具】绘制两段弧形线条,如图 3-217 所示。

图 3-215　创建传统补间动画

图 3-216　创建传统补间动画

图 3-217　绘制线条

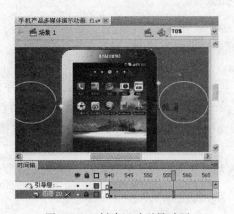

图 3-218　创建运动引导动画

　　(35)在"图层 20"的第 541 帧,将【库】面板中的"文字"图形元件拖入到场景中,按 Ctrl+Alt+S 组合键打开【缩放和旋转】对话框,设置元件实例的【缩放】值为 50%。选中实例,将其拖放到右侧线条的起点。在第 570 帧处插入关键帧。选择第 570 帧的元件实例,将其沿着线条移到终点。创建第 541~570 帧之间的传统补间动画,如图 3-218 所示。

　　(36)选择【插入】/【新建元件】命令,在弹出的【创建新元件】对话框中设置【名称】为"文字 1",【类型】为"图形"。单击【确定】按钮回到场景中,使用【文本工具】输入文字"三星 p1000 3G 手机",如图 3-219 所示。

图 3-219　输入文本

　　(37)按 F7 键在"图层 21"的第 541 帧处插入空白关键帧。将"文字 1"元件拖入场景中,放到左边线条的起点。

按 F6 在第 570 帧处插入关键帧，将实例拖放到左边线条的终点。创建第 541～570 帧之间的传统补间动画，如图 3-220 所示。

（38）锁定上面四个图层，在最上面新建"图层 22"，在第 541 帧处插入关键帧，将【库】面板中的"重新演示"按钮元件拖入到场景中，如图 3-221 所示。

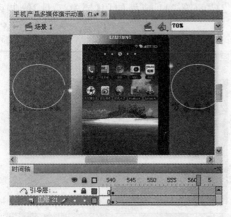
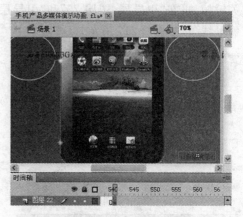

图 3-220　创建传统补间动画　　　　　　　　图 3-221　拖入按钮

（39）选择"图层 22"的第 541 帧的按钮元件实例，按 F9 键打开【动作】面板，输入关键代码如下：

```
on(release){
    gotoAndPlay(1);
}
```

（40）新建"图层 23"，选择【文件】/【导入】/【导入到库】命令，导入素材中的音乐文件"aoyun. mp3"。然后选择"图层 23"第 1 帧，在【属性】面板上的【名称】下拉列表中选择导入的音乐文件，然后设置【同步】选项值为"数据流"、"重复"、"1"，如图 3-222 所示。

（41）选择"图层 20"的第 630 帧，按 F7 键插入空白关键帧，按 F9 键打开【动作】面板，输入如下代码：

```
gotoAndPlay(541);
```

（42）新建"图层 24"，在第 245 帧处插入关键帧，将【库】面板中的"上一个"与"下一个"按钮元件拖入到舞台上如图 3-223 所示的位置。

（43）分别在"图层 24"的第 300 帧、第 360 帧、第 410 帧、第 460 帧、第 516 帧处插入关键帧，在第 537 帧处插入空白关键帧。

（44）选择"图层 24"第 245 帧中的按钮元件"下一个"。打开【动作】面板，输入如下代码：

```
on(press){
    gotoAndPlay(246);
}
```

（45）选择"图层 24"第 245 帧中的按钮元件"上一个"。打开【动作】面板，输入如下代码：

```
on(press){
    gotoAndPlay(1);
}
```

图 3-222　导入音乐

图 3-223　继续拖入按钮

（46）选择"图层 24"第 300 帧中的按钮元件"下一个"。打开【动作】面板，输入如下代码：

```
on(press){
    gotoAndPlay(301);
}
```

（47）选择"图层 24"第 300 帧中的按钮元件"上一个"。打开【动作】面板并输入如下代码：

```
on(press){
    gotoAndPlay(245);
}
```

（48）选择"图层 24"第 360 帧中的按钮元件"下一个"。打开【动作】面板并输入如下代码：

```
on(press){
    gotoAndPlay(361);
}
```

（49）选择"图层 24"第 360 帧中的按钮元件"上一个"。打开【动作】面板并输入如下代码：

```
on(press){
    gotoAndPlay(300);
}
```

（50）选择"图层 24"第 410 帧中的按钮元件"下一个"。打开【动作】面板并输入如下代码：

```
on(press){
    gotoAndPlay(411);
}
```

（51）选择"图层 24"第 410 帧中的按钮元件"上一个"。打开【动作】面板并输入如下代码：

```
on(press){
    gotoAndPlay(360);
}
```

（52）选择"图层 24"第 460 帧中的按钮元件"下一个"。打开【动作】面板并输入如下代码：

```
on(press){
    gotoAndPlay(461);
}
```

（53）选择"图层 24"第 460 帧中的按钮元件"上一个"。打开【动作】面板并输入如下代码：

```
on(press){
    gotoAndPlay(410);
}
```

（54）选择"图层 24"第 516 帧中的按钮元件"下一个"，打开【动作】面板并输入如下代码：

```
on(press){
    gotoAndPlay(517);
}
```

（55）选择"图层 24"第 516 帧中的按钮元件"上一个"，打开【动作】面板并输入如下代码：

```
on(press){
    gotoAndPlay(460);
}
```

（56）新建"图层 25"，分别在第 245 帧、第 300 帧、第 410 帧、第 460 帧、第 516 帧处插入关键帧，并分别为这些帧添加代码"stop();"，如图 3-224 所示。

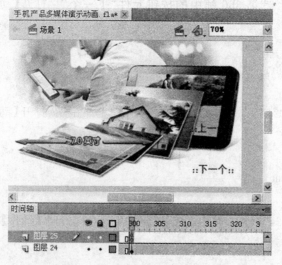

图 3-224　输入代码

3.3.4　超越提高——视频在 Flash 中的应用

Flash 只能导入 FLV 格式或者 SWF 格式的文件，其他格式都不能导入。Flash CS5 也自带了 Adobe Media Encoder 软件，部分文件转换成 FLV 格式，就能导入使用了。

（1）选择【文件】/【导入】/【导入视频】命令，在弹出的【导入视频】对话框中单击【浏览】按钮，如图 3-225 所示。

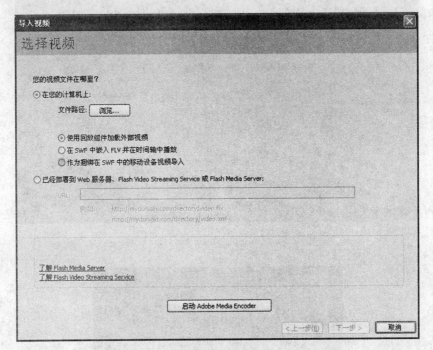

图 3-225　【导入视频】对话框

（2）选择要导入的视频，如果选择的视频文件不是 FLV 或 SWF 格式，则弹出如图 3-226所示的对话框，单击对话框中的【确定】按钮，再单击【导入视频】对话框中的【启动 Adobe Media Encoder】按钮，打开 Adobe Media Encoder 软件，如图 3-227所示。

图 3-226　提示对话框

（3）在 Adobe Media Encoder 软件中单击【添加】按钮，找到要导入到 Flash 中的视频文件，单击【设置】按钮，右侧会弹出如图 3-228 所示的选项。

（4）设置完成后单击【确定】按钮，再单击 Adobe Media Encoder 软件中的【开始列队】按钮，即可将文件转换为 FLV 格式，如图 3-229 所示。

（5）转换结束后，原路径中会出现一个与 F4V 格式有相同名称的文件。选择【文件】/【导入】/【导入视频】命令，单击【文件路径】后面的【浏览】按钮，弹出【打开】对话框，在其中选择要导入的视频文件（F4V 格式），如图 3-230 所示。

图 3-227　Adobe Media Encoder 软件

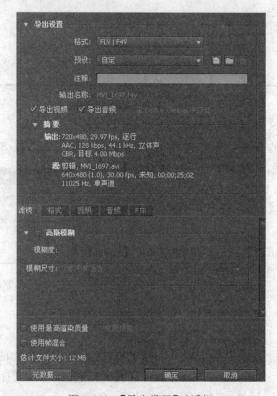

图 3-228　【导出设置】对话框

图 3-229 开始转换

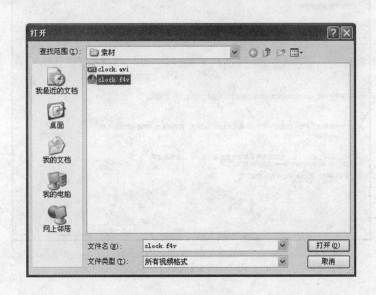

图 3-230 【打开】对话框

单击【打开】按钮,这样"文件路径"后面的文本框中自动出现要导入的视频文件路径。

(6) 单击【下一步】按钮,出现如图 3-231 所示的【外观】向导窗口。

图 3-231　【外观】窗口

（7）单击【下一步】按钮，出现如图 3-232 所示的【完成】窗口。

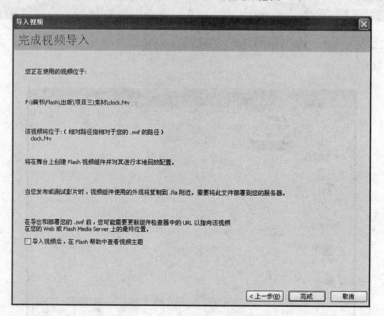

图 3-232　【完成】窗口

（8）单击【完成】按钮，即可将视频文件导入到 Flash 中，如图 3-233 所示。

图 3-233　导入的视频文件

3.4　任务四　测试动画

本任务将测试手机产品的多媒体演示动画。在测试的过程中发现问题应及时修改。

（1）选择【文件】/【保存】命令，将前面创建的动画保存为"手机产品多媒体演示动画.fla"。

（2）按 Ctrl＋Enter 组合键测试动画。

注意：演示手机五大功能时，每一项功能需要完全演示完毕才能单击"下一个"按钮，以便演示下一项手机功能，否则不能正常演示下一项手机功能。

项 目 总 结

　　本项目利用 Flash CS5 软件制作了手机产品多媒体演示动画，采用了创建形状补间动画、设置引导层动画及遮罩动画、添加声音、设定镜头、切换镜头效果、编写 ActionScript 脚本语言等技术，制作了图形元件、影片剪辑元件和按钮元件，还制作了片头，编辑了场景，制作了片尾，制作了 Loading，最后对影片进行了测试。最终实现了手机五大功能的演示，并向用户展示手机的功能和突出优点。

拓展训练——汽车产品广告的设计与制作

　　1. 任务要求：请根据本项目内容，利用 Flash CS5 软件完成一个汽车产品广告的设计与制作。

　　客户的要求：风格独特，镜头流畅，画面精致，富有动感，要能充分展示汽车外观。

　　2. 参考效果如图 3-234 所示。

　　3. 源文件见配套素材。

图 3-234　参考效果图

项目四　Flash MTV 生日贺卡设计与制作

项目描述

生日贺卡是人们对亲人和朋友表达美好祝福和祝愿的一种方式,给朋友一份意外的惊喜。利用 Flash 软件制作的生日贺卡能将图、文、动画、音视频集于一体,充分表达对朋友最衷心的祝福;而且 Flash 动画便于网上传输。本项目的任务就是以一个朋友过生日为标准制作一个 Flash MTV 生日贺卡,包括以下几个任务。

(1) 认识与策划 Flash MTV 生日贺卡。

(2) 利用 Flash 软件制作生日贺卡片头和标题。

(3) 利用 Flash 软件制作生日贺卡元件和场景动画。

(4) 利用 Flash 软件制作生日贺卡片尾。

(5) 测试与发布 Flash MTV 生日贺卡。

项目目标

1. 技能目标

(1) 能设计合理的 Flash MTV 生日贺卡。

(2) 能在 Flash 中导入音乐并判断歌曲的起始帧和终止帧。

(3) 能通过添加形状提示来控制图形的变形过程,以便制作 Flash MTV 生日贺卡片头动画。

(4) 能正确使用滤镜。

(5) 能制作复杂的引导动画。

(6) 能制作复杂的遮罩动画。

(7) 能直接复制元件、交换元件。

(8) 能添加歌词。

(9) 能制作多米诺骨牌式动画。

(10) 能通过代码控制声音的播放和停止。

2. 知识目标

(1) 了解 Flash MTV 生日贺卡的特点和制作要求。

(2) 掌握歌曲中每句歌词起始帧和终止帧的判断方法。

(3) 掌握形状提示的添加方法。

(4) 掌握滤镜的使用方法。

(5) 掌握复杂引导动画的制作原理和技巧。

(6) 掌握复杂遮罩动画的制作原理和技巧。

(7) 掌握元件的操作方法。

(8) 掌握各种歌词效果的制作方法。

(9) 掌握多米诺骨牌式动画的制作方法。

(10) 掌握控制声音播放和停止代码的格式和使用。

通过设计并制作 Flash MTV 生日贺卡,使读者掌握 Flash MTV 生日贺卡的特点和制作要求,能利用 Flash 添加声音、制作元件、编辑场景、编写 ActionScript 代码等知识制作出合理的 Flash MTV 生日贺卡。

4.1 任务一 认识与策划 Flash MTV 生日贺卡

随着网络的日益普及,再加上人们环保观念的不断加深,传统意义上的贺卡已经逐渐淡出人们的视线,取而代之的,是在手机、QQ 或者 E-mail 上发送的那一小串符号,只要轻轻点击,一幅精美的画面就会出现在你的眼前,画里不再是僵硬不动的东西,而是各种好看的动画,还有好听的音乐。新贺卡带来的强烈视觉冲击是以前那张要花几块钱、以破坏环境为代价的小纸卡片所无法比拟的。

不过,随着时间的推移,以前单纯图片式的贺卡已经无法满足人们的需要,互动性越来越强是电子贺卡成为发展的趋势。

4.1.1 任务描述

每当有朋友过生日的时候,礼物成了最头疼的事情,要知道再贵的礼物也不如自己做给朋友的礼物好,而 Flash 制作的生日贺卡绝对是最佳选择。因为 Flash 能将图、文、动画、音视频集于一体,充分表达对朋友最衷心的祝福;而且 Flash 动画便于网上传输。所以,本任务就是在认识 Flash 贺卡的基础上,策划一个 Flash MTV 生日贺卡。

4.1.2 技术视角

贺卡是人们在遇到喜庆的日期或事件的时候互相表示问候的一种卡片,通常人们赠送贺卡的日子包括生日、圣诞、元旦、春节、母亲节、父亲节、情人节等。贺卡上一般有一些祝福的话语。

1. Flash 贺卡的特点

(1) 表现形式多样。如卡片风格、卡通短片风格以及写实风格等。

(2) 制作简单。一个贺卡动画只需准确表达出发送者需要送出的祝福内容即可。

(3) 适合网络传播。

2. Flash 生日贺卡的制作要求

生日贺卡是人们对亲人和朋友表达美好的祝福和祝愿的一种方式,所以在制作时要表达欢快、喜庆的气氛、画面要美观。

(1)根据朋友的喜好首先决定贺卡主题——回忆、搞怪和祝福皆可。写出创意方案及剧本。

(2)依据剧本对故事情节结构进行策划,并绘制分镜头。

(3)根据剧本,选择一个比较合适的 Flash 背景和贺卡背景音乐。

(4)根据剧本,制作 Flash MTV 生日贺卡,要求有自己与朋友的照片、祝福语、动画、音乐和歌词。

预览并检查贺卡的播放效果,对贺卡细节部分进行必要的修改后再发布。

4.1.3　任务实现——生日贺卡的内容

本项目制作的 Flash 生日贺卡包括片头、主体动画和片尾三部分。

(1)片头的内容:生日歌曲响起,布帘打开,标题"生日快乐"慢慢出现,出现"播放"按钮,动画、音乐停止播放。

(2)主体动画的内容:单击"播放"按钮后,多个生日蜡烛环绕出现;生日蛋糕(上面有燃烧的蜡烛)由小到大慢慢出现;主人公生日照片出现;窗户打开,主人公照片出现;祝福语出现(背景为信纸,祝福语以打字效果出现);折扇打开,主人公照片、祝福语出现(跳动效果);整个主体动画伴随着音乐和歌词。

(3)片尾的内容:出现文字"谢谢观赏",布帘关闭,动画、音乐停止,出现"重播"按钮。

4.2　任务二　制作 Flash MTV 生日贺卡片头

4.2.1　任务描述

本项目制作的 Flash MTV 生日贺卡片头包括布帘打开效果和标题出现效果两部分。所以本任务将通过案例介绍歌曲中歌词起始帧和终止帧的判断方法、形状提示的添加方法和滤镜的使用方法,然后制作本项目中的片头动画。

4.2.2　技术视角

1. 控制变形

在项目三中,介绍了形状补间动画简单变形的原理和技巧。但是,有时在使用简单变形时会发现这个命令并不好用,总是出现一些奇怪的变化过程,甚至相同的形状两次做出来变化效果也不同,难道变形不能随意控制吗?回答当然是否定的,可以通过添加形状提示的方法来控制变形过程。

形状提示会标识起始形状和结束形状中相对应的点。例如，如果要补间一张正在改变表情的脸部图画时，可以使用形状提示来标记每只眼睛。这样在形状发生变化时，脸部就不会乱成一团，每只眼睛还都可以辨认，并在转换过程中分别变化。

形状提示包含所有的字母（从 a 到 z），用于识别起始形状和结束形状中相对应的点。最多可以使用 26 个形状提示。起始关键帧上的形状提示是黄色的，结束关键帧的形状提示是绿色的，当不在一条曲线上时为红色。

案例 4-1　通过添加形状提示制作动画

（1）在 Flash CS5 中打开"项目四\案例\添加形状提示制作动画（原始）.fla"文件，可以看到一个女子轮廓的形状补间动画。在影片播放的过程中，对象纠结在了一起，如图 4-1 所示。这并不是我们需要的效果。

（2）在图层"女子"的第 1 帧处单击，确认为当前帧，选择【修改】/【形状】/【添加形状提示】命令，如图 4-2 所示。

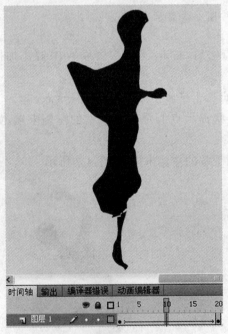

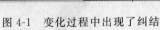

图 4-1　变化过程中出现了纠结

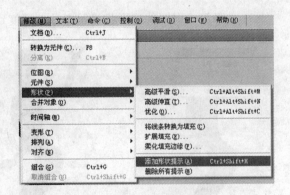

图 4-2　【添加形状提示】命令

（3）选择【视图】/【紧贴】/【紧贴至对象】命令，可以激活工具箱中左下角的【紧贴至对象】按钮，或直接单击该按钮。

（4）此时工作区对象的中心位置用红色的形状提示点ⓐ来标注。将形状提示点ⓐ移动到手掌处，使形状提示点ⓐ贴在手掌的末端，如图 4-3 所示。

（5）将播放头移动到第 20 帧的位置，可以看到形状提示点ⓐ，将该点移动到和步骤（4）中的位置一致的地方，此时该点会自动贴在手掌末端，颜色变成了淡绿色，表示指定的形状提示点ⓐ被激活，如图 4-4 所示。

图 4-3　添加形状提示(第 1 帧)　　　　　　　图 4-4　添加形状提示(第 20 帧)

（6）将播放头调整到第 1 帧并选择形状提示点ⓐ后,右击,选择快捷菜单中的【添加提示】命令,如图 4-5 所示。

注意:将鼠标放到形状提示点上,鼠标右下角出现十字时才能选中形状提示点。

（7）在舞台中新增形状提示点ⓑ,用鼠标将形状提示点ⓑ拖动到手掌的左侧末端,如图 4-6 所示。

（8）选择第 20 帧,并将形状提示点ⓑ点调整到手掌的左侧末端,如图 4-7 所示。

图 4-5　添加提示　　　　　图 4-6　第 1 帧ⓑ的位置　　　　图 4-7　第 20 帧ⓑ的位置

（9）播放动画,找到形状补间不满意的地方后,再重复上面的操作,继续添加形状提示。

（10）在该实例中,添加了 4 处形状提示,如图 4-8 和图 4-9 所示。最终获得了圆满的动画效果。

图 4-8　第 1 帧的形状提示　　　图 4-9　第 20 帧的形状提示

提示：

（1）在应用变形动画之后，在关键帧中选择对象，并选择【修改】/【形状】/【添加形状提示】命令，也可以加入一个提示点。

（2）并不是应用越多的提示点获得的效果越好，可根据具体情况而定。

案例 4-2　鸡蛋变小鸡

（1）新建影片文档和设置文档属性

启动 Flash CS5，新建一个影片文档。打开【属性】面板，设置【背景颜色】为绿色，其他参数保持默认值。

（2）绘制鸡蛋

① 在工具箱中按下【矩形工具】数秒，在弹出的工具菜单中选择【椭圆工具】。设置【填充色】为"无"，然后在舞台上拖动鼠标绘制一个椭圆，接着使用【选择工具】局部修改椭圆的形状，使它更加接近鸡蛋的形状，如图 4-10 所示。

② 打开【颜色】面板，选择【填充类型】为"径向渐变"，定义为"淡黄（＃FBE9BF）"到"橙黄（＃FF9900）"的渐变，如图 4-11 所示。

图 4-10　绘制鸡蛋　　　　图 4-11　设置渐变色　　　　图 4-12　完成绘制的鸡蛋

③ 选择工具箱中的【颜料桶工具】，将鼠标指针移动到鸡蛋的左上方并单击来填充颜

色。接着使用【选择工具】选中鸡蛋的轮廓线，按 Delete 键把它删除，完成绘制的鸡蛋如图 4-12 所示。

（3）绘制小鸡

① 将"图层 1"重命名为"变形"，单击"变形"图层的第 70 帧，按 F7 键插入空白关键帧。

② 在工具箱中选择【椭圆工具】，设置【笔触色】为"无"，【填充色】为"黄色"。然后在舞台上拖动鼠标绘制两个椭圆，接着使用【选择工具】局部修改椭圆的形状，通过叠加绘制形成小鸡的身体形状，如图 4-13 所示。

③ 选择【线条工具】，绘制出小三角形状的鸡嘴，如图 4-14 所示。选择【刷子工具】绘制鸡腿，接着再复制出另一条腿，如图 4-15 所示。

图 4-13　绘制小鸡身体

图 4-14　绘制鸡嘴

图 4-15　绘制鸡腿

④ 将绘制完成的鸡嘴、鸡腿和身体组装在一起，效果如图 4-16 所示。

（4）绘制眼睛和羽毛

① 单击【时间轴】面板中的【新建图层】按钮，新建一个图层，将它重命名为"眼睛和羽毛"。在这个图层的第 70 帧，按 F7 键插入空白关键帧。

② 选择工具箱中的【椭圆工具】，设置【笔触颜色】为"无"，【填充颜色】为"橘黄色"，在舞台上绘制出眼睛。然后选择【刷子工具】，设置【填充颜色】为"淡土黄色"，绘制出羽毛，效果如图 4-17 所示。

图 4-16　绘制完成的小鸡

图 4-17　绘制眼睛和羽毛

（5）创建形状补间动画

① 选择"变形"图层的第 10 帧，按 F6 键插入关键帧。

② 保持第 10 帧被选择的状态，右击，从弹出的快捷菜单中选择【创建补间形状】命令，如图 4-18 所示，完成形状补间动画的定义。

这时可以看到，时间轴变成绿色背景、带箭头的实线，如图 4-19 所示。

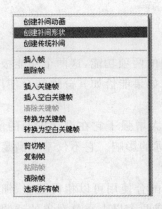

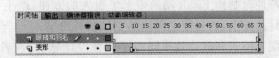

图 4-18　【创建补间形状】命令　　　　图 4-19　创建补间形状动画

(6) 添加形状提示

① 选中"变形"图层的第 10 帧,接着选择【修改】/【形状】/【添加形状提示】命令(组合键为 Ctrl＋Shift＋H),可以看到鸡蛋上出现了一个带有字母的红色提示符,再次执行命令添加第 2 个形状提示,如图 4-20 所示。

② 拖动第 10 帧上的两个形状提示到鸡蛋的上下边上。接着选中第 70 帧,拖动形状提示符到小鸡的身体两侧,可以看到第 10 帧上的形状提示变成了黄色,第 70 帧上形状提示变成了绿色。说明形状提示定义成功。图 4-21 是第 10 帧和第 70 帧的效果。

图 4-20　添加形状提示

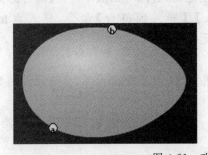

图 4-21　改变形状提示的位置

③ 选中两个图层的第 80 帧,按 F5 键插入帧。此时的时间轴图层效果如图 4-22 所示。

图 4-22　时间轴图层效果

④ 按 Ctrl＋S 组合键保存文件。按 Ctrl＋Enter 组合键测试动画效果,鸡蛋变小鸡的

形状补间动画制作完成。

2. 滤镜和混合模式的使用

滤镜和混合模式是 Flash CS5 在设计动画时非常实用的两项功能,这两个功能极大地增强了 Flash 设计方面的能力。它们珠联璧合,相得益彰,如果能恰如其分地结合使用,将能创造出意想不到的艺术效果。

Flash CS5 的滤镜功能,借用了 Photoshop 的设计,大大增强了它在设计方面的能力。这项特性对制作 Flash 动画带来了极大的方便,产生了深远的影响。它不仅基本满足了绘图设计的需求,而且使动画作品更加精彩纷呈。

混合模式和滤镜效果同源于图像设计软件,两者相互配合使用可以相得益彰、锦上添花。使用混合模式,可以创建复合图像。复合是改变两个或两个以上重叠对象的透明度或者颜色相互关系的过程。还可以混合重叠影片剪辑中的颜色,从而创造出独特的效果。

案例 4-3　夕阳红

"夕阳无限好,只是近黄昏。"夕阳自古以来就给人以无尽的享受和无穷的遐想。运用滤镜效果和混合模式来表现夕阳红壮观的一幕自然充满了令人侧目的美。

本案例利用 Flash 强大的滤镜效果和混合模式制作夕阳红的一个镜头,波涛平缓地起伏,海鸥和文字在经过不同的背景区域时呈现出不同的姿态,极富镜头感。

制作步骤如下:

(1) 新建影片文档和设置文档属性

启动 Flash CS5,新建一个影片文档。保持默认参数值。

(2) 导入位图

① 选择【文件】/【导入】/【导入到舞台】命令,将准备好的素材图片(项目四\素材\夕阳.jpg)导入到舞台中。

② 选择【插入】/【新建元件】命令,在弹出的【创建新元件】对话框中设置【名称】为"海鸥1",【类型】为"影片剪辑"。选择【文件】/【导入】/【导入到舞台】命令,导入素材中的"gif001.gif"文件。用同样的方法,创建影片剪辑元件"海鸥 2"。

(3) 制作简单的元件

① 制作"边框 1"元件。新建一个名称为"边框 1"的影片剪辑元件,在该元件的编辑场景中绘制边框形状,如图 4-23 所示。

② 制作"边框 2"元件。改变填充色,绘制一个名称为"边框 2"的影片剪辑元件,如图 4-24 所示。

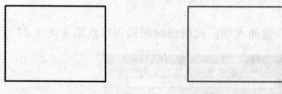 

图 4-23　"边框 1"元件　　　　图 4-24　"边框 2"元件　　　　图 4-25　海鸥

③ 制作"海鸥飞翔"元件。新建一个名称为"海鸥飞翔 1"的影片剪辑元件,将【库】面板中的"海鸥 1"影片剪辑元件拖放到舞台上,在第 80 帧按 F6 键插入关键帧。创建第 1～

80帧的传统补间动画,然后将第80帧上的海鸥实例拖放到左上方,减小该实例的大小和透明度,如图4-25所示。用同样的方法,创建影片剪辑元件"海鸥飞翔2"。

④ 制作"文字"元件。新建一个名称为"文字"的影片剪辑元件,在该元件的编辑场景中设置【字体】为"黑体",【字号】为45,【颜色】为"红色",文字为斜体。接着输入"夕阳红"3个字,为其添加"渐变发光"滤镜效果,如图4-26所示。

⑤ 在第50帧插入关键帧,在第60帧插入帧。然后运用【任意变形工具】将第50帧上的文字放大,并向上拖动一段距离,最后定义第1～50帧间的传统补间动画。

最终效果如图4-27所示。

(4) 运用滤镜效果制作波纹动画效果

① 新建一个名称为"波纹"的影片剪辑元件,选择【刷子工具】,在【属性】面板中设置【填充颜色】为"赭色",【平滑】选项值为50,如图4-28所示。

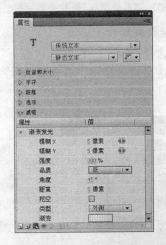

图 4-26　滤镜参数　　　　　图 4-27　文字效果　　　　　图 4-28　【刷子工具】的属性

② 使用【刷子工具】在舞台上画出不规则的波纹状图形,如图4-29所示。

③ 新建一个名称为"波纹上"的影片剪辑元件。在这个元件的编辑场景中,将"波纹"元件从【库】中拖放到舞台上。

④ 分别在第20帧、第40帧处插入关键帧,并设置传统补间运动。在第20帧处,将"波纹"元件向右斜上方稍微移动(x 为 20,y 为－20)一点。制作完毕,"波纹"将会作从下向上然后再向下的运动。打开【绘图纸外观】按钮可以看到其移动轨迹,如图4-30所示。

图 4-29　绘制波纹状图形　　　　　图 4-30　"波纹上"影片剪辑元件

⑤ 下面制作波纹向下运动的元件,其运动方向与"波纹上"刚好相反,是先向下再向上的运动。新建一个名称为"波纹下"的影片剪辑元件。在这个元件的编辑场景中,将"波纹"元件从"库"中拖放到舞台上。

⑥ 分别在第 20 帧、第 40 帧处插入关键帧,并设置传统补间运动。在第 20 帧处,将"波纹"元件向左斜下方向略加移动(x 为-20,y 为 20)。

⑦ 新建一个名称为"重叠波纹"的影片剪辑元件。在这个元件的编辑场景中,将"波纹上"元件从【库】面板中拖放到舞台上。

⑧ 插入一个新图层,在"图层 2"中放入"波纹下"元件。调整实例位置,使"波纹下"的位置比"波纹上"略高,如图 4-31 所示。

图 4-31 "重叠波纹"影片剪辑元件

⑨ 新建一个名称为"模糊波纹"的影片剪辑元件。在这个元件的编辑场景中,将"重叠波纹"元件从【库】面板中拖放到舞台上。

⑩ 打开【属性】面板的【滤镜】选项,在弹出的滤镜菜单中选择"模糊"。在默认状态下,X轴与 Y轴的模糊值是同步变化的。单击旁边的锁状按钮,解除其同步锁定。分别修改 X 与 Y 的模糊值,如图 4-32 所示。

图 4-32 设置模糊滤镜

图 4-33 填充颜色设置

⑪ 将"波纹"影片剪辑元件的【填充颜色】改为"径向渐变",用来制作光亮集中的水波,好像夕阳下的波光一样,其颜色设置如图 4-33 所示。

运用放射状填充色后的"波纹"影片剪辑元件如图 4-34 所示。

图 4-34 "波纹"影片剪辑元件

(5) 运用滤镜效果和混合模式制作主动画

① 回到主场景,新建一个图层,命名为"边框"。将"边框 1"和"边框 2"影片剪辑元件拖放到舞台上,调整内外框的位置。选中"边框 1"实例,打开【属性】面板中的【滤镜】选项,选择"渐变斜角"滤镜,其设置如图 4-35 所示。

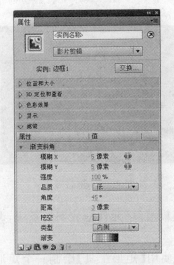

图 4-35　"渐变斜角"滤镜设置

图 4-36　"边框 1"效果

此时的"边框 1"效果如图 4-36 所示。

② 接着为"边框 2"实例添加"渐变斜角"滤镜,其设置如图 4-37 所示。

这样,边框效果就完成了,如图 4-38 所示。

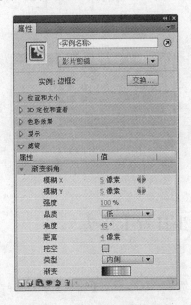

图 4-37　"渐变斜角"滤镜设置

图 4-38　"边框 2"效果

③ 从【库】面板中拖放"文字"元件到夕阳图片的中央,选中"文字"实例,单击【属性】面板中【显示】选项"混合"后面的三角按钮,在弹出的下拉列表中选择"叠加"模式,如图 4-39 所示。这样,文字在运动时经过不同区域会呈现出不同的颜色,非常符合客观情况。

④ 按同样的方法拖放 2 个"海鸥飞翔"元件到夕阳图片的右下角,选中两个实例,单击【属性】面板中的"混合"后面的三角按钮,在弹出的下拉列表中选择"增加"模式。此时的舞台效果如图 4-40 所示。

图 4-39　叠加模式

图 4-40　舞台效果

⑤ 创建新图层,将其重新命名为"海浪",将"模糊波纹"元件拖放到场景中,调整它的大小和位置。

⑥ 创建新图层,将其重新命名为"遮罩",接着使用【矩形工具】绘制一个矩形并刚好将大海遮住,如图 4-41 所示。

⑦ 选择"遮罩"图层,右击,在弹出的快捷菜单中选择"遮罩"命令,定义遮罩动画。此时的时间轴效果如图 4-42 所示。

图 4-41　绘制遮罩

图 4-42　时间轴效果

至此,本范例制作完毕。

4.2.3　任务实现——制作 Flash MTV 生日贺卡片头

1. 打开文件

在 Flash CS5 中打开"项目四\案例\Flash 生日贺卡. fla",设置【帧频】为 12fps,【背景颜色】为"红色"。

2. 制作动画背景

(1) 将"图层 1"重命名为"背景",选择【矩形工具】,单击选项组中的【对象绘制】按钮,设置【笔触颜色】为"无",打开【颜色】面板,设置【填充类型】为"线性渐变",【颜色】为"红色(♯FF0000)"到"黄色(♯F8F839)",然后在舞台中绘制一个矩形,在【属性】面板上设置【宽】为 550,【高】为 400,坐标值 X、Y 均为 0,如图 4-43 所示。

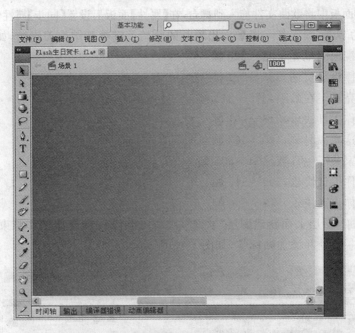

图 4-43 绘制矩形

（2）选择【渐变变形工具】，将矩形的填充颜色设置为如图 4-44 所示效果。

图 4-44 调整矩形填充颜色的方向

3. 导入歌曲

（1）锁定"背景"图层，单击【时间轴】面板上的【新建图层】按钮，新建一个图层，重命名为"歌曲"。

（2）从【库】面板中将歌曲文件拖入到舞台，在【属性】面板上设置【同步】属性值为"数据流"。结合歌曲的节奏，确定某一段歌词出现时的开始关键帧和结束关键帧，如下所示。

第一句：凝视闪闪星光，188～226帧

第二句：手捧篇篇贺词，228～271帧

第三句：月亮星星在歌唱，273～311帧

第四句：祝你生日快乐，313～361帧

第五句：在这幸福时刻，420～462帧

第六句：大家共唱生日歌，464～507帧

第七句：祝你生日快乐，509～547帧

第八句：祝你永远快乐，549～590帧

（3）在"歌曲"图层上面新建图层"歌词"，在每一句歌词的开始帧和结束帧处插入空白关键帧，并在第一帧处并添加帧标签，如图4-45所示。

图4-45　添加帧标签

4. 制作布帘打开的动画效果

（1）制作"左布帘"

① 将前面三个图层锁定，并选中图层"歌词"，单击【时间轴】面板的【新建图层】按钮，插入一个新图层，并命名为"左布帘"。

② 选择【矩形工具】，取消【工具箱】选项区中【对象绘制】按钮的选择，设置【笔触颜色】为"黑色"、【笔触高度】为2、【填充颜色】为"红色"，然后在舞台的左上角绘制一个矩形对象，在【属性】面板上设置其【宽度】为275，【高度】为320，如图4-46所示。

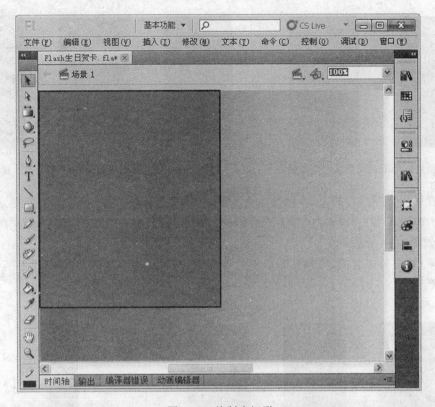

图 4-46　绘制小矩形

③ 选择"左布帘"图层的第 15 帧,按 F6 键,插入关键帧,然后在工具箱中选择【选择工具】,利用该工具调整矩形右边上下两个角点的位置和左边缘的形状,如图 4-47 所示。

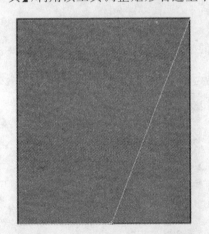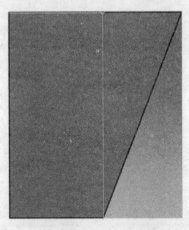

图 4-47　调整矩形的角点位置和边缘形状

④ 继续使用【选择工具】调整矩形下边缘的形状,接着选择【添加锚点工具】,在矩形下边缘上的不同位置上单击,添加 3 个锚点,如图 4-48 所示。

⑤ 添加锚点后,选择工具箱中的【部分选取工具】,然后选择锚点的变形手柄,并通过该手柄调整路径的形状,如图 4-49 所示。

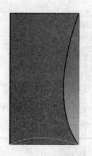

图 4-48　调整矩形下边缘形状并添加锚点　　　　图 4-49　调整图形下边缘路径的形状

⑥ 在图层"左布帘"的第 30 帧处插入关键帧,然后选择【添加锚点工具】,并在矩形的右边缘下方单击,添加一个锚点。接着选择【部分选取工具】,将右上角的角点和新增的锚点移到左边,如图 4-50 所示。

⑦ 使用【部分选取工具】调整图形下边缘的锚点,并通过调整锚点的变形手柄,调整路径的形状,如图 4-51 所示。

图 4-50　新增锚点并调整锚点的位置　　　　图 4-51　调整下边缘锚点的
　　　　　　　　　　　　　　　　　　　　　　　　　　位置和路径形状

⑧ 使用步骤⑥的方法添加锚点,然后按住该锚点的变形手柄,调整路径的形状,如图 4-52所示。

图 4-52　调整图形右边缘的形状

⑨ 调整图形在第 15 帧和第 30 帧的形状后,拖动鼠标指针选择第 1～ 30 帧之间的多个帧,然后在帧上右击,从弹出的快捷菜单中选择【创建补间形状】命令,为关键帧之间创建补间形状动画,如图 4-53 所示。

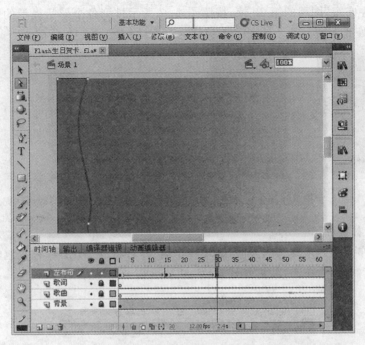

图 4-53 创建补间形状动画

⑩ 选择图层"左布帘"的第 1 帧,然后选择【修改】/【形状】/【添加形状提示】命令,添加形状提示。然后选择 a 点,并按住 Ctrl 键拖动该点来添加其他形状提示,最后将 a 到 d 点的形状提示分别按如图 4-54 所示设置。

⑪ 选择"左布帘"的第 15 帧,然后按照图 4-55 所示的位置,分别调整各个形状提示的位置。

图 4-54 添加形状提示并分布它们的位置

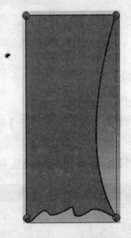

图 4-55 调整第 15 帧形状提示的位置

⑫ 继续选择第 15 帧,然后选择【修改】/【形状】/【添加形状提示】命令,添加形状提示后,按住 Ctrl 键拖动 a 点,添加其他形状提示,接着根据顺时针的方向排列形状提示的位置,如图 4-56 所示。

⑬ 选择"左布帘"图层的第 30 帧,按照图 4-57 所示排列各个形状提示的位置。在该图层的第 100 帧处插入帧。

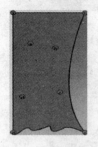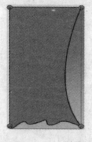

图 4-56 　添加形状提示并调整它们的位置 　　　图 4-57 　调整第 30 帧的形状提示位置

(2) 制作"右布帘"

使用前面步骤①～步骤⑬的方法,新增一个名为"右布帘"的图层,根据制作"左布帘"打开效果的方法,制作"右布帘"的打开效果,如图 4-58 所示。

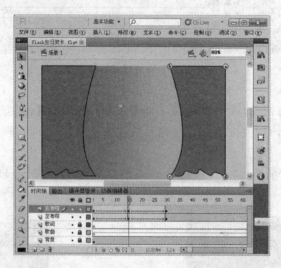

图 4-58 　创建右布帘图形的形状变化动画

(3) 制作"扎花"图形元件

① 选择【插入】/【新建元件】命令,打开【创建新元件】对话框,设置【名称】为"扎花"、【类型】为"图形",如图 4-59 所示。

② 选择【铅笔工具】,绘制扎花图形,填充黄色并绘制高光和阴影效果,如图 4-60 所示。

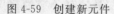

图 4-59 　创建新元件 　　　　　　　　　　图 4-60 　绘制扎花图形

（4）将"扎花"拖入舞台并制作动画

① 单击【时间轴】面板的【新建图层】按钮，新建一个图层，并命名为"左布帘扎花"，然后在该图层的第 27 帧处按 F6 键插入关键帧，接着将【库】面板中的"扎花"图形元件拖入到舞台左边，如图 4-61 所示。

图 4-61 "扎花"位置　　　　图 4-62 将"扎花"拖入舞台　　　　图 4-63 调整"扎花"的位置

② 在"左布帘扎花"图层第 31 帧处插入关键帧，然后将"扎花"实例拖入舞台，如图 4-62 所示。接着在第 32 帧处插入关键帧，并稍微向左移动"扎花"实例，如图 4-63 所示。

③ 选择"左布帘扎花"图层的第 27 帧，右击，从弹出的快捷菜单中选择【创建传统补间】命令，为关键帧之间创建传统补间动画，如图 4-64 所示。

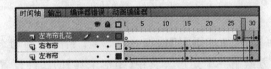

图 4-64 创建传统补间动画

④ 单击【时间轴】面板的【新建图层】按钮，插入一个新图层并命名为"右布帘扎花"，然后在该图层的第 27 帧处插入关键帧，接着将【库】面板中的"扎花"图形元件拖入到舞台右边，再将该元件水平翻转，如图 4-65 所示。

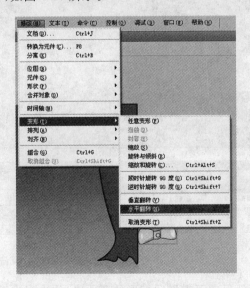

图 4-65 插入"扎花"图形元件并水平翻转

⑤ 使用步骤①和步骤③的方法,在"右布帘扎花"图层第 31 帧处插入关键帧,然后将"扎花"图形元件拖入舞台。接着在第 32 帧处插入关键帧,并稍微向右移动"扎花"图形元件,最后创建传统补间动画,结果如图 4-66 所示。

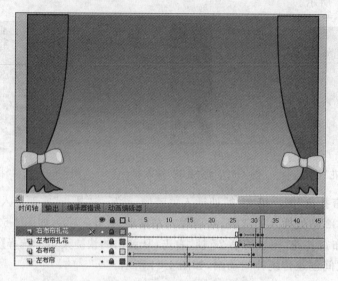

图 4-66　创建右边扎花的补间动画

⑥ 单击【时间轴】面板的【新建图层】按钮,插入一个新图层并命名为"上挂帘",然后使用【矩形工具】在舞台上方绘制一个矩形。其中【矩形工具】的属性设置如图 4-67 所示。

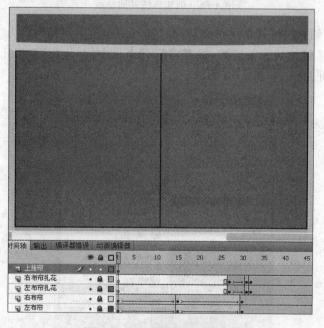

图 4-67　插入图层并绘制图形

⑦ 选择【选择工具】,然后向下方拖动矩形的下边缘,使之变成弧形,如图 4-68 所示。

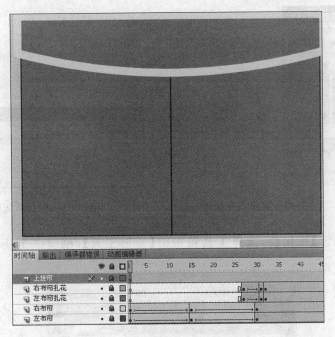

图 4-68　调整矩形下边缘的形状

5. 制作标题

（1）单击【时间轴】面板的【新建图层】按钮，插入一个新图层并重命名为"生日歌"，在该图层的第 33 帧处插入关键帧。

（2）选择【插入】/【新建元件】命令，弹出"创建新元件"对话框，设置【名称】为"生日歌"、【类型】为"影片剪辑"，如图 4-69 所示。

（3）单击【确定】按钮后，选择工具箱中的【文本工具】，在舞台上输入"生日歌"三个字，属性设置如图 4-70 所示。

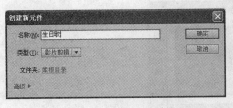

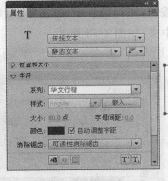

图 4-69　创建新元件　　　　　　　　　　图 4-70　输入文字

（4）选择【修改】/【分离】命令两次，将文字打散，设置颜色并填充，如图 4-71 所示。

（5）选择【插入】/【新建元件】命令，弹出【创建新元件】对话框，设置【名称】为"矩形"、【类型】为"图形"，如图 4-72 所示。

225

图 4-71　分离文字并填充颜色　　　　　　　　图 4-72　创建新元件

（6）单击【确定】按钮后，选择工具箱中的【矩形工具】，绘制一个矩形，属性设置如图 4-73 所示。

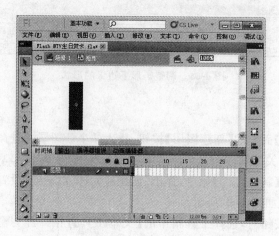

图 4-73　绘制矩形

（7）单击【场景 1】按钮，回到场景中，单击"生日歌"图层的第 33 帧，将【库】面板中的"生日歌"元件拖放到舞台中央，如图 4-74 所示。

图 4-74　将"生日歌"元件拖到舞台

（8）选中"生日歌"实例，打开【属性】面板中的【滤镜】选项，单击【添加滤镜】按钮，从弹出的快捷菜单中选择"投影"，并设置属性，如图 4-75 所示。

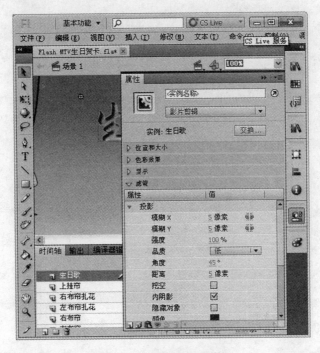

图 4-75　设置"投影"滤镜

（9）按照步骤（8）同样的方法设置"发光"滤镜，如图 4-76 所示。

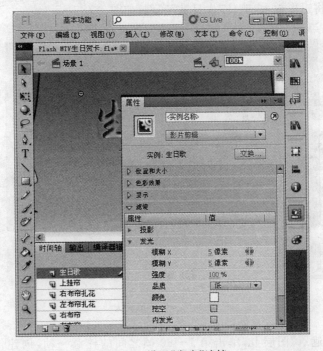

图 4-76　设置"发光"滤镜

（10）新建图层并重命名为"矩形遮罩"，在该图层的第33帧处插入关键帧，将【库】面板中的"矩形"元件拖入到舞台上，放置在"生日歌"的左边，如图4-77所示。

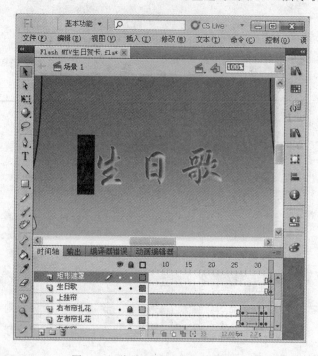

图 4-77　将"矩形"元件拖到舞台上

（11）单击"矩形遮罩"图层的第80帧，插入一个关键帧，选择工具箱中的【任意变形工具】，按住 Alt 键，将矩形放大，遮住"生日歌"实例，如图4-78所示。

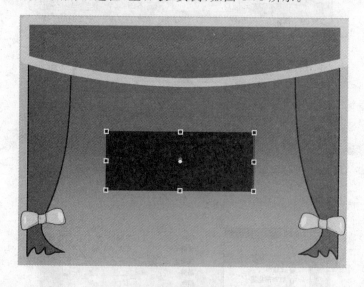

图 4-78　将矩形放大

（12）在"矩形遮罩"图层上，单击第1～80帧之间的任意一帧，创建传统补间动画，如图 4-79 所示。

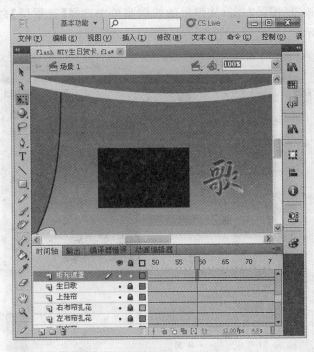

图 4-79　创建传统补间动画

（13）单击"生日歌"图层的第 80 帧，插入一个关键帧。单击该图层的第 100 帧，插入一个关键帧，在【属性】面板上设置第 100 帧实例的透明度为 0。分别创建第 33～80 帧和第 80～100 帧之间的传统补间动画，如图 4-80 所示。

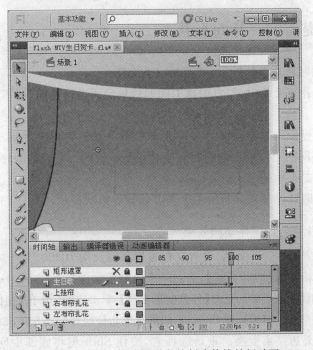

图 4-80　设置实例的透明度并创建传统补间动画

（14）在"矩形遮罩"图层右击，从弹出的快捷菜单中选择【遮罩层】命令，即创建了遮罩动画，如图4-81所示。

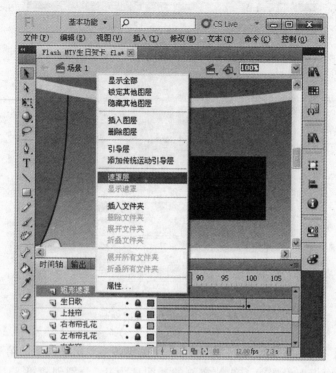

图4-81　创建遮罩动画

4.2.4　超越提高——补间形状

要在补间形状时获得最佳效果，请遵循以下准则。

（1）在复杂的补间形状中，需要创建中间形状然后再进行补间，而不要只定义起始和结束的形状。

（2）确保形状提示是符合逻辑的。例如，如果在一个三角形中使用三个形状提示，则在原始三角形和要补间的三角形中它们的顺序必须是一致的。它们的顺序不能在第一个关键帧中是abc，而在第二个中是acb。

（3）如果按逆时针顺序从形状的左上角开始放置形状提示，它们的工作效果最好。

案例4-4　卡片翻转的立体动画效果

（1）新建一个Flash CS5文档，设置文档宽度和高度均为300。

（2）选择工具箱中的【矩形工具】，绘制一个没有笔触的矩形，如图4-82所示。

（3）在第10帧插入关键帧。选择【任意变形工具】，单击选项区中的【扭曲】按钮。按住Shift键，将顶部的角拉离形状。继续按住Shift键，将底部的角拉向相反的方向，如图4-83所示。

（4）单击形状外边结束变换。重新选择它，按住Shift键将底部中间的手柄向上拖，将在垂直方向约束形状，如图4-84所示。

图 4-82　绘制矩形　　　　图 4-83　水平变形　　　　　　图 4-84　垂直变形

（5）打开洋葱皮工具，将看到前面的帧。将新变化的图形定位到从洋葱皮上看到的原始图像的中间，如图 4-85 所示。

（6）创建第 1～10 帧之间的补间形状。选择第 11 帧，按 F6 键插入关键帧。在第 11 帧将形状垂直翻转，如图 4-86 所示。

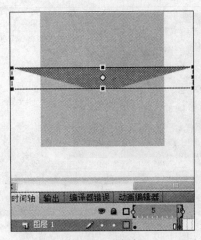

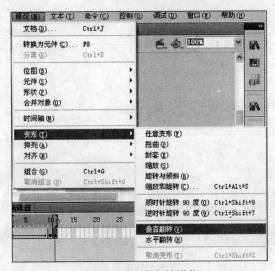

图 4-85　移动　　　　　　　　　　图 4-86　垂直翻转形状

（7）选择第 1 帧并复制该帧，然后在第 20 帧粘贴帧，如图 4-87 所示。

（8）创建第 11～20 帧之间的补间形状，如图 4-88 所示。

（9）按 Enter 键测试，发现这并不是我们想要的效果。这时，需要添加一些形状提示纠正一下这个问题。选择第 1 帧，选择【修改】/【形状】/【添加形状提示】命令，添加一个形状提示，在该形状提示上右击，从弹出的快捷菜单中选择【添加提示】命令，添加第二个形状提示。将这两个形状提示分别放到矩形的两个角上，如图 4-89 所示。

（10）选择第 10 帧，分别将两个形状提示移动到合适的位置，如图 4-90 所示。

（11）用同样的方法在第 11 帧上添加形状提示，如图 4-91 所示。

（12）选择第 20 帧，将两个形状提示分别放到合适的位置，如图 4-92 所示。

（13）用一个稍暗一点儿的颜色填充第 10 帧和第 11 帧。

（14）最后测试并保存动画。

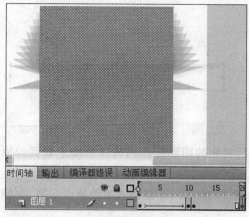

图 4-87　粘贴帧

图 4-88　创建补间形状

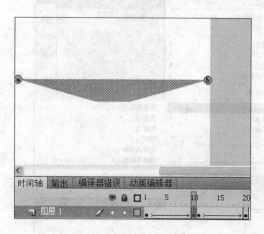

图 4-89　添加形状提示

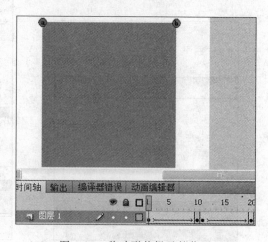

图 4-90　移动形状提示的位置

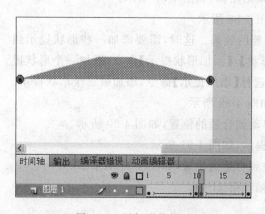

图 4-91　添加形状提示

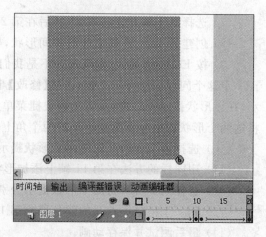

图 4-92　移动形状提示的位置

4.3 任务三 制作 Flash MTV 生日贺卡主体动画

4.3.1 任务描述

前面已经策划好了 Flash MTV 生日贺卡,并制作了 Flash MTV 生日贺卡的片头动画。本任务将通过案例介绍多个被引导层的引导动画、逐帧动画、元件操作和复杂遮罩动画等知识,并制作 Flash MTV 生日贺卡主体动画,包括生日蜡烛动画、生日蛋糕动画、照片动画、祝福语动画、折扇打开效果、文字发光效果和添加歌词等内容。

4.3.2 技术视角

1. 多层引导动画

多层引导动画,就是利用一个引导层同时引导多个被引导层中的对象。

一般情况下,创建引导层后,引导层只与其下的一个图层建立链接关系。如果要使引导层能够引导多个图层,可以将图层拖移到引导层下方,或通过更改图层属性的方法添加需要被引导的图层。

为一个引导层成功创建多个被引导层后,多层引导动画即创建完成,如图 4-93 所示。

案例 4-5 蝴蝶飞舞

(1) 新建一个 Flash CS5 文档,选择【修改】/【文档】命令,打开【文档设置】对话框,设置【宽度】为 356,【高度】为 290,【帧频】为 12fps,如图 4-94 所示。

图 4-93 多层引导

图 4-94 设置文档属性

(2) 选择【文件】/【导入】/【导入到舞台】命令,打开【导入】对话框,选择"项目四\素材\flower.jpg",选中导入的图片,在【属性】面板上设置 X 值为 0,Y 值为 0,如图 4-95 所示。

(3) 双击图层"图层 1"的名称,重命名为"背景"。单击【新建图层】按钮,新建一个图层并重命名为"蝴蝶 1"。选择【文件】/【导入】/【导入到舞台】命令,打开【导入】对话框,选择"项目四\素材\hd.gif",如图 4-96 所示。

图 4-95 设置图片属性

图 4-96 导入蝴蝶

（4）按 Ctrl＋B 组合键将图片打散，选择工具箱中的【套索工具】，单击工具箱选项区中的【魔术棒】按钮，在蝴蝶的白色区域单击，按 Delete 键删除。重复多次，将蝴蝶的白色背景去除，如图 4-97 所示。

（5）选中蝴蝶，选择工具箱中的【任意变形工具】，在选项区中单击【旋转与倾斜】按钮，调整蝴蝶，如图 4-98 所示。

图 4-97 处理后的蝴蝶

图 4-98 修改蝴蝶的形状

（6）选中蝴蝶，按 F8 键，在弹出的【转换为元件】对话框中设置【名称】为"蝴蝶"，【类型】为"图形"，再对齐中心点，如图 4-99 所示。

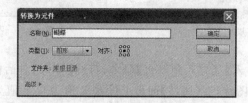

图 4-99 转换为元件

（7）选择图层"蝴蝶 1"，右击，从弹出的快捷菜单中选择【添加传统运动引导层】命令，如图 4-100 所示。

（8）单击引导层的第 1 帧,选择工具箱中的【铅笔工具】,绘制一条曲线,如图 4-101 所示。

图 4-100 添加传统运动引导层　　　　图 4-101 绘制曲线

（9）单击图层"蝴蝶 1"的第 25 帧,按 F6 键插入关键帧,分别将图层"引导层"和"背景"延迟到第 25 帧,如图 4-102 所示。

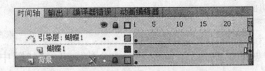

图 4-102 延迟帧

（10）选择图层"蝴蝶 1"的第 1 帧,将蝴蝶放到引导线的起始位置。选择第 25 帧,将蝴蝶沿着引导线移动到终点位置,再创建第 1～25 帧之间的传统补间动画,如图 4-103 所示。

（11）选中图层"蝴蝶 1",单击【新建图层】按钮两次,创建两个图层,分别重命名为"蝴蝶 2"、蝴蝶 3"。选择图层"蝴蝶 1"的第 1 帧,右击,从弹出的快捷菜单中选择【复制帧】命令;选择图层"蝴蝶 2"的第 2 帧,右击,从弹出的快捷菜单中选择【粘贴帧】命令;用同样的方法在图层"蝴蝶 3"的第 3 帧处粘贴帧。将图层"蝴蝶 1"的第 25 帧分别复制到图层"蝴蝶 2"和图层"蝴蝶 3"的第 25 帧处,如图 4-104 所示。

图 4-103 创建传统补间动画　　　　图 4-104 创建多个被引导层

235

（12）选择图层"蝴蝶2"的第2帧，单击实例"蝴蝶"，打开【属性】面板，设置Alpha值为30％，用同样的方法设置图层"蝴蝶3"的第3帧中的"蝴蝶"的Alpha值为15％，如图4-105所示。

图 4-105   设置 Alpha 值

（13）测试并保存动画。

2. 逐帧动画

逐帧动画是一种常见的动画形式，其原理是在"连续的关键帧"中分解动画动作，也就是在时间轴的每帧上逐帧绘制不同的内容，使其连续播放而成动画。

下面介绍制作逐帧动画的方法。

逐帧动画是最传统的动画方式，它是通过细微差别的连续帧画面来完成动画作品。相当于小朋友把一本书的每一页都画上形状时，快速地翻动书页，就会出现连续的动画一样。

逐帧动画的每1帧都有一个关键帧，也就意味着每个帧都可以放置不同的图形，这种在不同的时间段（帧）放置变化的图形时构成的动画就是逐帧动画。

因此逐帧动画的制作方法包括两个要点，一是逐帧添加关键帧；二是在关键帧中绘制不同的图形。这样快速播放时产生了动画。

具体操作如下：

（1）在新建的Flash文档中，选择第2～5帧。按F6键，将第
2～5帧全部转换为关键帧，如图4-106所示。

图 4-106   转换为关键帧

（2）选择【文件】/【导入】/【导入到库】命令，导入素材中的五幅图片"飞鹰1.jpg"、"飞鹰2.jpg"、"飞鹰3.jpg"、"飞鹰4.jpg"、"飞鹰5.jpg"，依次选择第1～5帧，放置导入的飞鹰，如图4-107所示。

图 4-107   放置对象

（3）按Ctrl＋Enter组合键测试动画，逐帧动画的效果就完成了。

案例 4-6 倒计时

（1）新建一个 Flash CS5 文档，保存为"逐帧动画.fla"。

（2）打开【属性】面板，设置【舞台大小】为 200×200，【帧频】为 2fps，如图 4-108 所示。

（3）选中第 1 帧，选择工具箱中的【文本工具】，在场景中输入数字"9"，调整大小和颜色，如图 4-109 所示。

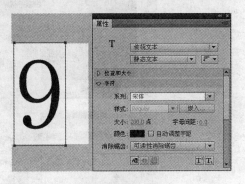

图 4-108　设置文档属性　　　　　　　图 4-109　输入数字

（4）选择第 2～10 帧。按 F6 键，将第 2～10 帧全部转换为关键帧。使用【文本工具】分别将第 2～10 帧的内容改为 8、7、6、5、4、3、2、1、0，如图 4-110 所示。

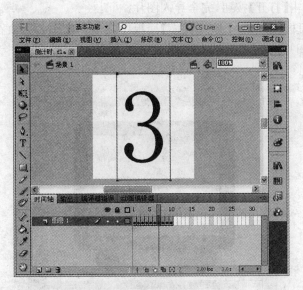

图 4-110　编辑帧

（5）按 Ctrl+Enter 组合键测试并保存动画。

案例 4-7 动物世界

（1）新建一个 Flash CS5 文档，选择工具箱中的【矩形工具】，设置其属性。将鼠标移到工作区中绘制两个圆角矩形，并调整位置，使之像一台电视。将矩形边角半径参数调回到 0，然后在中央对称位置再画一个矩形作为电视屏幕，如图 4-111 所示。

（2）分别在第 15 帧、第 30 帧、第 45 帧处插入关键帧，在第 60 帧处插入普通帧。

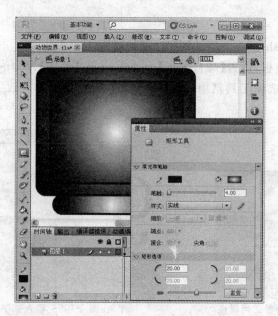

图 4-111　绘制电视

（3）位图填充。选择【文件】/【导入】/【导入到库】命令，在弹出的对话框中选择 4 幅图片（素材中），然后单击【打开】按钮，完全导入图片。

（4）打开【库】面板，选中第 1 帧，从【库】面板中拖出一幅图片并放在电视上，参照直角矩形的大小来修改图片大小，如图 4-112 所示。

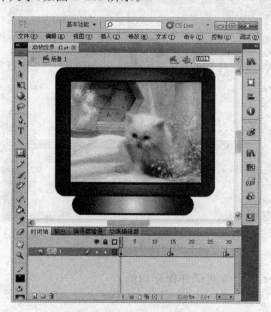

图 4-112　编辑第 1 帧的图片

（5）使用同样的方法填充第 15 帧、第 30 帧、第 45 帧处的位图。

（6）按 Ctrl＋Enter 组合键测试并保存动画。

4.3.3　任务实现——制作 Flash MTV 生日贺卡主体动画

1. 制作"蜡烛"影片剪辑

（1）制作"蜡烛体"图形元件

① 选择【插入】/【新建元件】命令，打开【创建新元件】对话框，设置【名称】为"蜡烛体"，【类型】为"图形"，如图 4-113 所示。

② 单击【确定】按钮后，进入"蜡烛体"图形元件的编辑区，选择工具箱中的【矩形工具】，设置【笔触颜色】为"无"。打开【颜色】面板，设置【填充颜色】为"线性渐变"（＃E84AC9→＃FCB6FC→＃F141F1），如图 4-114 所示。

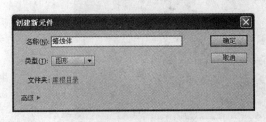

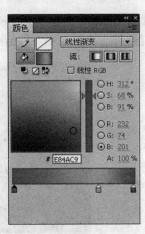

图 4-113　创建新元件　　　　　　　图 4-114　设置填充颜色

③ 绘制一个矩形，然后选择【选择工具】，将矩形的下边缘进行调整，如图 4-115 所示。

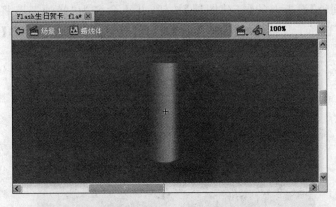

图 4-115　绘制矩形并调整下边缘

④ 将"图层 1"重命名为"蜡烛体"，单击【时间轴】面板上的【锁定】按钮，将该图层锁定。选择【时间轴】面板上的【新建图层】按钮，新建一个图层并重命名为"蜡烛泪"。选择工具箱中的【钢笔工具】，绘制"蜡烛泪"轮廓，如图 4-116 所示。

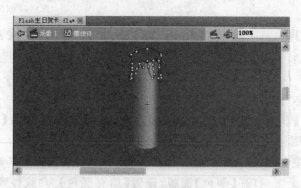

图 4-116　绘制"蜡烛泪"轮廓

⑤ 选择工具箱中的【部分选取工具】，调整"蜡烛泪"轮廓并填充颜色♯EC61D4，选择工具箱中的【选择工具】，选中"蜡烛泪"轮廓，按 Delete 键将其删除，如图 4-117 所示。

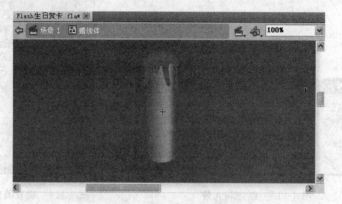

图 4-117　删除"蜡烛泪"轮廓

⑥ 选择【时间轴】面板上的【新建图层】按钮，并重命名为"蜡烛芯"，将其拖放到"蜡烛体"图层的下面。选择工具箱中的【钢笔工具】，设置【笔触颜色】为"黑色"，【笔触高度】为5，绘制蜡烛芯，如图 4-118 所示。

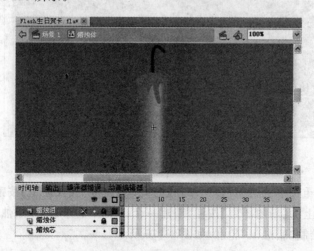

图 4-118　绘制"蜡烛芯"

（2）制作"火"图形元件

① 选择【插入】/【新建元件】命令，打开【创建新元件】对话框，设置【名称】为"火"，【类型】为"图形"，如图 4-119 所示。

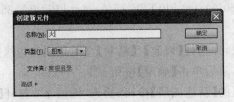

图 4-119　创建新元件

② 选择工具箱中的【钢笔工具】，绘制"火"的轮廓并用【部分选取工具】进行调整，如图 4-120所示。

③ 打开【颜色】面板，设置【填充类型】为"线性渐变"，颜色和 Alpha 值如图 4-121 所示。对"火"图形进行填充。

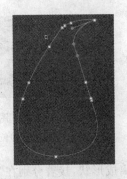

图 4-120　绘制"火"轮廓

图 4-121　设置填充颜色

④ 选择工具箱中的【渐变变形工具】，单击"火"图形，调整填充颜色的范围和方向，如图 4-122所示。

⑤ 选择工具箱中的【选择工具】，双击选中"火"图形的轮廓，按 Delete 键将其删除。

（3）制作"烛光"影片剪辑

① 选择【插入】/【新建元件】命令，打开【创建新元件】对话框，设置【名称】为"烛光"，【类型】为"影片剪辑"，如图 4-123 所示。

图 4-122　填充"火"图形

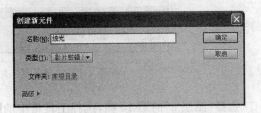

图 4-123　创建新元件

② 选择工具箱中的【椭圆工具】,设置【笔触颜色】为"无",【填充颜色】为"白色",按住 Shift 键绘制一个圆形对象。

③ 选择圆形对象,打开【颜色】面板,设置【颜色类型】为"径向渐变",设置渐变颜色以及 Alpha 分别为(♯FF6633、60%),(♯FFFFFF、45%),(♯FBFBBA、35%),(♯F8F839、25%),如图 4-124 所示。

④ 再次选择圆形对象,并选择【修改】/【形状】/【柔化填充边缘】命令,打开对话框后,设置如图 4-125 所示的参数,最后单击【确定】按钮。

⑤ 单击【时间轴】面板的【新建图层】按钮,插入"图层 2",打开【库】面板,并将"火"图形元件加入到舞台。打开【属性】面板,设置元件的【宽】为 10,【高】为 18,并将元件放置在图形的中心处,如图 4-126 所示。

图 4-124　设置填充颜色

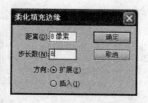

图 4-125　柔化填充边缘

图 4-126　设置"火"图形元件
的大小和位置

⑥ 选择"火"图形元件,按下 Ctrl＋B 组合键将元件分离成形状,接着分别在"图层 1"和"图层 2"的第 10 帧、第 20 帧、第 30 帧处插入关键帧,如图 4-127 所示。

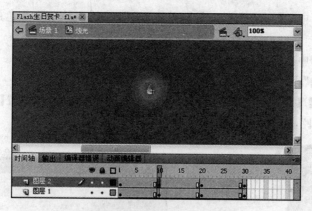

图 4-127　分离元件并插入关键帧

⑦ 选择"图层 2"的第 10 帧,选择工具箱中的【选择工具】,并调整"火"图形的形状。使用同样的方法,分别调整第 20 帧和第 30 帧的"火"图形的形状,如图 4-128 所示。

图 4-128　第 10 帧、第 20 帧、第 30 帧处的火焰

⑧ 调整"火"图形的形状后,选择"图层 2"的所有帧,右击,从弹出的快捷菜单中选择【创建补间形状】命令,创建补间形状动画,使"火"图形可以产生燃烧的效果,如图 4-129 所示。

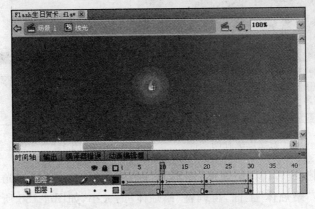

图 4-129　创建补间形状动画

⑨ 选择"图层 1"和"图层 2"的第 10 帧,使用【选择工具】调整对象的位置,使用同样的方法分别调整第 20 帧和第 30 帧中圆形对象的位置,如图 4-130～图 4-133 所示。

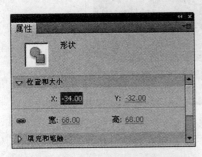

图 4-130　第 1 帧处圆形的位置

图 4-131　第 10 帧处圆形的位置

图 4-132　第 20 帧处圆形的位置

图 4-133　第 30 帧处圆形的位置

⑩ 调整圆形对象的位置后,选择"图层1"的所有帧,右击,从弹出的快捷菜单中选择【创建传统补间】命令,创建传统补间动画,使圆形可以产生火焰燃烧时的光晕效果,如图4-134所示。

(4) 制作"蜡烛"影片剪辑

① 选择【插入】/【新建元件】命令,打开【创建新元件】对话框,设置【名称】为"蜡烛",【类型】为"影片剪辑",如图4-135所示。

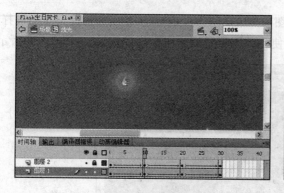

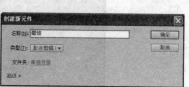

图 4-134　创建传统补间动画　　　　　图 4-135　创建新元件

② 单击【确定】按钮后,将"蜡烛体"图形元件拖入到舞台,再将"烛光"影片剪辑元件拖入到舞台,并放置在"蜡烛体"上面,再调整"蜡烛体"的大小,如图4-136所示。

图 4-136　将"蜡烛体"图形元件拖入到舞台

2. 制作蜡烛动态效果

(1) 单击【场景1】按钮,回到场景中,在【时间轴】面板中同时选中图层"背景"、"左布帘"、"右布帘"、"左布帘扎花"、"右布帘扎花"和"上挂帘"的第200帧,按F5键插入帧,如图4-137所示。

图 4-137　插入帧

　　（2）选择【时间轴】面板上的【新建图层】按钮，新建图层并重命名为"蜡烛 1"，单击该图层的第 101 帧并插入一个关键帧。将【库】面板中的"蜡烛"影片剪辑元件拖放到舞台，调整宽为 30、高为 58.8。右击该图层，从弹出的快捷列表中选择【添加传统运动引导层】命令，创建一个运动引导层"引导层：蜡烛 1"。

　　（3）单击该图层的第 101 帧，按 F6 键插入关键帧。选择【钢笔工具】，绘制一条弯曲的线段，作为蜡烛运动的路径，如图 4-138 所示。

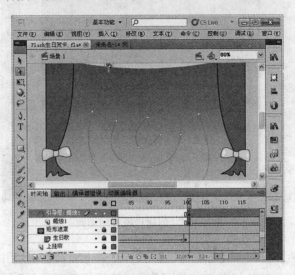

图 4-138　拖出"蜡烛"元件并绘制路径

　　（4）选择"蜡烛 1"图层，将第 101 帧处的蜡烛放在路径的起点位置，分别在该图层的第 125、140、155、170、185、200 帧处插入关键帧，分别拖动各关键帧中的"蜡烛"实例并沿着路径放到合适的位置，依次放大各关键帧上"蜡烛"实例的比例。设置第 1 帧、第 185 帧和第 200 帧实例的透明度分别为 0、60％和 20％，单击【时间轴】面板上的【绘图纸外观】按钮，可以看到各个关键帧中的"蜡烛"实例效果，如图 4-139 所示。

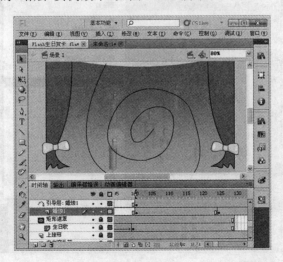

图 4-139　插入关键帧并调整各关键帧中"蜡烛"实例的位置

（5）选中"蜡烛1"图层的第101～200帧，右击，从弹出的快捷菜单中选择【创建传统补间动画】命令，如图4-140所示。

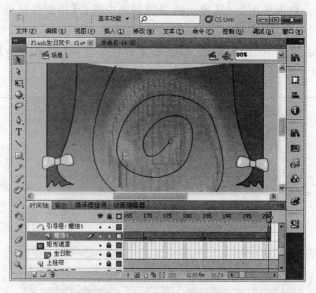

图4-140　创建传统补间动画

（6）选择【时间轴】面板上的【新建图层】按钮，在最上面新建图层并重命名为"蜡烛2"，在该图层上右击，从弹出的快捷菜单中选择【添加传统运动引导层】命令。单击图层"蜡烛1"的第101帧，按住Shift键再单击图层"引导层：蜡烛"的第200帧，此时选中了这两个图层上的第101～200帧，将鼠标放到选中的帧上右击，从弹出的快捷菜单中选择【复制帧】命令，如图4-141所示。

图4-141　选择帧并复制帧

(7) 同时选中图层"引导层:蜡烛 2"和图层"蜡烛 2"的第 125 帧,右击,从弹出的快捷菜单中选择【粘贴帧】命令,如图 4-142 所示。

图 4-142　选择帧并粘贴帧

注意:按 Ctrl+Enter 组合键,测试后如果发现问题再修改。在此,测试时发现路径不是很合适,一是蜡烛转动时碰到了布帘;二是蜡烛出现的位置不合适。所以,我们选中路径,用【任意变形工具】调整大小和位置。

(8) 选择【时间轴】面板上的【新建图层】按钮,在最上面新建一个图层并重命名为"蜡烛 3",右击"蜡烛 3"图层,从弹出的快捷菜单中选择【添加传统引导层】命令。单击"引导层:蜡烛 1"图层的第 101 帧,按住 Shift 键再单击"蜡烛 1"图层的第 200 帧,选中这两个图层上的第 101～200 帧,将鼠标放在选中的帧上右击,从弹出的快捷菜单中选择【复制帧】命令。

(9) 单击"引导层:蜡烛 3"图层的第 206 帧,按住 Shift 键再单击"蜡烛 3"图层的第 326 帧,将鼠标放在选中的帧上右击,从弹出的快捷菜单中选择"粘贴帧"命令,接着在选中帧上右击,选择【翻转帧】命令,使蜡烛从路径终点转动到起点,实现逆序转动,如图 4-143 所示。

(10) 按照步骤(7)和步骤(8)的方法添加并处理"引导层:蜡烛 4"和"蜡烛 4"图层,如图 4-144 所示。

图 4-143　翻转帧　　　　　　　图 4-144　"蜡烛 4"的效果

3. 制作"宝宝"照片并出现效果 1

(1) 选择【插入】/【新建元件】命令,打开【创建新元件】对话框,设置【名称】为"宝宝 1",

247

【类型】为"图形",如图 4-145 所示。

(2) 选择【文件】/【导入】/【导入到舞台】命令,将素材中的图片 jr1.jpg 导入到舞台上。选择【修改】/【分离】命令,将图片分离。选择工具箱中的【套索工具】,单击选项组中的【魔术棒】按钮,在图片的白色区域单击,按 Delete 键,将白色背景删除,如图 4-146 所示。

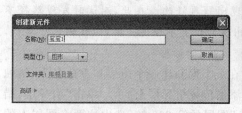

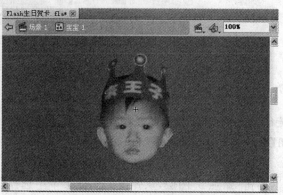

图 4-145　创建新元件　　　　　　　　图 4-146　制作"宝宝 1"元件

注意:此时,如果白色背景没有完全被删除,再用【橡皮擦工具】擦除。

(3) 回到场景 1 中,选择"引导层:蜡烛 4"图层,选择【时间轴】面板上的【新建图层】按钮,插入一个图层并重命名为"宝宝 1",单击该图层的第 101 帧,按 F6 键插入关键帧,将"宝宝 1"图形元件拖到舞台中央,如图 4-147 所示。

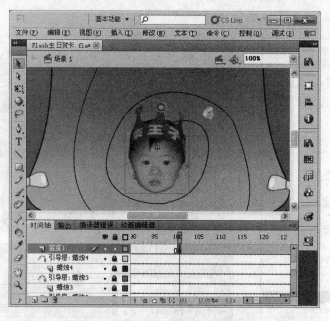

图 4-147　将"宝宝 1"图形元件拖到舞台中央

(4) 选择"宝宝 1"图层的第 140 帧,按 F6 键插入关键帧,选择第 101 帧中的"宝宝 1"实例,在【属性】面板上设置 Alpha 值为 0,创建第 101~140 帧之间的传统补间动画。分别选择第 160 帧和第 200 帧,按 F6 键插入关键帧,将第 200 帧处的"宝宝 1"实例缩小,并将

Alpha 值设为 0。创建第 160～200 帧之间的传统补间动画,如图 4-148 所示。

(5) 选择【插入】/【新建元件】命令,打开【创建新元件】对话框,设置【名称】为"文本 1",【类型】为"图形",如图 4-149 所示。

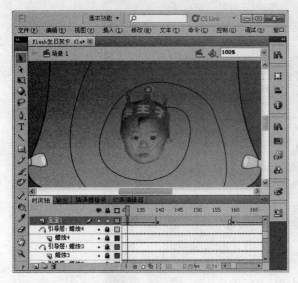

图 4-148　创建传统补间动画　　　　　　　图 4-149　创建新元件

(6) 选择【文件】/【导入】/【导入到舞台】命令,导入素材中的图片 01.gif,调整帧的位置。新建图层"图层 2",选择工具箱中的【文本工具】,在【属性】面板上设置相关属性,在图片的左边输入文本"我要过生日了!",按 Ctrl+B 组合键两次,将文字打散。选择工具箱中的【任意变形工具】工具的【封套】选项,将文字变形,如图 4-150 所示。

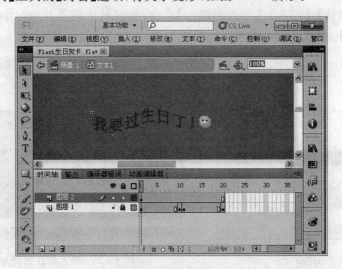

图 4-150　输入文本

(7) 单击【场景1】按钮,回到场景中。选择【时间轴】面板上的【新建图层】按钮,插入一个图层并重命名为"文本 1"。选择该图层的第 140 帧,按 F6 键插入关键帧,将"文本 1"元件拖到舞台左边,在第 150 帧处按 F6 键插入关键帧,将"文本 1"实例拖到舞台中央,在第159帧处按

F6 键插入关键帧,将"文本 1"实例拖到舞台右边,分别创建第 140~150 帧和第 150~159 帧之间的传统补间动画。选择第 160 帧,按 F7 键插入空白关键帧,如图 4-151 所示。

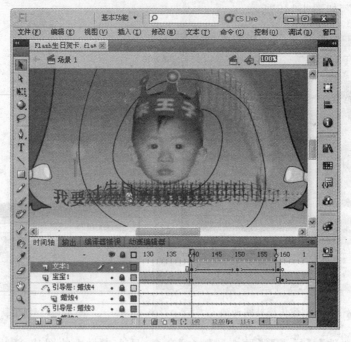

图 4-151　创建传统补间动画

(8) 选择【插入】/【新建元件】命令,打开【创建新元件】对话框,设置【名称】为"宝宝 2",【类型】为"图形",如图 4-152 所示。

(9) 选择【文件】/【导入】/【导入到舞台】命令,将素材中的图片 jr2.jpg 导入到舞台中央,调整图片大小,如图 4-153 所示。

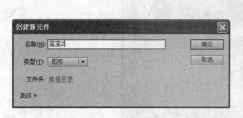

图 4-152　创建新元件

图 4-153　导入图片并调整大小

(10) 单击【场景 1】按钮,回到场景中,选择"宝宝 1"图层的第 280 帧,按 F7 键插入空白关键帧,将"宝宝 2"元件从【库】面板中拖到舞台上,调整其大小,设置 Alpha 值为 0,并选择【修改】/【变形】/【水平旋转】命令,如图 4-154 所示。

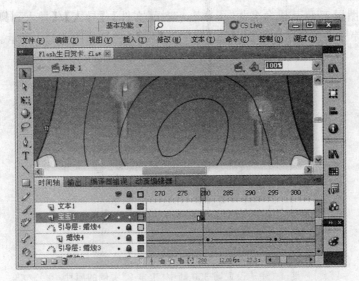

图 4-154　将"宝宝 2"元件拖到舞台并设置属性

（11）选择"宝宝 1"图层的第 310 帧，按 F7 键插入空白关键帧，将"宝宝 2"元件从【库】面板中拖到舞台中央，创建第 280～310 帧之间的传统补间动画，如图 4-155 所示。

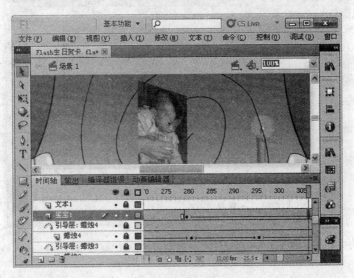

图 4-155　创建传统补间动画

（12）分别选择"宝宝 1"图层的第 320 帧和第 350 帧，按 F6 键插入关键帧。选择第 350 帧处的"宝宝 2"实例，将其拖到舞台右边，在【属性】面板上设置大小和 Alpha 值，如图 4-156 所示。

（13）右击第 320～350 帧之间的任意一帧，从弹出的快捷菜单中选择【创建传统补间】命令，在【属性】面板上设置【旋转】值为"顺时针 1 次"，如图 4-157 所示。

4. 制作"蛋糕"影片剪辑

（1）选择【插入】/【新建元件】命令，打开【创建新元件】对话框，设置【名称】为"蛋糕"，【类型】为"影片剪辑"，如图 4-158 所示。

（2）双击"图层 1"将其重命名为"蛋糕"。选择【文件】/【导入】/【导入到舞台】命令，将素材中指定的图片导入到舞台上，设置【宽】为 150、【高】为 90，如图 4-159 所示。

图 4-156　设置第 350 帧中"宝宝 2"实例的属性

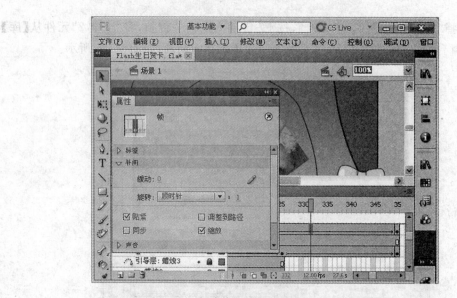

图 4-157　创建传统补间动画并设置"旋转"属性

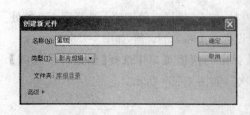

图 4-158　创建新元件

图 4-159　导入"蛋糕"图片并设置大小

（3）选择【时间轴】面板上的【新建图层】按钮，新建一个图层并重命名为"蜡烛"，将【库】面板中的"蜡烛"影片剪辑元件拖到舞台上，在【属性】面板上设置【宽】为 15，【高】为 60，如图 4-160 所示。

图 4-160　将"蜡烛"拖到舞台并设置大小

（4）按住 Ctrl 键拖动"蜡烛"实例多次，摆放到合适的位置，如图 4-161 所示。

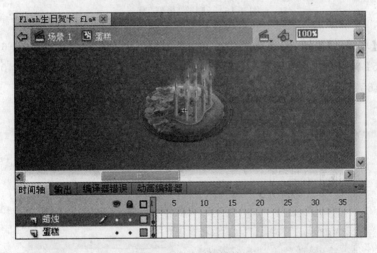

图 4-161　复制"蜡烛"

5. 制作蛋糕动态效果

（1）单击【场景 1】按钮，回到场景中，按住鼠标左键拖选图层"上挂帘"、"右布帘扎花"、"左布帘扎花"、"右布帘"、"左布帘"、"背景"的第 782 帧，右击，从弹出的快捷菜单中选择【插入帧】命令，如图 4-162 所示。

（2）单击图层"文本 1"，选择【时间轴】面板上的【新建图层】按钮。新建一个图层并重命名为"蛋糕"，单击该图层的第 351 帧，按 F6 键插入关键帧，将【库】面板中的"蛋糕"影片剪辑元件拖到舞台上，如图 4-163 所示。

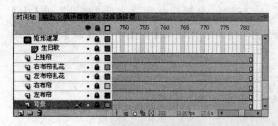

图 4-162　插入帧　　　　　　图 4-163　将"蛋糕"影片剪辑元件拖放到舞台上

（3）双击"蛋糕"影片剪辑实例，选择工具箱中的【套索工具】，选中选项组中的【魔术棒】按钮，在"蛋糕"的红色背景上单击，按 Delete 键将其删除，如图 4-164 所示。

图 4-164　删除"蛋糕"背景

（4）单击【场景 1】按钮，回到场景中。单击"蛋糕"图层的第 370 帧，按 F6 键插入关键帧。选择第 351 帧处的"蛋糕"实例，在【属性】面板上设置【宽】为 50、【高】为 40，Alpha 值为 10％，如图 4-165 所示。

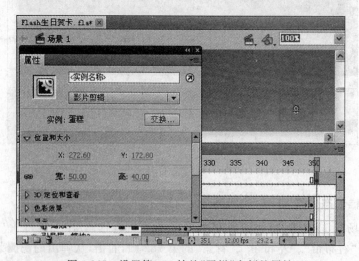

图 4-165　设置第 351 帧处"蛋糕"实例的属性

（5）选择第 370 帧处的"蛋糕"实例，在【属性】面板上设置【宽】为 300、【高】为 250，如图 4-166 所示。

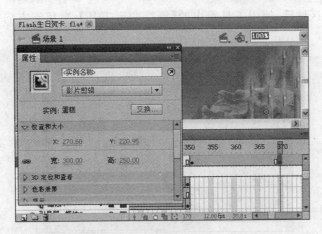

图 4-166　设置第 370 帧处"蛋糕"实例的属性

（6）在第 351～370 帧之间的任意一帧上右击，从弹出的快捷菜单中选择【创建传统补间】命令，删除该图层第 419 帧后面的帧，实现蛋糕由小变大、由浅入深并延迟显示的效果。

6. 制作"宝宝"照片并出现效果 2

（1）选择【插入】/【新建元件】命令，打开【创建新元件】对话框，设置【名称】为"宝宝 3"，【类型】为"图形"，如图 4-167 所示。

图 4-167　创建新元件

（2）选择【文件】/【导入】/【导入到舞台】命令，将素材中的图片 jr03.jpg 导入到舞台上，选择【修改】/【分离】命令，将图片分离，选择工具箱中的【套索工具】。单击选项组中的【魔术棒】按钮，在图片的红色区域单击，按 Delete 键将红色背景删除，如图 4-168 所示。

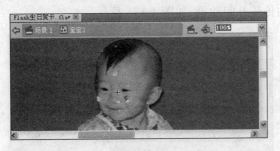

图 4-168　导入图片并删除背景

注意：此时，如果白色背景没有完全被删除，再用【橡皮擦工具】擦除。

（3）使用工具箱中的【选择工具】选择图片的底部。打开【颜色】面板，设置【填充类型】为"线性渐变"，【填充颜色】为＃F29B13 到 CBD7E3，如图 4-169 所示。

255

（4）填充选中区域后，使用工具箱中的【渐变变形工具】，对填充方向和范围进行调整，如图 4-169 所示。

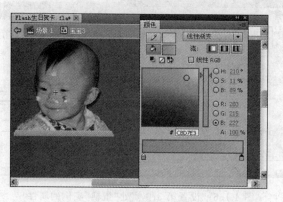

图 4-169　设置填充颜色并填充

（5）单击【场景 1】按钮回到场景中，选择"蛋糕"图层，选择【时间轴】面板上的【新建图层】按钮，创建一个图层并重命名为"宝宝 2"，选择该图层的第 371 帧，按 F6 键插入关键帧。将"宝宝 3"元件拖到舞台上，调整其大小，如图 4-170 所示。

图 4-170　将"宝宝 3"元件拖到舞台上

（6）选择第 390 帧，按 F6 键插入关键帧。选择第 419 帧，按 F7 键插入空白关键帧。选择第 371 帧处的"宝宝 3"实例，将其拖到舞台外，在【属性】面板上设置 Alpha 值为 0，创建第 371～390 帧之间的传统补间动画，如图 4-171 所示。

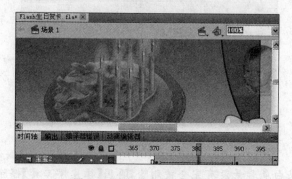

图 4-171　创建传统补间动画

（7）按照步骤（1）～（6）的方法，创建"宝宝4"元件和"宝宝3"图层及其动画，如图 4-172 和图 4-173 所示。

图 4-172　"宝宝 4"元件

图 4-173　"宝宝 3"图层

（8）选择"文本 1"图层的第 391 帧，按 F7 键插入空白关键帧。选择工具箱中的【文本工具】，输入文本"我好高兴啊！"。选择第 418 帧，按 F6 键插入关键帧，将文字"我好高兴啊！"向右移动，创建第 391～418 帧之间的传统补间动画。选择第 419 帧，按 F7 键插入空白关键帧，如图 4-174 所示。

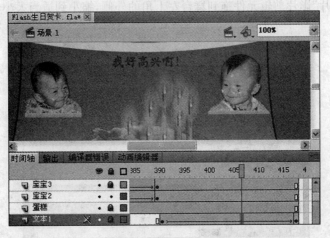

图 4-174　创建"文字"动画

注意：此时，第一部分动画已经做完，即第一段歌曲（前四句）结束。最好检查一下动画和歌曲进度是否一致,如果有不一致的地方再进行调整。

7. 让照片动起来

(1) 选择【插入】/【新建元件】命令,打开【创建新元件】对话框,设置【名称】为"照片",【类型】为"图形",如图 4-175 所示。

(2) 选择【文件】/【导入】/【导入到舞台】命令,将素材中的图片 ruirui.jpg 导入并调整大小,如图 4-176 所示。

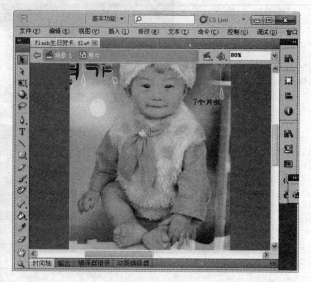

图 4-175 创建新元件   图 4-176 导入图片

(3) 运动效果。

① 单击【场景 1】按钮回到场景中,单击图层"宝宝 3",选择【时间轴】面板上的【新建图层】按钮,新建一个图层并重命名为"照片动"。单击该图层的第 420 帧,按 F6 键插入关键帧,将【库】面板中的"照片"影片剪辑元件拖到舞台左上角的外侧,缩小到适当大小,如图4-177所示。

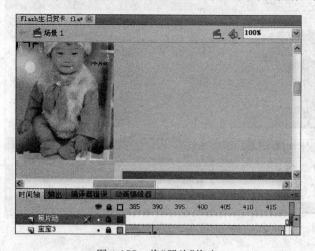

图 4-177 将"照片"拖出

② 选择第 430 帧。按 F6 键插入关键帧,将照片拖动到舞台右下角并放大,如图 4-178 所示。

③ 选择图层"照片动"的第 420 帧,右击,从弹出快捷菜单中选择【创建传统补间】命令。如是想让照片旋转,再单击【属性】面板中【旋转】选项,设为"顺时针",次数为"1"。选择第 432 帧,按 F6 键插入关键帧,使动画延迟到第 432 帧,如图 4-179 所示。

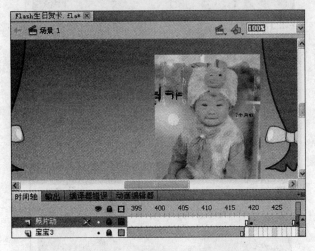

图 4-178　将照片拖放到右下角

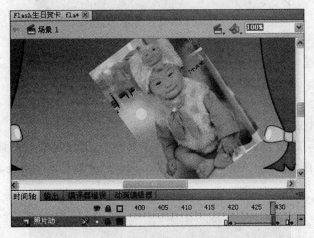

图 4-179　创建传统补间动画

(4) 放大效果。

① 选择图层"照片动"的第 442 帧,按 F6 键插入关键帧。把照片拖到舞台中央,选择工具箱中的【任意变形工具】,此时在照片周围出现八个方块,拖动可使照片变大、变形,变成想要的样子,如图 4-180 所示。

② 右击第 432 帧,从弹出快捷菜单中选择【创建传统补间】命令,创建第 432~442 帧之间的传统补间动画。选择第 444 帧,按 F6 键插入关键帧,使动画延迟到第 444 帧,如图 4-181 所示。

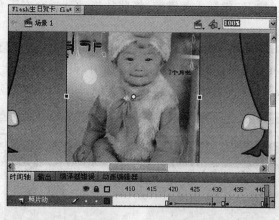

图 4-180　放大照片

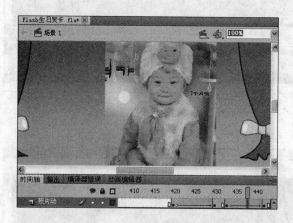

图 4-181　创建传统补间动画

（5）淡出且变小效果。

①选择 450 帧，按 F6 键插入关键帧。选择工具箱中的【任意变形工具】，将照片缩小，并在【属性】面板上将【颜色】中的 Alpha 值设为 20％，此时照片变得透明且淡，如图 4-182 所示。

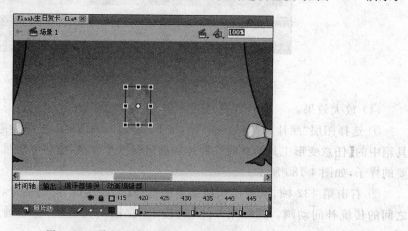

图 4-182　将照片缩小并设置 Alpha 值

② 右击第 444 帧,从弹出快捷菜单中选择【创建传统补间】命令,创建第 444～450 帧之间的运动补间动画。

（6）推进效果。

① 按住 Shift 键并用鼠标左键拖动选择第 444～449 帧。右击,从弹出的快捷菜单中选择【复制帧】命令,如图 4-183 所示。

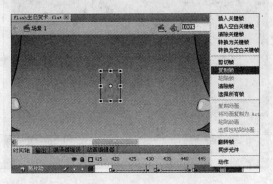

图 4-183　选择帧并复制帧

② 按住鼠标左键拖动选择第 451～457 帧。右击,从弹出的快捷菜单中选择【粘贴帧】命令,如图 4-184 所示。

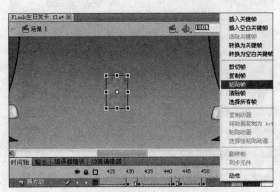

图 4-184　粘贴帧

③ 接着右击,从弹出的快捷菜单中选择【翻转帧】命令,如图 4-185 所示。

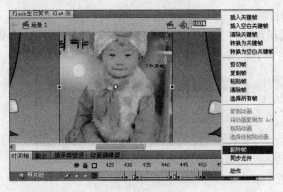

图 4-185　翻转帧

（7）由正面到反面的渐变效果。

① 选择第 462 帧，按 F6 键插入关键帧，选择工具箱中的【任意变形工具】，拖动照片，使照片反转，如图 4-186 所示。

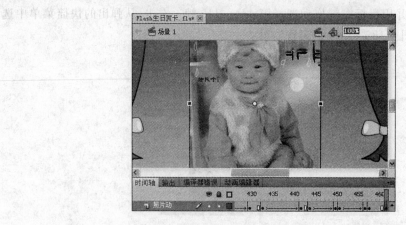

图 4-186　反转照片

② 创建第 457～462 帧之间的传统补间动画，如图 4-187 所示。

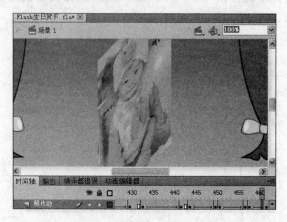

图 4-187　创建传统补间动画

8. 制作窗户的打开效果

（1）创建图形元件"窗户"

① 选择【插入】/【新建元件】命令，打开【创建新元件】对话框，设置【名称】为"窗户 1"，【类型】为"图形"，如图 4-188 所示。

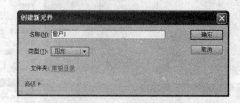

图 4-188　创建新元件

② 选择【文件】/【导入】/【导入到舞台】命令,将素材中的图片1.jpg导入进来,在【属性】面板上设置其X、Y值均为0,如图4-189所示。

图 4-189　导入图片 1.jpg

③ 用同样的方法插入元件"窗户2"、"窗户3"、"窗户4"、"窗户5"、"窗户6"、"窗户7"、"窗户8"、"窗户9"、"窗户10"、"窗户11"、"窗户12"、"窗户13"、"窗户14"、"窗户15"、"窗户16"、"窗户17"、"窗户18"、"窗户19"、"窗户20"、"窗户21"、"窗户22",里面的图片分别为素材中的2.jpg、3.jpg、4.jpg、5.jpg、6.jpg、7.jpg、8.jpg、9.jpg、10.jpg、11.jpg、12.jpg、13.jpg、14.jpg、15.jpg、16.jpg、17.jpg、18.jpg、19.jpg、20.jpg、21.jpg、22.jpg。

（2）创建影片剪辑元件"窗户"

① 选择【插入】/【新建元件】命令,打开【创建新元件】对话框,设置【名称】为"窗户",【类型】为"影片剪辑",如图4-190所示。

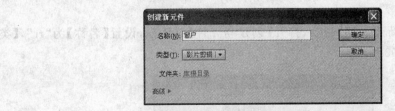

图 4-190　创建新元件

② 单击【确定】按钮后,将图形元件"窗户1"拖入编辑区,在【属性】面板上设置其X、Y值均为0,如图4-191所示。

图 4-191　将图形元件"窗户 1"拖入到影片剪辑元件"窗户"中

③ 分别选择第 5 帧、第 10 帧、第 15 帧、第 20 帧、第 25 帧、第 30 帧、第 35 帧、第 40 帧、第 45 帧、第 50 帧、第 55 帧、第 60 帧、第 65 帧、第 70 帧、第 75 帧、第 80 帧、第 85 帧、第 90 帧、第 95 帧、第 100 帧、第 105 帧，按 F7 键插入空白关键帧，分别将图形元件"窗户 2"、"窗户 3"、"窗户 4"、"窗户 5"、"窗户 6"、"窗户 7"、"窗户 8"、"窗户 9"、"窗户 10"、"窗户 11"、"窗户 12"、"窗户 13"、"窗户 14"、"窗户 15"、"窗户 16"、"窗户 17"、"窗户 18"、"窗户 19"、"窗户 20"、"窗户 21"、"窗户 22"拖入到上述 21 帧中，坐标 X、Y 值均设为 0，如图 4-192 所示。

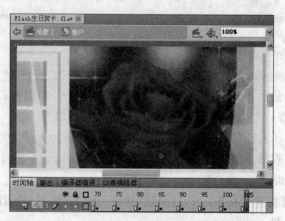

图 4-192　在影片剪辑元件"窗户"中插入对象

④ 选择【插入】/【新建元件】命令，打开【创建新元件】对话框，设置【名称】为"rr"，【类型】为"图形"，如图 4-193 所示。

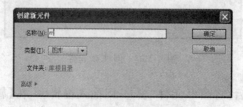

图 4-193　创建新元件

⑤ 选择【文件】/【导入】/【导入到舞台】命令,将素材中的图片 02.jpg 导入。

⑥ 按 Ctrl＋B 组合键将图片打散,选择工具箱中的【套索工具】,将白色区域删除,如图 4-194 所示。

⑦ 双击【库】面板中的元件"窗户"将其打开,选择【时间轴】面板中的【新建图层】按钮,插入一个图层,将元件"rr"拖出。选择第 105 帧,按 F6 键插入关键帧,将第 1 帧中的实例"rr"缩小并设置 Alpha 值为 0,创建第 1～105 帧之间的传统补间动画,如图 4-195 所示。

(3) 在场景中制作窗户打开效果

① 单击【场景 1】按钮,回到场景中,选择图层"照片动"的第 470 帧,按 F6 键插入关键帧。在【属性】面板上设置实例"照片"的 Alpha 值为 0,创建第 462～470 帧之间的传统补间动画。单击图层"照片动",选择【时间轴】面板的【新建图层】按钮,插入一个图层并重命名为"打开窗户"。选择第 464 帧,按 F7 键插入空白关键帧,将元件"窗户"拖入到舞台,调整其位置,如图 4-196 所示。

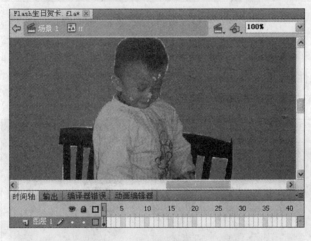

图 4-194　删除图片的白色区域

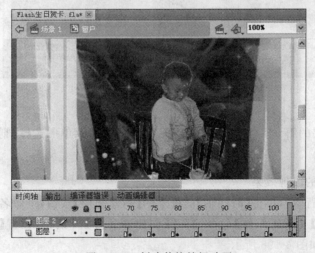

图 4-195　创建传统补间动画

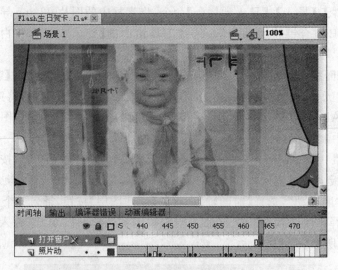

图 4-196　将影片剪辑元件"窗户"拖入舞台

② 分别选择第 500 帧和第 547 帧，按 F6 键插入关键帧。分别选择第 464 帧和第 547 帧中的实例"窗户"，在【属性】面板中将 Alpha 值设为 20%。分别创建第 464～500 帧和第 500～547 帧之间的传统补间动画，如图 4-197 所示。

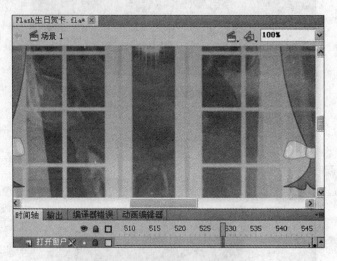

图 4-197　创建传统补间动画

③ 选择该图层的第 548～782 帧，右击，从弹出的快捷菜单中选择【删除帧】命令。

9. 制作祝福语

（1）制作信纸的出现效果

① 选择图层"背景"，单击【时间轴】面板上的【新建图层】按钮，重命名为"letter"。

② 选择【插入】/【新建元件】命令，打开【创建新元件】对话框，设置【名称】为"letter"，【类型】为"图形"，如图 4-198 所示。

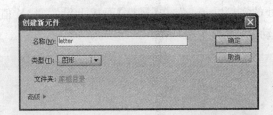

图 4-198 创建新元件

③ 选择【文件】/【导入】/【导入到舞台】命令,将素材中的图片 letter.jpg 导入,在【属性】面板上设置其 X、Y 值均为 0,如图 4-199 所示。

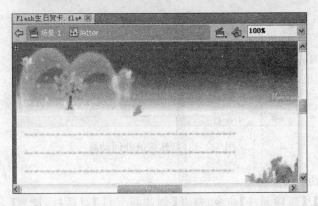

图 4-199 设置图片坐标

④ 单击【场景 1】按钮,回到场景中,选择图层"letter"的第 549 帧,按 F7 键插入空白关键帧,将元件"letter"拖入到舞台上。选择第 560 帧,按 F6 键插入关键帧。选择第 549 帧处的实例"letter",选择【窗口】/【变形】命令,打开【变形】面板,在【旋转】框中输入"−90",按 Enter 键。将实例"letter"放到舞台上方,如图 4-200 所示。

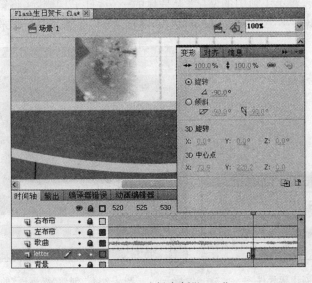

图 4-200 选择实例"letter"

⑤ 选择第 560 帧处的实例"letter",在【属性】面板上设置 X、Y 值均为 0,创建第 549～560 帧之间的传统补间动画,如图 4-201 所示。

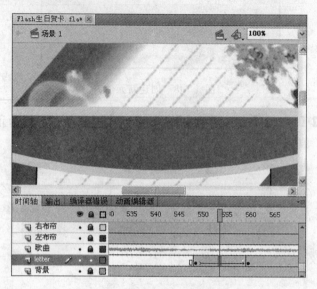

图 4-201　创建传统补间动画

(2) 制作祝福语

① 选择【插入】/【新建元件】命令,打开【创建新元件】对话框,设置【名称】为"祝福语",【类型】为"图形",如图 4-202 所示。

② 选择工具箱中的【文本工具】,在舞台上输入文本:"今天是你的生日,在你生日的日子里,我将快乐的祝福音符,作为礼物送给我的朋友。祝你生日快乐! 天天快乐! 年年拥有 365 个美丽的日子!"

设置【字体】为"宋体",【字号】为 25,【颜色】为"粉色",【行间距】为 5。选择第 2～64 帧,按 F6 键插入关键帧,将第 1 帧中的文字"天是你的……,日子!"删除,将第 2 帧中的文字"是你的……日子!"删除,……,在第 80 帧处按 F5 键插入帧,如图 4-203 所示。

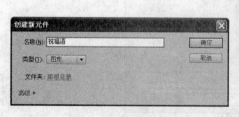

图 4-202　创建新元件

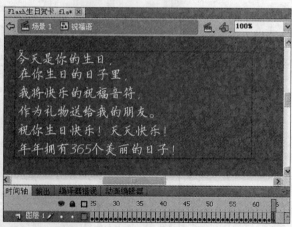

图 4-203　创建"祝福语"的动画效果

注意：可以选择【视图】/【网格】/【显示网格】命令显示网格，然后选择【视图】/【网格】/【编辑网格】命令，设置网格的高和宽均为 25。

③ 创建一个新的图层，选择最后一帧，按 F7 键插入空白关键帧。选择【窗口】/【动作】命令，打开【动作】面板，输入代码"stop();"，如图 4-204 所示。

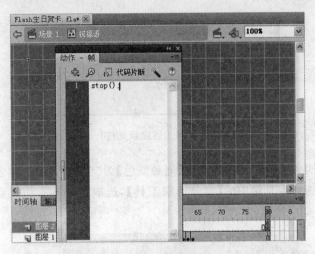

图 4-204　输入代码

④ 单击【场景 1】按钮，回到场景中，选择图层"letter"，单击【新建图层】按钮，创建一个图层并重命名为"祝福语"，在该图层的第 561 帧处按 F7 键插入空白关键帧，将元件"祝福语"拖放至舞台上，如图 4-205 所示。

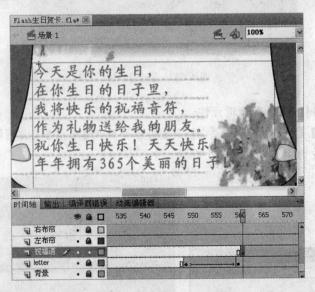

图 4-205　创建"祝福语"

⑤ 分别选择第 635 帧和第 640 帧，按 F6 键插入关键帧，将第 640 帧处的实例"祝福语"的 Alpha 值设置为 0，创建第 635～640 帧之间的传统补间动画。将图层"letter"和"祝福语"第 640 帧以后的帧删除。

10. 制作"折扇打开"元件

（1）制作"竹片"图形元件

① 选择【插入】/【新建元件】命令，打开【创建新元件】对话框，设置【名称】为"竹片"，【类型】为"图形"，如图 4-206 所示。

图 4-206　创建新元件

② 选择工具箱中的【矩形工具】，设置【笔触颜色】为"黑色"，【填充颜色】为"木质褐色"，绘制一个细长条。选择工具箱中的【部分选取工具】，选取矩形的右边端点，上下各按↑、↓键移动 3 次，如图 4-207 所示。

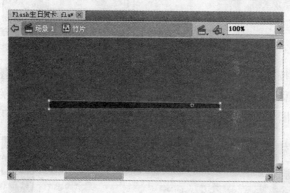

图 4-207　制作竹片

（2）制作"折扇打开"影片剪辑元件

① 选择【插入】/【新建元件】命令，打开【创建新元件】对话框，设置【名称】为"折扇打开"，【类型】为"影片剪辑"，如图 4-208 所示。

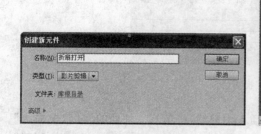

图 4-208　创建新元件

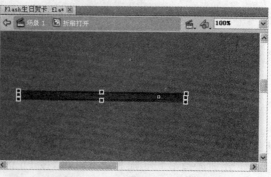

图 4-209　调整"竹片"的注册点

② 从【库】面板中把元件"竹片"拖出,选择工具箱中的【任意变形工具】,将"竹片"的注册点移动到竹片转动轴的位置,如图 4-209 所示。

③ 选择【窗口】/【变形】命令,打开【变形】面板,设置旋转为"15°"。单击【重置选区和变形】按钮,复制成半圆状,左右各删除最下面的一根竹片,如图 4-210 所示。

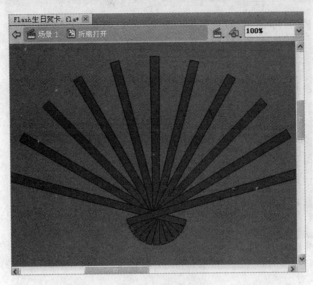

图 4-210 制作扇片

④ 接着给竹片加个转轴。选择工具箱中的【椭圆工具】,设置【笔触颜色】为"黑色",【填充颜色】为"黑色到白色的放射状渐变",按下工具箱中的【对象绘制】按钮,直接用【椭圆工具】绘制一个转轴螺丝,如图 4-211 所示。

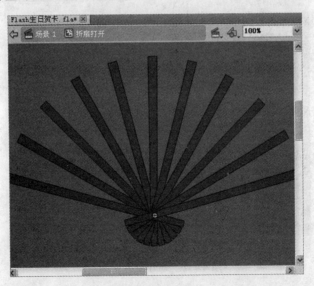

图 4-211 绘制转轴

⑤ 选择工具箱中的【椭圆工具】,将鼠标放在转轴的中心,按住 Alt＋Shift 组合键绘制一个无填充颜色的大圆,圆心刚好在转轴上,半径和竹片辐射半径一致。复制大圆,右击,从

弹出的快捷菜单中选择【粘贴到当前位置】命令,选择【任意变形工具】,按住 Alt＋Shift 组合键等比例、同圆心将其缩小到适当的位置,并选中两个圆,按下 Ctrl＋G 组合键,把两个圆组合成组,如图 4-212 所示。

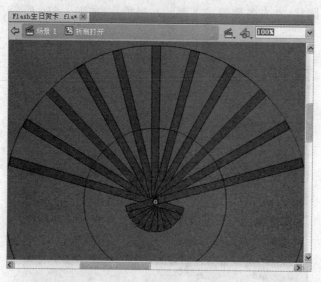

图 4-212　绘制圆

⑥ 双击组,进入组的编辑窗口,将两个圆打散,把扇面的区域调整到适当的大小。取消选中【对象绘制】按钮,选择【线条工具】,沿两侧竹片绘制线条,去掉多余的部分,如图4-213所示。

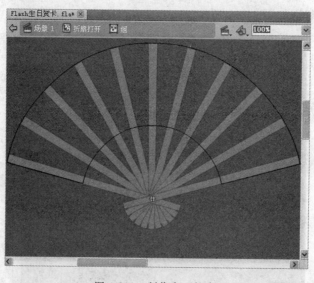

图 4-213　制作扇面轮廓

⑦ 下面给扇面区域填充内容,选择【文件】/【导入】/【导入到库】命令,从素材中导入图片"百日(3).jpg",调整图片大小。选择工具箱中的【颜料桶工具】,打开【颜色】面板,选择刚才导入的位图,在扇面区域填充,会出现如图 4-214 所示的填充状态。

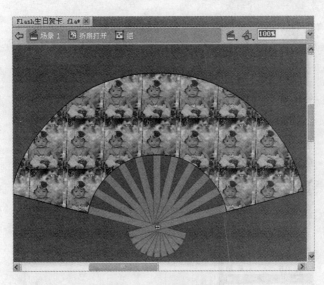

图 4-214　填充扇面区域

⑧ 选择工具箱中的【渐变变形工具】，单击扇面区域，调整填充的范围和位置，然后回到"折扇打开"元件的编辑窗口中，如图 4-215 所示。

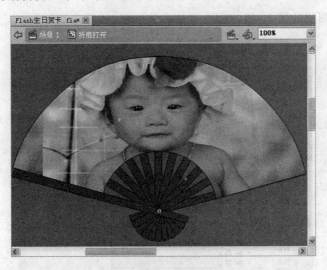

图 4-215　调整填充范围和位置

（3）制作"折扇打开动画"

① 回到"折扇打开"元件的编辑区域，按 Ctrl＋A 组合键将扇子全选。选择【修改】/【时间轴】/【分散到图层】命令，将扇面、转轴和竹片分散到图层，把扇面、转轴所在的图层重命名。将"转轴"图层拖到最上面，将左侧竹片所在图层拖到"扇面"图层的上面。右击扇面，从弹出的快捷菜单中选择【转换为元件】命令，设置【名称】为"扇面"，【类型】为"图形"。利用工具箱中的【任意变形工具】把"扇面"元件的注册点拉到下面转轴处，与转轴重合，如图 4-216 所示。

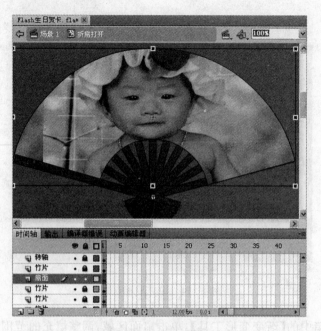

图 4-216　调整图层和对象

② 拖选所有图层的第 25 帧，按 F6 键插入关键帧，如图 4-217 所示。

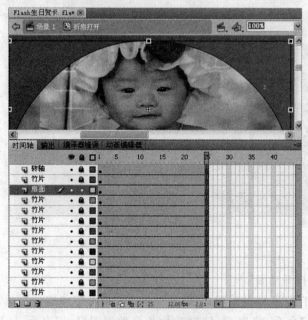

图 4-217　插入关键帧

③ 把"扇面"和"转轴"图层锁定，在第 1 帧的位置将所有竹片的位置转动到左侧并使之重合，形成闭合状态。在所有的竹片图层中创建传统补间动画，按 Enter 键观看动画，此时已经有扇子打开的雏形了，只是扇面还未动，如图 4-218 所示。

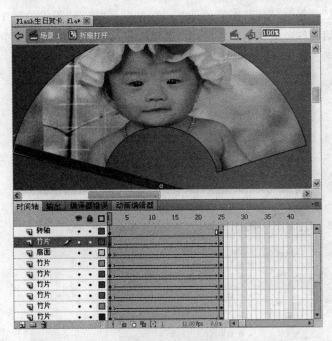

图 4-218　移动第 1 帧竹片位置并创建传统补间动画

④ 单击扇面,在第 1 帧上利用工具箱中的【任意变形工具】把扇面旋转至与竹片重合(注册点在转轴上),创建第 1～25 帧之间的传统补间动画,按 Enter 键观看动画,此时扇面已经跟着竹片动了,如图 4-219 所示。

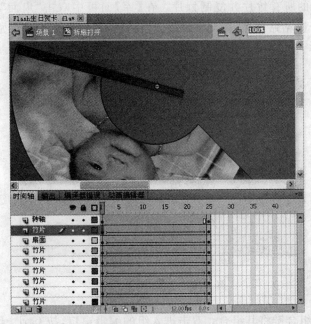

图 4-219　旋转扇面

⑤ 但是扇面与竹片不同步,这时要用到遮罩原理。在"扇面"图层的上面创建一个新的图

层,重命名为"遮罩"。复制"扇面"图层的第 25 帧,粘贴到"遮罩"图层的第 1 帧处,按 Ctrl＋B 组合键将其打散,填充红色或其他颜色,右击"遮罩"图层,从弹出的快捷菜单中选择【遮罩层】命令,建立遮罩关系。按 Enter 键观看动画效果,如图 4-220 所示。

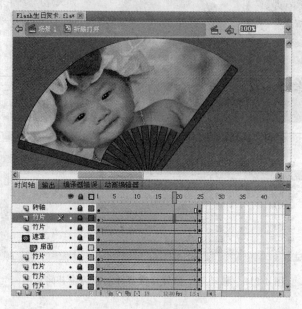

图 4-220　创建遮罩动画

(4) 扇面调整(给扇面添加阴影)

① 框选打开后的所有竹片并复制竹片。在【库】面板中双击"扇面"元件,进入编辑窗口,按 Ctrl＋V 组合键粘贴竹片,再调整好位置(保持竹片的选中状态),如图 4-221 所示。

图 4-221　编辑"扇面"元件

② 按 Ctrl＋G 组合键将其组合。双击进入组的编辑窗口,按 Ctrl＋B 组合键打散所有竹片,将填充颜色改为透明度为 30％的黑色,去掉边线,如图 4-222 所示。

③ 利用工具箱中的【椭圆工具】绘制一个圆形(或者直接复制扇面区域线条),把不需要的部分圈在扇面之外,如图 4-223 所示。

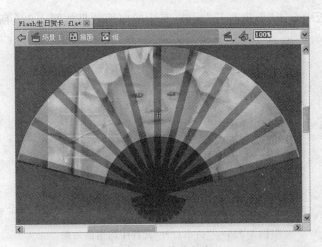

图 4-222 修改颜色

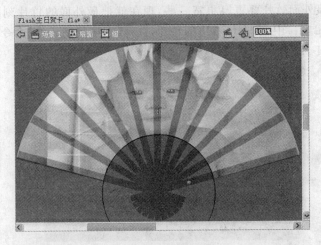

图 4-223 绘制圆形

④ 清除扇面外多余的色块（圆形和圆形内的对象），如图 4-224 所示。

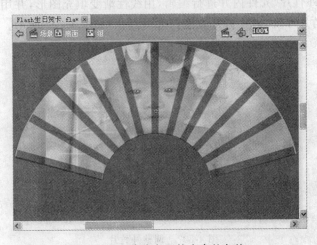

图 4-224 清除扇面外多余的色块

⑤ 在【库】面板中双击"折扇打开"元件,其中的扇面效果如图 4-225 所示。

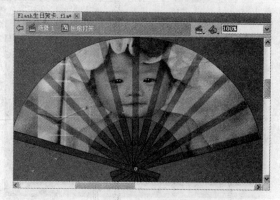

图 4-225　"折扇打开"元件中的扇面效果

（5）竹片的调整

① 一般折扇最外面竹片要更厚更宽一些,现在就把最外面的竹片刻画一下。进入"折扇打开"元件的编辑窗口中,右击最右边的竹片,选择【直接复制元件】命令,将新复制的命名为"外竹片",如图 4-226 所示。

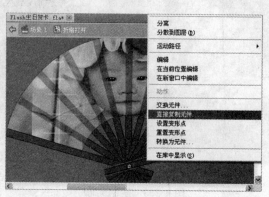

图 4-226　直接复制元件

② 双击进入"外竹片"元件内并进行编辑,用线性渐变填充图形,并用工具箱中的【渐变变形工具】调整出竹片厚度,再稍微把宽度拉大一点儿,如图 4-227 所示。

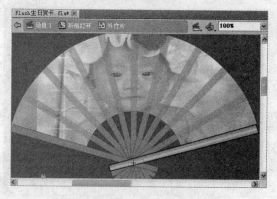

图 4-227　调整外竹片

③ 切换到"折扇打开"元件的编辑窗口,选择最外侧竹片的第 1 帧,在【属性】面板中单击【交换】按钮,在弹出的对话框中选择"外竹片",这样第 1 帧变成更厚实更亮丽的"外竹片"了,如图 4-228 所示。

图 4-228　设置最左侧竹片

④ 用同样的方法,将最左侧竹片进行加厚、加宽。

最后,在最上面创建一个新的图层。选择第 25 帧,按 F7 键插入空白关键帧,选择【窗口】/【动作】命令,打开【动作】面板,输入代码"stop();"。

11. 制作折扇动画

(1) 将折扇拖出

选择"祝福语"图层,单击【新建图层】按钮,新建一个图层并重命名为"折扇"。选择第 641 帧,按 F7 键插入空白关键帧,从【库】中将"折扇打开"元件拖到舞台上,调整其大小和位置,如图 4-229 所示。

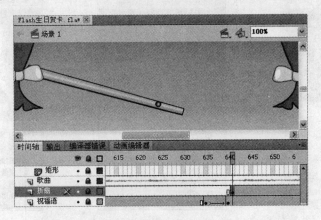

图 4-229　将折扇拖出

(2) 制作"生日快乐"元件

① 选择【插入】/【新建元件】命令,打开【创建新元件】对话框,设置【名称】为"生",【类型】为"图形",如图 4-230 所示。

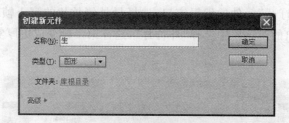

图 4-230　创建新元件

② 单击【确定】按钮后进入"生"图形元件的编辑区域,选择工具箱中的【文本工具】,在编辑区域中单击,输入文本"生",在【属性】面板上设置其属性,如图 4-231 所示。

③ 选中文字,按 Ctrl+B 组合键将其打散,选择工具箱中的【任意变形工具】,单击选项组中的【封套】按钮,将文字变形,如图 4-232 所示。

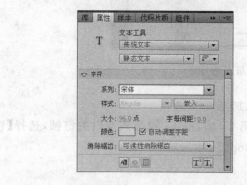

图 4-231　设置文本属性

图 4-232　创建文字"生"

④ 用同样的方法,处理图形元件"日"、"快"、"乐",如图 4-233~图 4-235 所示。

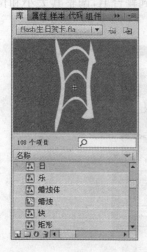

图 4-233　图形元件"日"

图 4-234　图形元件"快"

图 4-235　图形元件"乐"

⑤ 选择【插入】/【新建元件】命令,创建一个新元件,设置【名称】为"生日快乐",【类型】为"影片剪辑",创建四个图层,名称分别为"生"、"日"、"快"、"乐",分别将元件"生"、"日"、"快"、"乐"拖到这四个图层上,如图 4-236 所示。

图 4-236　创建元件"生日快乐"

⑥ 单击图层"生"的第 2 帧,按住 Shift 键,单击第 12 帧,选中第 2～12 帧,右击,从弹出的快捷菜单中选择【转换为关键帧】命令。单击第 2 帧,选中实例"生",按 ↑ 键 10 次,向上移动 10 像素。单击第 3 帧,选中实例"生",按 ↑ 键 10 次,向上移动 10 个像素;选择工具箱中的【任意变形工具】,将其向左旋转一定角度。单击第 4 帧,选中实例"生",按 ↑ 键 10 次,向上移动 10 个像素;单击第 5 帧,选中实例"生",按 ↑ 键 10 次,向上移动 10 个像素,选择工具箱中的【任意变形工具】,将其向右旋转一定角度。

用同样的方法处理第 7～12 帧,如图 4-237 所示。

图 4-237　创建文字"生"的动画效果

⑦ 按住步骤⑥处理图层"日"、"快"、"乐",如图 4-238 所示。

(3) 将"生日快乐"元件拖到折扇上

① 单击【场景 1】按钮回到场景中,在图层"折扇"的上面创建图层"姓名",分别在第 665、667、669、671 帧处输入文字"祝"、"祝小"、"祝小朋友"、"祝小朋友"。

② 在图层"姓名"上面创建图层"生日快乐",选择第 675 帧,按 F7 键插入空白关键帧,将"生日快乐"元件拖到折扇上面,调整好位置和大小。将图层"折扇"、"姓名"、"生日快乐"的第 700 帧之后的帧删除,如图 4-239 所示。

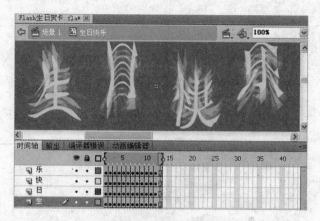

图 4-238　创建动画效果

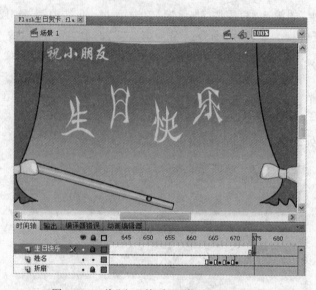

图 4-239　将"生日快乐"元件拖到"折扇"上

12. 制作红星闪闪效果

（1）创建"签名"元件

① 选择【插入】/【新建元件】命令，新建一个图形元件，【名称】设为"签名"。

② 选择工具箱中的【矩形工具】，将工具箱中的【笔触颜色】设置为 ♯009900，【填充颜色】设置为 ♯CC0000，接着按住 Shift 键的同时拖动鼠标，绘制一个正方形，如图 4-240 所示。

③ 选择【时间轴】面板下方的【新建图层】按钮，在时间轴上新建一个图层"图层 2"。

④ 下面制作图层"图层 2"的内容。选择工具箱中的【文本工具】，在工作区中单击并输入文字"g"。使用【选择工具】选中文字，在【属性】面板中将文字设置为 320 号，加粗，用 Time New Roman 字体，颜色为 ♯999999，如图 4-241 所示。

图 4-240　绘制正方形　　　　图 4-241　输入文本"g"并设置属性　　　图 4-242　旋转后的"g"文字

⑤ 使用【任意变形工具】将文字"g"旋转一定的角度,如图 4-242 所示。

⑥ 选中文字"g",按 Ctrl+B 组合键将文字打散。

⑦ 使用【选择工具】,双击正方形的绿色边线将其选中,按下 Ctrl+X 组合键将其剪切。

⑧ 单击图层"图层 2",并确认为当前图层,在工作区中右击,从弹出的快捷菜中选择【粘贴到当前位置】命令,如图 4-243 所示。

⑨ 此时的绿色边框线在"图层 1"中被剪切后,粘贴到"图层 2"中。

⑩ 单击"图层 2",确认其为当前操作图层。使用【选择工具】,按下 Shift 键的同时配合鼠标将被打散的"g"全部选中,然后按 Ctrl+X 组合键将其剪切。

图 4-243　【粘贴到当前位置】命令

⑪ 单击"图层 1",确认其为当前操作图层。在工作区中右击,选择快捷菜单中的【粘贴到当前位置】命令,将图层 2 中的"g"粘贴到"图层 1",如图 4-244 所示。

⑫ 单击"图层 2",确认其为当前操作图层,此时的绿色边线被选中,然后按 Ctrl+X 组合键将其剪切。单击"图层 1"的名称,确认其为当前操作图层。在工作区中右击,选择快捷菜单中的【粘贴到当前位置】命令,将"图层 2"中的绿色边线粘贴到"图层 1"。

⑬ 单击"图层 2",然后按下时间轴左下方的【删除】按钮,将"图层 2"删除。

⑭ 此时"图层 1"中的 3 个对象的位置分别为:红色正方形位于最底层,"g"居中,绿色边线位于最顶层。使用【选择工具】单击如图 4-245 所示的位置,只有绿色边线内的"g"被选中。

⑮ 按 Delete 键将被选中的图形删除,如图 4-246 所示。

⑯ 使用【选择工具】双击绿色边线,然后按 Delete 键将其删除,效果如图 4-247 所示。

⑰ 选择【时间轴】面板下方的【新建图层】按钮,新建一个图层"图层 3"。"图层 1"中的内容完成编辑,为了使其在以后的操作中不受影响,将"图层 1"锁定,效果如图 4-248 所示。

⑱ 选择工具箱中的【文本工具】,在工作区中单击并输入文字"JR"。选中文字,在【属性】面板中将文字设置为 60 号、加粗、Time New Roman 字体,颜色设置为 #999999,如图 4-249 所示。

⑲ 选中文字"JR",按 Ctrl＋B 组合键两次将文字打散。在工具箱中将【笔触颜色】设置为【蓝色】。选择【墨水瓶工具】,在被打散的文字"JR"上单击,给图形描边。用同样的方法,将"图层 1"解锁后,选中"g"在正方形中的部分,填充绿色,其他部分填充粉红色。正方形填充红色,最终效果如图 4-250 所示。

图 4-244　在图层 1 中
粘贴"g"

图 4-245　选中绿色边线
内的"g"

图 4-246　删除选中图形后
的效果

图 4-247　删除绿色边线后的效果

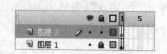

图 4-248　时间轴面板

图 4-249　输入"JR"后的效果

图 4-250　最终效果

（2）创建"闪光线条"元件

① 选择【插入】/【新建元件】命令,打开【创建新元件】对话框,设置【名称】为"闪光线条",【类型】为"图形"。

② 选择工具箱中的【线条工具】,在工作区中绘制一条直线,属性设置如图 4-251 所示。

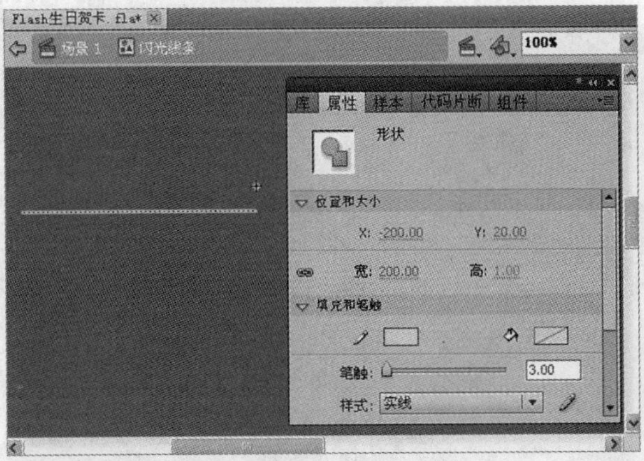

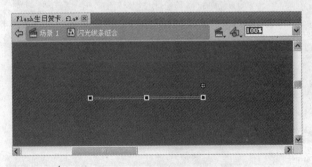

图 4-251　绘制线条

(3) 创建"闪光线条组合"元件

① 选择【插入】/【新建元件】命令,打开【创建新元件】对话框,设置【名称】为"闪光线条组合",【类型】为"图形"。

② 从【库】面板中将名为"闪光线条"的元件拖入新元件编辑窗口的场景中,在 X 轴上的位置为 0,Y 轴为 0。然后选择工具箱中的【任意变形工具】,此时元件的中心会出现一个小白点,它就是对象的"注册点",用鼠标指针按住它,拖到场景的中心处松手,如图 4-252 所示。

图 4-252　设置中心点

③ 选择【窗口】/【变形】命令,打开【变形】面板,设置【旋转】值为"15°",连续按下【重制选区和变形】按钮,在场景中复制出的效果如图 4-253 所示。

④ 在【时间轴】面板的关键帧上单击一下。选中全部图形,选择【修改】/【分离】命令,把线条打散,再选择【修改】/【形状】/【将线条转化为填充】命令,将线条转变为形状。

(4) 创建"闪光"元件

① 选择【插入】/【新建元件】命令,新建一个影片剪辑,【名称】为"闪光"。

② 单击【确定】后进行元件编辑窗口,把【库】面板中的"闪光线条组合"元件拖到编辑区域中,对齐中心点,复制此实例,在第 30 帧处添加关键帧,创建第 1~30 帧的传统补间动画,【属性】面板上设置顺时针旋转一周,如图 4-254 所示。

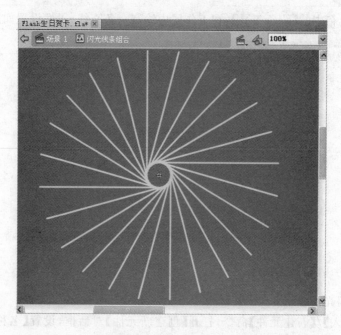

图 4-253　变形

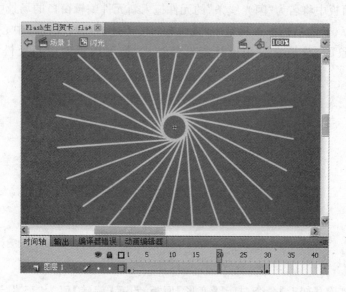

图 4-254　创建传统补间动画

　　③ 选择【时间轴】面板上的【新建图层】按钮，新建一个图层。在第 1 帧中选择【编辑】/
【粘贴到当前位置】命令，使两个图层中的"闪光线条组合"完全重合，再选择【修改】/【变形】/
【水平翻转】命令，让复制过来的线条和第一层的线条方向相反，在场景中形成交叉的图形，
如图 4-255 所示。

　　④ 在第 30 帧处按 F6 键插入关键帧，将此层设为遮罩层，如图 4-256 所示。图中显示
的是"闪光"元件的时间轴面板和各图层中的动画设置。

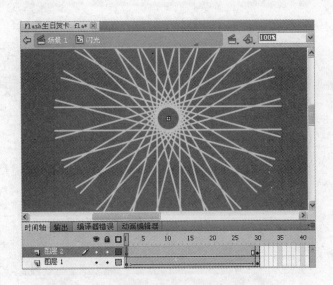

图 4-255　制作交叉图形

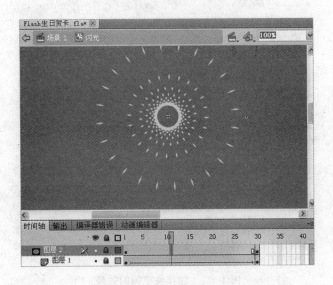

图 4-256　创建遮罩动画

（5）创建"红星闪闪"效果

① 选择【插入】/【新建元件】命令，打开【创建新元件】对话框，设置【名称】为"红星闪闪"，【类型】为"影片剪辑"。

② 从【库】中将元件"闪光"拖出，新建图层"图层 2"，将元件"签名"拖到"闪光"的中央，将图层"图层 1"和"图层 2"延迟到第 60 帧。新建图层"图层 3"，制作逐帧动画，文字内容为"祝我的好朋友瑞瑞快乐每一天！"，如图 4-257 所示。

③ 回到场景 1 中，在图层"生日快乐"上面创建新图层"红星闪闪"。选择第 701 帧，按 F7 键插入空白关键帧，将元件"红星闪闪"从【库】中拖出，调整大小和位置。删除该图层第 760 帧后面的帧，如图 4-258 所示。

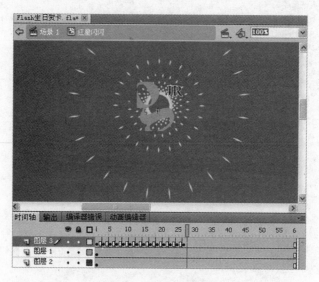

图 4-257　制作逐帧动画

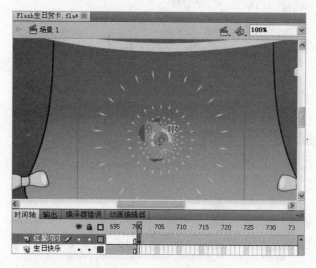

图 4-258　制作红星闪闪效果

13．添加歌词

（1）在图层"歌曲"上面新建三个图层，从下到上图层名称分别为"矩形"、"歌词1"、"歌词2"。分别在"矩形"、"歌词1"、"歌词2"图层的第188帧按F7键插入空白关键帧，在"歌词1"图层的第188帧中输入文本"凝视闪闪烛光"，在【属性】面板上设置【字体】为"华文行楷"，【字号】为40，【颜色】为蓝色，如图4-259所示。

（2）选择工具箱中的【矩形工具】，在【属性】面板上设置【笔触颜色】为"无"，【填充颜色】为"彩虹色"。在图层"矩形"的第188帧处绘制一个小的矩形，放置在文字的左侧，如图4-260所示。

（3）在图层"矩形"的第226帧处按F6键插入关键帧，使用工具箱中的【任意变形工具】将矩形加宽,直到将文字覆盖为止,创建第188~226帧之间的形状补间动画,如图4-261所示。

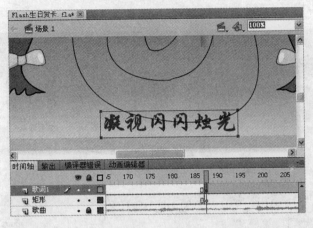

图 4-259 输入文字

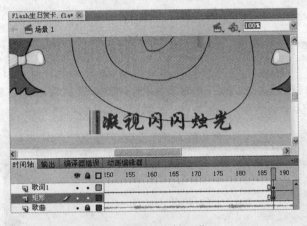

图 4-260 绘制矩形

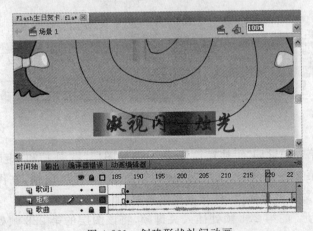

图 4-261 创建形状补间动画

(4) 在图层"矩形"的第227、228帧处插入关键帧,在图层"歌词1"和"歌词2"的第228帧处创建空白关键帧。右击"歌词1"图层,从弹出的快捷菜单中选择【遮罩层】命令,将"歌词1"层设置为遮罩层,如图4-262所示。

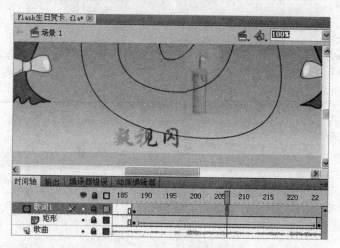

图4-262　创建遮罩动画

　　(5)接着添加镂空文字效果,在图层"歌词1"的第188帧处复制帧,在图层"歌词2"的第188帧处粘贴帧。选择文字,按Ctrl+B组合键两次,将文字打散,选择工具箱中的【墨水瓶工具】,设置【笔触颜色】为"红色",并对文字进行描边,然后将填充色删除,如图4-263所示,再按Enter键测试动画效果。

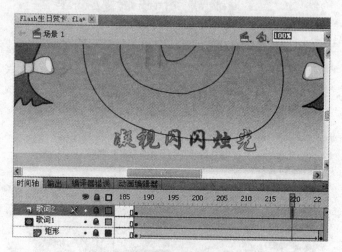

图4-263　制作镂空文字

　　(6)下面制作第二句歌词"手捧篇篇贺词"。解除图层"歌词1"和"矩形"的锁定状态,选择图层"歌词1"的第228帧,输入文字"手捧篇篇贺词"。复制该帧,在图层"歌词2"的第228帧处粘贴帧,对文字进行描边,将其填充色删除,如图4-264所示。

　　(7)在图层"矩形"的第271帧处插入关键帧,将该图层的第228帧处的"矩形"缩小并移到文本左侧。创建第228~271帧之间的补间形状动画,如图4-265所示。

　　用同样的方法处理其他歌词。

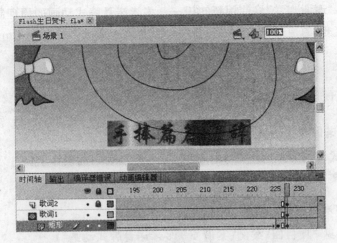

图 4-264　输入文本

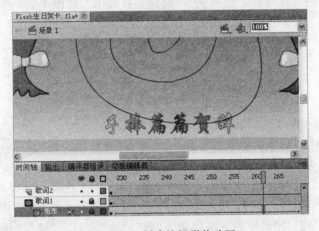

图 4-265　创建补间形状动画

4.3.4　超越提高——多层引导动画

在"制作蜡烛动态效果"部分中,有四个引导层和被引导层,其中四个引导层中引导路径是相同的,可以把这四个引导层合并为一个引导层,也就是多层引导动画——一个引导层、四个被引导层。方法见前面的讲解。

4.4　任务四　制作 Flash MTV 生日贺卡片尾

4.4.1　任务描述

本任务将制作 Flash MTV 生日贺卡片尾,包括"谢谢观赏"、"布帘关闭"、"音乐停止"几部分内容。其中,"谢谢观赏"将使用新知识——多米诺骨牌式动画的原理制作;"布帘关闭"是片头中"布帘打开"的逆过程;"音乐停止"将使用"停止播放声音命令 stopAllSounds( )"来实现。

4.4.2 技术视角

1. 制作多米诺骨牌式动画

多米诺骨牌式动画常常运用在字体效果、某些涟漪动画的制作上。

下面以一段文字为例,具体讲解实现多米诺骨牌式动画的方法。

案例 4-8 多米诺骨牌式动画

(案例源文件见"项目四\案例\案例 4-8 多米诺骨牌式动画")

(1) 选择工具箱中的【文本工具】,在【属性】面板上设置【字体】为"华文行楷",【大小】为"66",【颜色】为"黑色",在舞台上输入文字"祝你生日快乐",如图 4-266 所示。

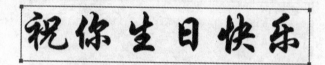

图 4-266 输入文字

(2) 选中文字,按 F8 键将其转换为元件,在打开的【转换为元件】对话框中,设置【名称】为"祝你生日快乐",【类型】为"影片剪辑"。如图 4-267 所示。

(3) 双击舞台上的"祝你生日快乐"元件实例。按 Ctrl+B 组合键将其打散。选中舞台上的文字"祝",按 F8 键将其转换为元件,在打开的【转换为元件】对话框中设置【名称】为"祝",【类型】为"图形"。用同样的方法将文字"你"、"生"、"日"、"快"、"乐"5 个字转换为图形元件,如图 4-268 所示。

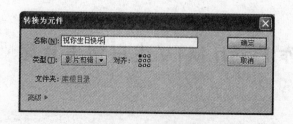

图 4-267 转换为元件

图 4-268 【库】面板

(4) 进入"祝你生日快乐"元件。全选舞台上的元件,右击,从弹出的快捷菜单中选择

【分散到图层】命令,这时就出现了 7 个图层,并以各自元件的名称命名,从下到上分别是"祝"、"你"、"生"、"日"、"快"、"乐"。将图层"图层 1"删除,如图 4-269 所示。

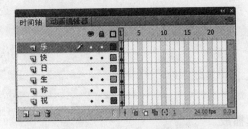
图 4-269　分散到图层

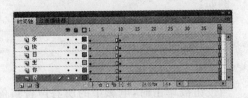
图 4-270　扩展帧

(5) 单击"乐"图层的第 10 帧,按 Shift 键并单击"祝"图层的第 10 帧来全选图层,按 F6 键插入关键帧。用同样的方法全选第 40 帧,按 F5 键插入帧,如图 4-270 所示。

(6) 把红色的播放头放在第 1 帧,全选舞台上的元件实例。打开【属性】面板,单击【属性】面板中的【色彩效果】选项,在【样式】下拉列表框中选择 Alpha 选项,并将其值改为"0"。选中"祝"图层的第 1 帧,按 Ctrl+Alt+S 组合键打开【缩放和旋转】对话框,在【缩放】后面输入"200"。依次选中"你"、"生"、"日"、"快"、"乐"图层第 1 帧中的实例,用以上方法进行操作。按住 Shift 键全选图层的第 1~10 帧,在选中帧的任意一帧上右击,在弹出的快捷菜单中选择【创建传统补间】命令,如图 4-271 和图 4-272 所示。

图 4-271　【缩放和旋转】对话框

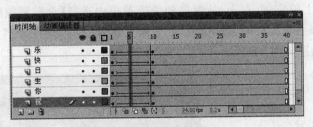
图 4-272　创建传统补间动画

(7) 选中"你"图层的第 1~10 帧并往后拖,使第 1 帧的位置在第 3 帧处。用同样的方法来设置"生"、"日"、"快"、"乐"图层,分别将它们第 1 帧的位置改为第 7、10、13、16 帧处,如图 4-273 所示。

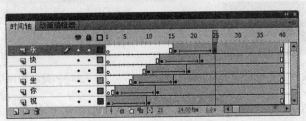
图 4-273　"祝你生日快乐"影片剪辑元件的图层分布

(8) 按 Ctrl+Enter 组合键测试。

2. 停止播放声音命令 stopAllSounds( )

作用：使当前播放的所有声音停止播放，但是不停止动画的播放。要说明一点，被设置的流式声音将会继续播放。

例如：

```
Won(release){
    stopAllSounds();
}
```

当按钮被单击时，电影中的所有声音将停止播放。

4.4.3　任务实现——制作 Flash MTV 生日贺卡片尾

1. 制作生日贺卡片尾元件

（1）选择【插入】/【新建元件】命令，打开【创建新元件】对话框，设置【名称】为"谢谢观赏"，【类型】为"影片剪辑"。

（2）选择工具箱中的【文本工具】，在【属性】面板上设置【字体】为"华文行楷"，【大小】为"66"，【颜色】为"蓝色"，在舞台上输入文字"谢谢观赏"，如图 4-274 所示。

（3）选中文字，按 Ctrl+B 组合键将其打散。选中舞台上的文字"谢"，按 F8 键将其转换为元件，在打开的【转换为元件】对话框中设置【名称】为"谢 1"，【类型】为"图形"。用同样的方法将文字"谢"、"观"、"赏"3 个字，转换为图形元件。

（4）全选舞台上的实例，右击，从弹出的快捷菜单中选择【分散到图层】命令，这时就出现了 4 个图层，并以各自元件的名称命名，从下到上分别是"谢 1"、"谢 2"、"观"、"赏"。将图层"图层 1"删除，如图 4-275 所示。

图 4-274　输入文字　　　　　　图 4-275　分散到图层

（5）单击"赏"图层的第 10 帧，按 Shift 键并单击"谢 1"图层的第 10 帧来全选图层，按 F6 键插入关键帧。用同样的方法全选第 40 帧，按 F5 键插入帧，如图 4-276 所示。

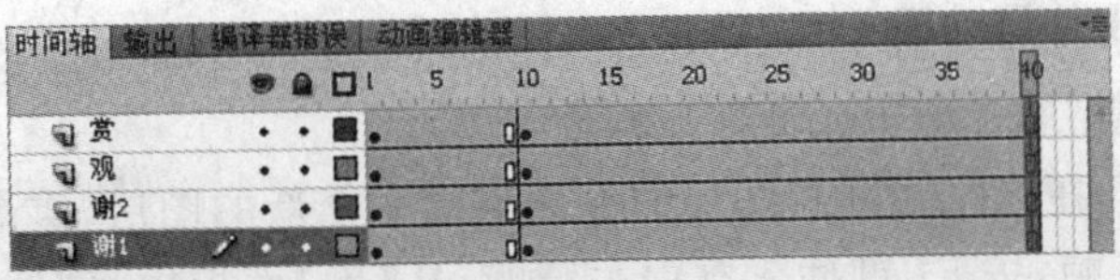

图 4-276　插入帧

（6）把红色的播放头放在第 1 帧，全选舞台上的元件实例。打开【属性】面板，单击【属性】面板中的【色彩效果】选项，在【样式】下拉列表框中选择 Alpha 选项，并将其值改为"0"。选中"谢 1"图层的第 1 帧，按 Ctrl＋Alt＋S 组合键，打开【缩放和旋转】对话框，在【缩放】后面输入"200"。依次选中"谢 2"、"观"、"赏"图层第 1 帧中的实例，用以上方法进行操作。按住 Shift 键并全选图层的第 1～10 帧，在选中帧的任意一帧上右击，在弹出的快捷菜单中选择"创建传统补间"命令，如图 4-277 所示。

图 4-277　创建传统补间动画

（7）选中"谢 2"图层的第 1～10 帧并往后拖，使第 1 帧的位置在第 3 帧处。用同样的方法来设置"观"、"赏"图层，分别将它们第 1 帧的位置改为第 7、10 帧处，如图 4-278 所示。

图 4-278　"谢谢观赏"影片剪辑元件的图层分布

295

2. 制作生日贺卡片尾动画

（1）将"谢谢观赏"影片剪辑元件拖入舞台

回到"场景 1"中，在"红星闪闪"图层的上面创建一个新的图层，重命名为"谢谢观赏"，选择该图层的第 761 帧，按 F7 键插入空白关键帧，从【库】面板中将"谢谢观赏"元件拖出，放到合适的位置，如图 4-279 所示。

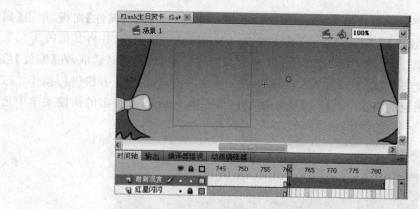

图 4-279　将"谢谢观赏"影片剪辑元件拖入舞台

（2）制作"布帘关闭"动画

① 单击图层"左布帘"的第 1 帧，按住 Shift 键，单击图层"右布帘"的第 20 帧，选中图层"左布帘"和图层"右布帘"的第 1～20 帧，右击，从弹出的快捷菜单中选择【复制帧】命令。拖选图层"右布帘"和图层"左布帘"的第 783 帧，右击，从弹出的快捷菜单中选择【粘贴帧】命令，如图 4-280 所示。

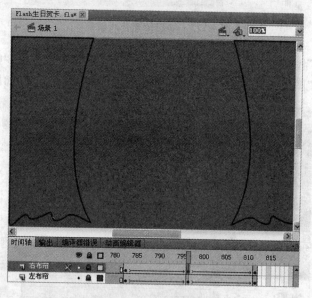

图 4-280　粘贴帧

② 选中图层"左布帘"和图层"右布帘"的第 783～812 帧，右击，从弹出的快捷菜单中选

择【翻转帧】命令,如图 4-281 所示。

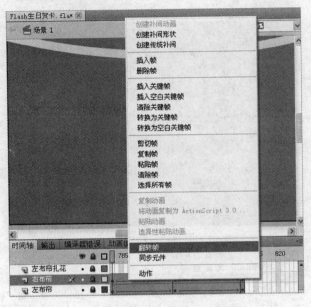

图 4-281　翻转帧

③ 单击第 783 帧,按 Enter 键播放动画,发现布帘在关闭时出现了扭曲,如图 4-282 所示。

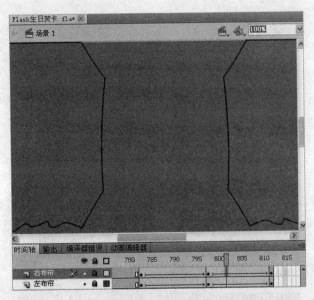

图 4-282　扭曲效果

④ 如果有形状提示,应将其全部删除并重新添加。单击图层"右布帘",选择【修改】/【形状】/【添加形状提示】命令,添加形状提示ⓐ,放到"右布帘"的右上角,在形状提示ⓐ上面右击,从弹出的快捷菜单中选择【添加提示】命令。重复执行三次,再添加三个形状提示,分别为ⓑ、ⓒ、ⓓ,分别放到"右布帘"的左上角、左下角和右下角,如图 4-283 所示。

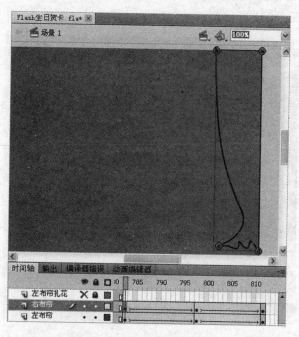

图 4-283　添加形状提示

⑤ 单击图层"右布帘"的第 798 帧,将四个形状提示ⓐ、ⓑ、ⓒ、ⓓ放到跟第 783 帧对应的位置,如图 4-284 所示。

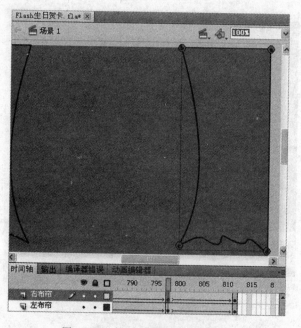

图 4-284　第 798 帧处的形状提示

⑥ 按 Enter 键测试动画,如果"右布帘"图层第 783~798 帧之间的动画还存在扭曲,则需要调整形状提示ⓐ、ⓑ、ⓒ、ⓓ的位置。

⑦ 单击"右布帘"图层的第 798 帧,选择【修改】/【形状】/【添加形状提示】命令,添加形状提示ⓐ、ⓑ、ⓒ、ⓓ,分别放到"右布帘"的右上角、左上角、左下角和右下角处。单击第812 帧,将这四个形状提示放到对应的位置,如图 4-285 所示。

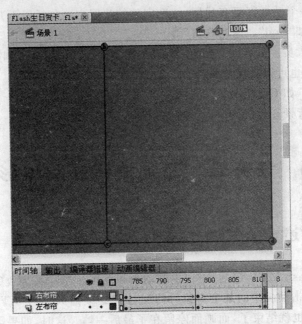

图 4-285　"右布帘"图层第 812 帧处的形状提示

⑧ 用同样的方法处理"左布帘"图层,使布帘正常关闭,不出现扭曲。分别选中图层"上挂帘"和图层"背景"的第 812 帧,按 F5 键插入帧,如图 4-286 所示。

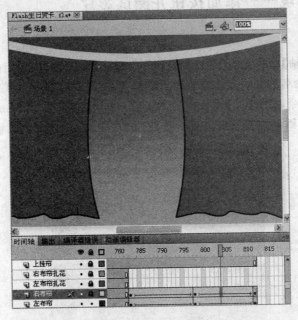

图 4-286　关闭布帘

4.4.4 超越提高——动画片尾

一般情况下,一个动画都要有片尾,一个完整的片尾主要包括以下几部分。

(1) 结束语。如"End"、"谢谢观赏"等。

(2) 动画制作人员。如导演、分镜头绘制人员、配音人员、场景绘制人员等。

(3) 专权所有(也可以放在片头)。

(4) 联系方式。如 QQ、E-mail 等。

(5) 也可以加背景音效(可有可无,视情况而定)。

4.5 任务五 添加按钮并测试影片

4.5.1 任务描述

一般情况下,Flash MTV 包括片头、主题动画和片尾。当片头播放完后,音乐 MTV 停止播放,需要通过单击动画中的某个对象,MTV 才又继续播放。当 MTV 播放到片尾动画结束了,整个 MTV 也就结束了,而画面停留在了最后一帧。这时,如果需要继续从头播放,也需要单击动画中的某个对象,MTV 才会继续从头播放。本任务将在动画中添加按钮和代码,实现动画的交互控制。

4.5.2 任务实现——添加按钮并测试影片

1. 添加按钮

(1) 选择【时间轴】面板上的图层"打开窗户",单击【时间轴】面板上的【新建图层】按钮,创建一个图层并重命名为"as"。选择该图层的第 80 帧,按 F6 键插入关键帧。选择【窗口】/【公用库】/【按钮】命令,打开【库】面板中的 Buttons 选项组,选择"buttons bubble 2→bubble 2 blue",将其拖放到舞台的右下角。双击按钮,进入按钮的编辑区域,修改标签为"播放",如图 4-287 所示。

图 4-287 插入按钮并修改文字

（2）单击【场景 1】按钮，回到场景中。选中第 80 帧，选择【窗口】/【动作】命令，打开【动作】面板，在"脚本窗格"中输入如图 4-288 所示的代码，选择按钮，打开【动作】面板，输入如图 4-289 所示的代码，将该图层第 81 帧之后的帧全部删除。

图 4-288　第 80 帧的代码

图 4-289　按钮的代码

注意：如果【动作】面板不可用，则选择【文件】/【发布设置】命令，打开【发布设置】对话框。单击"Flash"选项卡，设置 ActionScript 版本为"ActionScript 2.0"，如图 4-290 所示。

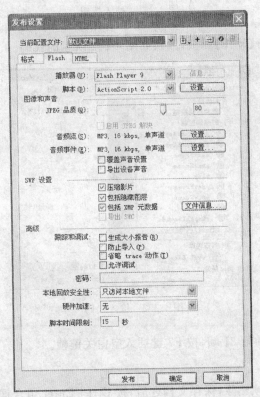

图 4-290　发布设置

（3）选择"as"图层的第 812 帧，按 F7 键插入空白关键帧，打开【动作】面板，输入代码
"stop();"。

（4）选择【窗口】/【公用库】/【按钮】命令，打开【库】面板中的 Buttons 选项组，选择
"buttons oval→oval blue"，将其拖放到舞台的右下角。双击该按钮，进入按钮的编辑区域，
将文字改为"重播"并回到场景中，如图 4-291 所示。

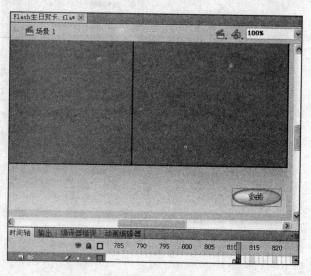

图 4-291　插入按钮

（5）选择按钮，打开【动作】面板，输入如图 4-292 所示的代码。

图 4-292　输入代码

（6）选择"as"图层的第 81 帧，按 F7 键插入空白关键帧。

2. 测试影片

将各层中不必要的帧删除，保存文档之后，按 Ctrl＋Enter 组合键测试影片。

项 目 总 结

　　本项目通过案例介绍了控制变形、滤镜、混合模式、多层引导动画、逐帧动画、多米诺骨牌式动画和部分 ActionScript 代码,并逐步制作了 Flash MTV 生日贺卡片头、主体动画和片尾。动画片头有很多种类型,要掌握各种片头动画的制作方法,本项目制作的片头包含布帘打开动画,所以在片尾中要包含布帘关闭动画。主体动画中至少要包括生日蜡烛、生日蛋糕、祝福语等内容。

拓展训练——教师节贺卡的设计与制作

　　1. 任务要求
请根据本项目内容,利用 Flash CS5 软件设计并制作一个教师节贺卡。
要求:①围绕主题进行创意。②动画中要有背景、人物、动态文字等。
　　2. 参考效果如图 2-293 所示

图 4-293　参考效果图

　　3. 源文件见配套素材

参 考 文 献

[1] 游刚. 动画技术 Flash CS4 商业创意情景案例教学[M]. 北京：电子工业出版社，2009.

[2] 施博资讯. Flash CS3 动画设计教程与上机指导[M]. 北京：清华大学出版社，2008.

[3] 田启明. Flash CS5 平面动画设计与制作案例教程[M]. 北京：电子工业出版社，2010.